KB233765

플라스티키,
바다를 구해줘

페트병으로 만든 배를 타고
태평양을 건넌 친환경 항해일지

플라스티키, 바다를 구해줘

데이비드 드 로스차일드 지음 | 우진하 옮김

북로드

플라스티키, 바다를 구해줘

초판 1쇄 발행 2013년 8월 5일
초판 4쇄 발행 2017년 4월 3일

지은이 데이비드 드 로스차일드 | **옮긴이** 우진하 | **펴낸이** 신경렬 | **펴낸곳** (주)더난콘텐츠그룹

기획편집부 김지환 · 허승 · 이성빈 · 이원희 | **디자인** 박현정
마케팅 장현기 | **관리** 김태희 | **제작** 유수경

출판등록 2011년 6월 2일 제2011-000158호
주소 04043 서울특별시 마포구 양화로 12길 16, 더난빌딩 7층
전화 (02)325-2525 | **팩스** (02)325-9007
이메일 book@ibookroad.com | **홈페이지** http://www.ibookroad.com

ISBN 979-11-85051-08-6 03530

내 가족과 사랑하는 사람들, 그리고 우리 탐험대,
오늘의 내가 있도록 만들어준 모든 사람들에게.
꿈이 실현될 것이라고 믿으며 플라스티키의 맹세를 같이 해준 사람들,
그리고 우리의 항해를 의심했던 모든 사람들에게!
"우리의 항해는 아직 끝나지 않았다."

— 데이비드 드 로스차일드

플라스티키를 위하여

아킴 슈타이너(Achim Steiner)
국제연합환경계획(UNEP) 사무총장

플라스티키의 탄생에 도움을 준 사람들, 그리고 플라스티키와 긴 여정을 함께한 용감무쌍한 탐험대원들은 영웅적인 행동과 결단력으로 분명 해양사에 한 획을 긋게 될 것입니다.

재활용 플라스틱 페트병으로 만든 쌍동선을 타고 1만4800킬로미터가 넘는 바다를 항해해 태평양을 건너는 일은 단순한 모험이나 업적이 아닙니다. 이 항해를 위해 이들은 1만2500개의 페트병을 모아 설탕과 캐슈넛 열매에서 추출한 천연 접착제로 배를 만들었습니다. 이 사실 하나만으로도 몇 배는 더 대단한 항해가 될 것이 분명합니다.

그렇지만 데이비드 드 로스차일드와 그의 탐험대가 남긴 진정한 업적은 지금 세계의 바다에서 벌어지고 있는 상황에 대해 대중들의 관심을 불러일으킨 것이겠지요.

인간이 무분별하게 내버리는 쓰레기들로 바다는 몸살을 앓고 있습니다. 대서양의 일부 지역에서 방사능 물질과 유기오염 물질의 피해를 줄이려는 여러 가지 시도가 성공하긴 했지만, 대부분의 사람들에게 해양오염은 그리 대수롭지 않은 문제로 여겨져왔던 것이 사실입니다.

플라스티키의 항해는 특히 플라스틱 폐기물의 위험성을 중요하게 부각하고 있습니다. 플라스틱 폐기물은 이제는 어쩔 수 없는 과거와 한창 진행 중인 현재의 오염 상황을 가장 극명하게 보여주는 상징이기도 합니다.

이른바 '북태평양 환류'에는 350만 톤 이상의 플라스틱 폐기물이 모여 있으며, 세계의 바다에 흩어져 있는 다른 4개의 거대 환류에도 이처럼 쓰레기들이 한데 모여 있습니다. 플라스티키의 항해를 통해 사람들은 매장량이 제한되어 있는 지구상의 천연자원을 너무나 쉽게 낭비하고 오용하는 지금의 경제 상황에 관심을 기울이게 되었습니다.

한편, 플라스티키의 항해에는 또 다른 이야기가 숨어 있습니다. 바로 도전을 주저하지 않는

인간의 현명함과 지혜, 그리고 변화를 이뤄내
고자 하는 열망입니다.

　우리 모두는 이 놀라운 여정에 동참하게
된 것을 기쁘게 생각합니다. 플라스티키의 항
해는 2006년 국제연합환경계획에서 펴낸 한
편의 해양오염 관련 보고서에서 영감을 받아
이루어졌습니다. 국제연합의 보고서 한 편이
세상을 바꿀 수 있다는 살아 있는 증거가 되
었죠.

　샌프란시스코에서 플라스티키가 항해를
시작할 때, 그리고 항해를 마치고 시드니로
들어설 때도 국제연합환경계획의 직원이 그
자리를 지키고 있었습니다. 물론 플라스티키
의 돛대에는 국제연합환경계획의 파란색 깃
발이 힘차게 나부끼고 있었죠.

　많은 사람들은 탐험대원들의 인터넷 블
로그를 통해 그들과 교감할 수 있었습니다.
그곳에는 흥미롭고 재치 넘치며 중요한 이야
기들이 있었습니다. 플라스티키는 말 그대로
병 속에 소식을 담아 수억 명의 지구인들에게
메시지를 전달한 것입니다.

　국제연합환경계획은 플라스티키의 이 경
이로운 항해 결과와 유산을 이어받아 앞으로
도 해양오염 문제를 해결하기 위한 계획을 계
속해서 추진하며, 이 시급한 문제에 대해 각
국 정부들이 행동에 나설 수 있도록 적극 지
원할 계획입니다.

생명의 어머니,
바다를 위한 우리의 노력이 필요할 때

우리가 시드니에 도착한 지도 벌써 3년이 지났습니다. 그동안 우리는 많은 것을 배우고 서로 나눌 수 있었으며, 그 성과물과 이야기들을 이 책에 고스란히 실었습니다. 배의 건조와 항해 그리고 그 밖의 모든 이야기들을 통해 우리는 인간이 만들어낸 쓰레기가 초래한 비극을 막기 위한 첫 걸음을 내딛는 것뿐만 아니라 "꿈은 이루어진다."라는 말을 증명해 보이고 싶었습니다.

플라스티키에 승선한 우리 탐험대원들은 언제나 한 가지 이상의 목표를 추구했습니다. 우리의 여정은 더 현명한 생각을 위한 준비와 "어느 누구도 모든 사람만큼 알 수는 없다."라는 명제를 모두가 깨달을 수 있게 하는 데 온전히 집중되어 있었습니다. 우리는 생각의 리더, 디자이너, 엔지니어 그리고 과학자들이 모인 공동체를 만들어내기 위해 애썼습니다. 개인의 행동이 즉각적인 반응을 이끌어낼 수 있는 시스템 속에서 자신의 역할이 무엇인지 알고 그 역할을 해낼 수 있는 사람들의 공동체였죠. 무엇보다도 우리는 세상을 황폐화시키는 인간의 이기적 행동을 지금 당장 막아야 한다는 신념을 갖고 있었습니다.

우리가 함께하는 것만이 앞으로 전진하며 지구와 바다를 구할 해결책을 만들어낼 수 있는 유일한 방법입니다. 그러한 해결책은 이미 여수 해안을 청소하는 데 활용된 바 있으며, 한국 정부가 바다와 해양생물의 중요성을 인식하고 그리고 매년 5월 31일을 바다의 날로 지정함으로써 바다를 지키는 지도자들을 양성하는 일의 중요성을 깨닫는 데도 큰 도움이 되었습니다. 우리는 이러한 직접적인 행동들을 통해 매년 불필요하게 죽어가는 100만 마리의 바닷새들과 10만 마리의 해양 포유류들에게 더 이상 사과할 일을 만들지 말아야 합니다. 물론 왜 아무도 행동에 나서지 않느냐며 질문을 던지는 우리의 아이들에게도 더 이상 부끄럽지 않은 어른이 되어야겠지요.

　이 책을 읽으면 여러분은 플라스티키의 여정이 단순한 모험 그 이상의 의미를 지니고 있다는 사실을 금방 깨닫게 될 것입니다. 우리는 바다에 변화를 일으키고자 합니다. 그 변화란 단지 쓰레기에 대한 관점을 바꾸는 것뿐만 아니라 좀 더 중요하고 근본적인 문제, 즉 우리 인간이 다시 지구의 생명망 속으로 들어갈 수 있느냐 하는 문제와 연관되어 있습니다. 지금 우리가 플라스틱병 하나를 줍는 것이 바로 희망의 시작이 될 수 있습니다. 플라스틱병은 지금까지 인간이 지구에 저질러온 잘못을 상징하는 수많은 것들 중 하나니까요. 그 플라스틱병을 주워 재활용하면 효율적이고 쓸 만한 원료로 재생할 수 있음을 이 책은 잘 보여줍니다.

　우리는 이제 쓰레기나 폐기물을 '내버릴' 장소가 부족하다는 사실뿐만 아니라 그 이상을 알고 있습니다. 인간이 매일 소비하는 자원을 좀 더 현명한 방식으로 만들고 사용하는 방법에 대해 생각하고 연구하는 일을 지금보다 더 진지하게, 더 열심히, 더 많이 해야만 합니다. 플라스티키를 타고 항해하던 당시, 우리는 지금 당장 활용할 수 있는 해결책을 찾아내고 이를 실천하기 위해 애써왔습니다. 그건 여러분도 이 책을 읽으며 생각하고 찾아볼 수 있는 것들이지요. 플라스틱병을 재활용해 배를 만들 수 있다면, 그리고 그 배가 전 세계 사람들의 상상력을 한데 모아 전진하는 데 일조할 수 있다면, 앞으로 또 어떤 흥미로운 일이 가능해질지 그 누가 예측할 수 있겠습니까. 작은 호기심과 상상력 그리고 혁신을 위한 시간만 있으면 우리는 지구의 바다를 살리는 것 이상의 더 많은 꿈을 실현할 수 있습니다.

　안전한 항해를 기원하며!

2013년 6월

데이비드 드 로스차일드

차 례

"플라스틱 페트병으로 만든 배를 타고 태평양을 횡단하자."
이 꿈은 곧 우리의 목표이자 메시지 그리고 여정이 되었다.

3시간의 야간 교대근무 중 이제 겨우 30초가 흘렀다. 배의 방향타 손잡이와 빈백(beanbag) 의자에는 방금 교대한 이 배의 공동 선장 미스터 T의 온기가 여전히 남아 있었다. 샌프란시스코를 떠나 이 장대한 여정을 시작한 지 이제 일주일째. 바다 위에서의 생활은 일상의 편안함과는 거리가 멀었다. 끊임없이 흔들리는 좁은 공간(6미터×18미터)에서 나를 포함한 5명이 우리에 갇힌 호랑이처럼 이리저리 움직이다 이렇게 교대근무를 위해 한밤중에 깨어나야 하는 생활이 이어졌다.

"지금 물벼락 맞았지?" 미스터 T가 씩 웃으며 물었다. "좋았어! 내가 딱 맞춰 빠져나온 셈이군!" 그의 그림자가 선실의 붉은 빛 속으로 재빨리 사라졌다. 이제는 나 혼자다.

"이런 젠장, 또 젖었잖아!" 나는 밤하늘을 향해 소리를 질렀다. 하지만 내 목소리는 이내 칠흑같은 어둠 속에 묻혀버렸다.

이거 정말 이상하지 않아? 바다는 바람도 불지 않고 잔물결 하나 없이 평온한데 어디서 이렇게 물이 들이치는 거야? 나는 이거야말로 원인 불명의 제멋대로인 파도가 아닌지 생각해보았다. 그때 좌현 쪽에서 푸른 빛이 번뜩이며 파도가 일렁이는 모습이 눈에 들어오자 나는 잠시 지금의 내 처지를 잊어버렸다.

지금의 내 처지라! 도대체 나는 무슨 생각으로 태평양을 횡단하겠다고 나선 걸까. 아니, 사람들이 내다버린 플라스틱 페트병 1만2500개로 배를 만들어 샌프란시스코에서 시드니까지 항해하려는 이런 시도를 제대로 된 '생각'이라고나 할 수 있을까?

나는 눈을 깜박이면서 컴컴한 바다를 제대로 보려고 애썼다. 우리가 탄 배는 시속 2노트(1노트

●   데이비드 드 로스차일드가 태평
양의 폭우 속에서 플라스티키의 방향타
를 잡고 있다.

=약 시속 1,852km에 해당) 이하의 속도로 '이동' 중이었다. 이것도 '이동'이라고 부를 수 있다면 말이다. 차라리 그냥 바다 위에서 흔들리고 있다는 표현이 더 맞을 것이다. 아주 긴 항해가 되겠어. 갑자기 두려움이 몰려왔다.

"이봐요, 미스터 T! 우리가 시드니까지 갈 수 있을 것 같아요?"

"올해 안에는 힘들 것 같은데." 불이 밝혀진 선실에서 그가 대답했다.

지금 내가 타고 있는 건 배가 아닌 나의 꿈이다. 나는 더 나은 미래를 만들어나가기 위해 꼭 필요한 참신한 생각들을 끌어모았고, 2년간의 고된 노력 끝에 온 힘을 다해 가장 진지하게 구현한 결정체가 바로 이 배, 플라스티키인 것이다. 더 나은 미래란, 현재의 생활 방식이 만들어내는 감당할 수 없는 쓰레기와 환경 파괴를 줄이는 것을 의미한다. 그런 노력의 일환으로 나는 지금 이렇게 1만2500개의 페트병으로 만든 배를 타고 바다 위를 떠다니고 있는 것이다.

하지만 오늘 밤 나는 '내가 너무 큰 욕심을 부린 건 아닐까' 하는 생각을 떨쳐버릴 수 없다. 어쩌면 내 계획을 반대하고 회의적으로 생각했던 사람들이 옳았던 게 아닐까. 그저 샌프란시스코 만을 횡단하는 것만으로도 내 주장을 확실하게 증명할 수 있었을지 모른다. 다른 사람들에게 말이 씨가 되니 언제나 조심하라고 하던 사람이 바로 내가 아니었던가. 아무래도 나는 스스로의 충고에 귀를 기울일 필요가 있는지도 모르겠다.

—

사실 나는 배에 대해 잘 모른다. 그저 미즌 마스트에 있는 지브(jib)가 뭔지, 윈치의 클리트(cleat)는 어떤 역할을 하는지 정도만 알고 있을 뿐, 플라스티키를 타기 전의 항해 경험이라고는 어릴 때 가족끼리 휴가를 가서 타봤던 소형 요트가 전부였다.

나의 본격적인 첫 번째 모험은 바다가 아니라 빙하 위에서 시작되었다. 스키를 타고 남극과 그린란드 그리고 북극을 횡단하며 나는 수백 일 동안 얼어붙은 빙하 위에서 밤과 낮을 보냈다. 극지방은 혹한의 기온에다 곳곳에 위험이 도사리고 있었지만, 나로서는 지금의 이 망망대해보다 견디기가 더 편했다. 빙하는 이렇게 바다처럼 요동을 치지는 않으니까. 또한 빙하는 지구 온난화 현상에도 불구하고 곧 부서질 것처럼 연약하면서도 놀랍도록 청정하고 아름다운 모습을 보여주었다.

● 지구상의 바다에 존재하는 5개의 거대 환류 중 하나인 북태평양 환류 안에 생성된 거대 쓰레기 더미. 작은 플라스틱 조각들은 물론, 바다에 버려진 각종 잔해와 쓰레기들이 합쳐져 이제는 그 넓이가 미국 텍사스 주의 2배에 달하게 되었다.

● 2006년, 데이비드 드 로스차일드는 어드벤처 에콜로지 웹사이트를 통해 100만 명이 넘는 팔로워들의 응원을 받으며 북극을 횡단했다.

플라스티키의 여정은 이 배를 바다에 띄우기 몇 년 전부터 시작되었다. 2006년 6월, 나는 러시아에서 캐나다까지 북극점을 횡단하는 탐험을 마치고 런던으로 돌아왔다. 급속도로 녹아내리는 빙하 때문에 캐나다를 320여 킬로미터 남겨두고 탐험은 중단되었고, 나는 바로 눈앞에서 지구의 생태계가 파괴되는 현장을 목격했다. 그리고 전 세계 수많은 어린 학생들이 인터넷을 통해 '세계의 정상(Top of the World)'이라는 이름을 내건 나의 여정에 동참하는 모습을 보며, 단순히 사람들의 경각심을 일깨우는 것 이상의 탐험을 해야겠다고 생각했다. 모든 사람들이 지구의 연약함에 대해 공감하도록 만드는 도전을 하고 싶었다.

하지만 어떤 탐험이든 끝나면 다시 현실로 돌아와야 한다. 탐험 뒤에 찾아오는 허탈감. 엄청나게 혹독하고 두렵기까지 한 자연환경 속에서 동료들과 동고동락하다가 정상에 깃발을 꽂거나 배가 목적지에 도착하는 순간 모든 것이 끝난다. 다시 현실 세계로 돌아오면 머릿속에서는 계속 이런 생각이 맴돈다. '이제 뭘 하지? 지금 이 일을 멈추지 않고 계속하려면 어떻게 해야 할까?'

다음 탐험이 무엇이 되건 나는 그저 환경 문제에 대한 경각심을 높이는 것 이상의 일을 해야겠다고 결심했다. 사람들의 일상생활과 직접적으로 연결되면서 동시에 감정적인 반응을 끌어낼 수 있는 일이 필요했다. 또한 해결책도 제시할 수 있어야 했다. 나는 이 문제에 강하게 끌렸다. 100일간의 극지방 탐험을 마치고 돌아온 지 몇 주밖에 되지 않았지만 이미 북극에서 있었던 일들이 멀게만 느껴졌다. 그런데 어떻게 해야 다른 사람들과 나의 경험을 공유할 수 있을까?

나는 새로운 탐험을 위한 주제를 찾던 중 국제연합환경계획에서 펴낸 어떤 보고서에서 짧은 글 하나를 우연히 보게 되었고(내 독서 취향이 좀 유별나긴 하다), 그동안 내가 몰랐던 새로운 문제에 대해 알게 되었다. 〈심해와 공해의 생태계와 생물다양성(Ecosystems and Biodiversity in Deep Waters and High Seas)〉이라는 제목 속에 감춰져 있던 건 다음과 같은 경악스러운 사실이었다. 바다 위 1제곱킬로미터당 떠다니는 플라스틱 폐기물은 1만7800개에 달한다. 1만7800개라니! 처음에 이건 오타가 분명하다고 생각했다. 그래서 심지어 국제연합환경계획에 문의하기도 했다. 하지만 수치는 정확했다. 어떻게 이럴 수 있단 말인가?

나는 좀 더 자세히 알아보기로 했다. 그린피스(Greenpeace)와 알갈리타 해양연구재단(Algalita Marine Research Foundation)의 보고서를 통해 나는 해양 쓰레기의 대부분이 플라스틱 폐기물로 이루어져 있으며, 이 폐기물들이 전 세계 바다에 분포한 5개의 거대하고 완만한 환류를 따라 모여들고 있다는 사실을 알게 되었다. 한 보고서의 추정에 따르면 5개 환류 중 하나인 북태평양 환류 안으로 모여든 거대 쓰레기 더미는 그 크기가 대략 텍사스 주의 2배에 가까우며, 플랑크톤 1킬로그램당 약 5.5킬로그램의 플라스틱 폐기물이 있다.

나는 인터넷으로 이 쓰레기 더미에 대해 자세히 찾아보았다. 어떤 쓰레기들일까? 우주에서도 보일까? 해양 생태계에는 어떤 영향을 미치는 것일까?

그런데 학술 저널이나 신문에서도 별다른 관련 자료를 찾을 수 없었다. 그러자 문득 이런 생각이 들었다. "잠깐만, 이건 사실이 아닐 거야." 우리의 바다가 쓰레기로 넘쳐나고 있다는 것을 왜 아무도 모르는 걸까? 인간의 과소비와 현대의 폐기물들이 빚어낸 이런 놀랍고도 거북한 증거들이 하와이와 캘리포니아 사이를 불길하게 떠다니고 있다는 사실은 철저히 외면당하고 있었다.

인간의 자취가 바다를 오염시키고 있다는 사실이 나에게 영감을 던져주었다. 이 문제를 해결하는 데 필요한 도움을 얻으려면 어떻게 해야 할까? 바로 그 질문에서 플라스티키의 꿈은 시작되었다. 이제부터 구체적인 계획을 세워야 하겠지만, 이 일을 위해 나 자신은 물론 지난 2005년 북극 탐험을 위해 내가 조직한 환경탐험단체인 어드벤처 에콜로지(Adventure Ecology)의 모든 재원과 열정을 쏟아부어야 한다는 사실을 예감할 수 있었다.

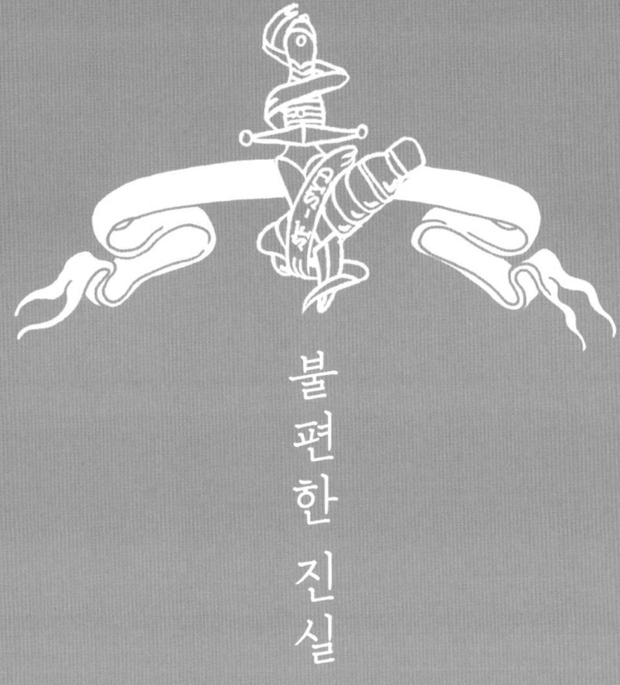

불편한 진실

해양오염의 80퍼센트는 육지에서부터 시작된다.

전 세계 어류 자원의 75퍼센트는 이미 포획되었고
바다는 감당할 수 있는 오염의 한계를 넘어섰다.

1톤의 플라스틱을 재활용할 때마다
우리는 약 900리터의 원유를 절약할 수 있다.

플라스틱 폐기물로 인한 오염은 그 규모가 대단하며 매우 중요한 환경 문제이기도 하다. 색깔도 없고 냄새도 없는 이산화탄소 가스에 의해 지구 온난화가 진행되고 있지만, 우리는 그 영향을 잘 느끼지 못한다. 그러나 우리는 매일 플라스틱을 보고 만지며 살아가고 있다. 가게에 장을 보러 가거나 음식을 배달시켜 먹을 때, 우리가 만들어내는 쓰레기의 배출량을 아주 쉽게 눈으로 확인할 수 있다. 긍정적으로 보자면, 바로 그렇기 때문에 우리는 즉각적으로 쓰레기들을 줄일 수 있다.

가게에서 흔히 보는 페트병에 든 생수는 이런 문제를 직접 확인할 수 있는 좋은 출발점이다. 페트병은 소모하고 버리는 사회의 문제점을 축약해서 보여준다. 미국에서는 매일 7000만 개의 페트병에 든 생수를 소비하고 있다. 매년 340억 리터에 달하는 양이다. 그러나 가게에서 파는 생수가 일반 가정이나 직장의 수돗물보다 질이나 맛이 떨어지는 경우가 종종 있다. 미국에서는 사용된 페트병 6개 중 1개만 재활용되고 있다. 연간 220억 개의 페트병들은 땅에 파묻히거나 소각된다. 아니면 그냥 거리에 버려져 다음 해 장마철에 바다로 흘러들어가게 될지도 모른다.

이런저런 생각을 하고 몇 달이 지난 뒤 나는 계시라고밖에 표현할 수 없는 일을 겪게 된다. 2006년 8월, 나는 이베이의 초대 사장이자 지금은 영화 제작사인 파티시펀트미디어(Participant Media)의 회장으로 있는 제프 스콜(Jeff Skoll)을 만나기 위해 로스앤젤레스로 갔다. 파티시펀트미디어는 〈더 코브(The Cove)〉, 〈푸드 주식회사(Food, Inc)〉, 〈불편한 진실(An Inconvenient Truth)〉 같은 다큐멘터리 영화들로 유명해진 회사였다. 제프와 나는 해양오염의 실태를 알릴 수 있는 작업에 대해 이야기를 나누었다. 나는 태평양 쓰레기 더미에서 영감을 받은 예술가들이 바다에서 건져온 쓰레기로 일종의 예술 작품을 만드는 일을 구상했다. 그리고 그 모든 과정을 다큐멘터리 영화로 제작하기로 마음먹었다. 하지만 제프는 내 이야기에 왠지 미지근한 반응을 보였다. "이야기가 없잖아요? 사람의 마음을 끌 수 있는 게 있어야죠." 제프의 말이 옳았다. 내 생각은 너무 평범했다.

런던으로 돌아오면서 나는 비행기 창을 통해 북극과 그린란드에 펼쳐진 눈부시게 아름다운 만년설을 볼 수 있었다. 탐험을 하며 지나갔던 장소들이 창문 아래로 펼쳐졌다. 빙하지대를 지나자 이번에는 끝없는 푸른 바다가 보였다. 문득 제프가 한 말들이 생각났다. 이야기가 없다고? 나는 유명하고 중요한 탐험들에 대해 생각하기 시작했다. 바다를 보자 바로 콘티키(Kon-Tiki) 탐험대가 떠올랐다.

콘티키호의 전설적인 탐험을 모르는 사람이 있을까? 노르웨이의 탐험가 토르 헤위에르달(Thor Heyerdahl)은 1947년 발사나무로 만든 뗏목을 타고 남아메리카의 페루를 출발, 태평양을 횡단해 폴리네시아 제도에 도착한다. 헤위에르달과 스칸디나비아 출신 5명의 동료들은 고대의 남아메리카 원주민들이 태평양을 건너 그곳의 섬들로 이주했다는 이론을 증명하기 위해 직접 바다를 항해한 것이다. 나는 언제나 콘티키호의 항해야말로 근대 탐험 역사에서 가장 가슴 두근거리는 매혹적인 모험 중의 하나라고 생각해왔다. 헤위에르달은 자신의 꿈을 좇았고, 세계는 그 사실을 영원히 기억하고 있는 것이다.

"바로 이거야!" 나는 나도 모르게 비행기 안에서 이렇게 소리 질렀다. 콘티키, 그리고 플라스티키. 만일 플라스틱 폐기물이 바다를 오염시키는 인간의 가장 큰 흔적이라면, 그 플라스틱을 우리가 탈 배의 재료로 삼는 건 어떨까? 그렇게 하면 우리가 이야기하고 싶은 주제를 크게 부각시킬 수 있지 않을까? "플라스틱 페트병으로 배를 만들어 태평양을 횡단하자!" 자, 이제 그럴듯한 이야기로 들리겠지? 단순히 대양을 항해하는 것과는 달랐다. 우리가 만든 배는 플라스틱이 단지 쓰레기로만 끝나지 않는다는 사실을 보여주게 될 터였다. 플라스틱은 잘못 이해되고 잘못 사용되는 소재일 뿐이었다.

어드벤처 에콜로지에서 나는 이른바 호기심 방정식이라는 것을 설파했다. 즉 $D \times A^S = I$라는 것. 간단히 말해서 꿈(D, dream)은 모험(A, adventure)을 위한 기반이며, 모험은 이야기(S, story)를 만들

콘티키호의 항해는 근대 탐험 역사에서 가장 가슴 두근거리는 매혹적인 모험 중 하나다. 토르 헤위에르달은 자신의 꿈을 좇았고, 세계는 그 사실을 영원히 기억하고 있다.

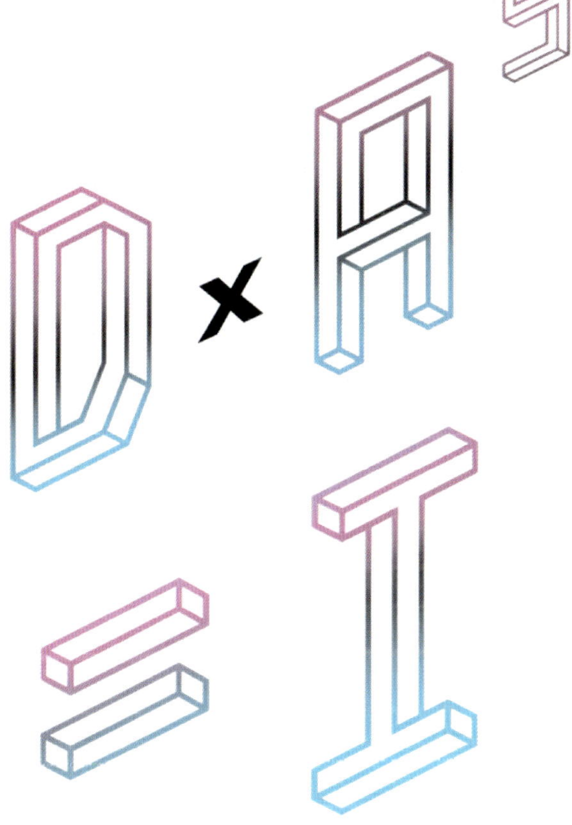

모험으로 커진 꿈은 모험이 만들어내고 영감을 준 이야기의 힘으로 인해 더 성장하게 된다. 더 큰 꿈은 더 큰 영감을 불러오고, 다시 더 큰 꿈으로 이어진다. 이것은 영원히 멈추지 않는 기계와 같다. 탐험에 대한 인간의 억누를 수 없는 욕망이 가슴 두근거리는 모험 이야기들을 전해주는 것이다.

어낸다. 그리고 이야기는 더 많은 꿈의 씨앗을 뿌리는 영감(I, inspiration)의 뿌리인 것이다. 이 방정식 전체를 이끄는 것은 바로 호기심이다. 영원히 멈추지 않는 기계처럼, 이 철학은 질문하고 꿈꿀 수 있는 인간의, 그중에서도 어린아이들의 능력에 뿌리를 두고 있다.

플라스티키는 토르 헤위에르달과 그의 용감한 동료들에 대한 헌사인 동시에, 만일 우리에게 운이 따른다면 콘티키호가 드넓은 대양에서 이뤄냈던 그 전설적인 모험 못지않은 이상과 생각들을 다시 불러일으킬 수도 있을 터였다. 샌프란시스코에서 시드니까지 이어지는 플라스티키의 모험은 사람들에게 쓰레기에 대한 새로운 생각을 제시하게 될 것이며, 더 많은 새로운 생각과 꿈, 그리고 모험에 영감을 불어넣어줄 이야기들을 만들어내게 될 것이었다.

—

그때 우리는 플라스티키를 향해 돌진해오는 예인선의 모습을 놓치지 말았어야 했다. 그러나 우리는 당장 눈앞의 일에만 온통 정신이 팔려 있었다. 바로 플라스티키의 망가진 조종 장치를 고치는 일이었다. 방향타와 방향타 손잡이를 연결하는 부분이 어찌 된 영문인지 밖으로 튕겨져나가버린 것이다. 뱃고동 소리가 우리의 주의를 끌었다. 예인선 뒤로는 오클랜드의 부두로 향하는 석탄을 가득 실은 바지선이 있었다. 그 크기와 무게를 보건데 급선회를 할 여유가 없어 보였다. 우리를 샌프란시스코 만까지 이끌어준 다른 예인선은 이미 저 멀리 사라져버렸고 배의 조종 장치마저 망가진 우리는 그저 떠다니는 나뭇조각에 지나지 않았다. 우리의 플래닛 2.0 솔루션은 추위 때문에 말을 듣지 않고 실제로는 플래닛 1.0인 상태였다. 순간 나는 얄궂은 내용으로 가득 차 있을 신문의 머리기사를 상상했다. '정신 나간 환경보호론자들이 탄 페트병 배, 석탄 운반 바지선과 충돌. 전원 사망.' 그때 여분의 밧줄과 재빠른 발상의 전환 덕분에 우리는 방향타와 손잡이를 함께 움직였고 그렇게 간발의 차로 예인선과의 충돌에서 벗어날 수 있었다.

적잖은 부침이 있기는 했지만 플라스티키를 건조하는 과정이 다 그렇게 극적이었던 것은 아니다. 석탄 운반 바지선과의 일을 제외한다면, 그날 예인선과의 일은 당연히 아주 중요했던 사건 축에 들어갈 터였다. 그날 우리가 타고 있던 배는 길이가 18미터에 달하는 완성된 플라스티키가 아니라 보트용 합판으로 만든 6미터짜리 시험 모형이었다. 2008년 6월 처녀항해를 시작하며 우리가 발견한 놀라운 사실은, 방향타와 손잡이를 더 단단히 연결시켜 고정해야 한다는 점은 물론,

플라스티키의 설계 담당 마이클 폴린의
스케치북에서. 그는 연의 힘으로 항해하는 캡
슐 형태의 배를 제안했다.

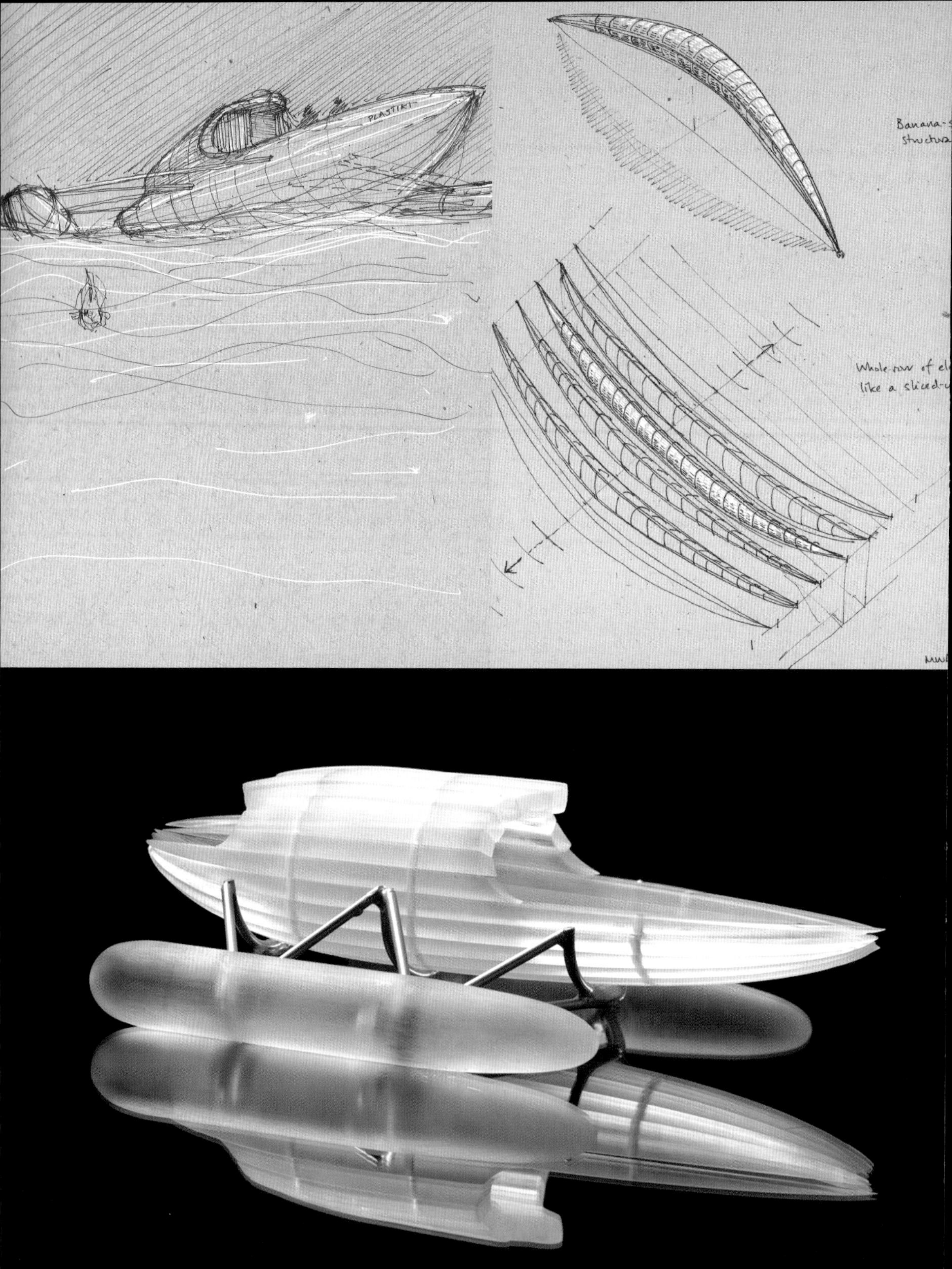
PLASTIKI
Banana-
structure
Whole-run of el
like a sliced-

페트병으로 배를 만들겠다는 우리의 발상이 나쁘지만은 않다는 것이었다. 그렇게 만든 배는 물에 뜨고 항해할 수 있었다. 플라스티키의 최종적인 완성은 아직 요원했고 막연한 계획에서 조금 더 진행된 상태였지만, 적어도 그 계획만은 아주 확실했다.

플라스티키를 탄생시키기 위한 중요한 첫걸음은 2007년 10월 구글 차이트가이스트(Google Zeitgeist)에서 마이클 폴린(Michael Pawlyn)을 만나면서부터 시작되었다. 구글 차이트가이스트란 산업계와 언론계의 거물들이 만나는 일종의 연례회의다. 마이클은 자연에서 영감을 받는 열정 넘치는 자연친화적 디자이너였다. 이렇게 자연의 유기체적인 것에서 영감을 받은 작품이나 디자인을 사람들은 보통 바이오미미크리(biomimicry)라고 부른다. 그가 설계한 건축물 중에는 돔으로 이루어진 경이로운 인공 생태계인 영국의 에덴 프로젝트와 카나리아 제도에 위치한 환상적인 라스팔마스 워터 시어터 등이 있다. 나는 마이클에게 이렇게 말했다. "당신이 하는 일이 정말 마음에 듭니다. 처음 계획대로 선박 전문가와 일하는 것보다 당신과 함께 일하는 게 더 좋을지도 모르겠어요." 나는 바다를 항해하는 배는 어떤 모습이어야 한다는 선입견이 전혀 없는 사람과 함께 일하고 싶었다.

마이클은 나를 실망시키지 않았다. 나는 오직 두 가지 요구사항만을 제시했다. 플라스틱 페트병으로 만든 우리 배는 단순하면서도 기능적이어야 했다. 나는 모든 의견을 다 받아들일 자세가 되어 있었지만, 사실 내가 바라는 배의 모습은 페트병으로 채운 커다란 주머니 위에 뗏목 비슷한 틀이 올라가 있는 그런 형태였다.

마이클은 자신의 첫 디자인을 발표할 때가 되자 어드벤처 에콜로지 사무실을 찾아와 상자 하나를 탁자 위에 올려놓았다. 그는 상자 뚜껑을 열고 참으로 기묘해 보이는 수생 곤충의 모형 같은 것을 꺼냈다. 마치 동체가 3개인 삼동선 같은 모습으로, 2개의 지지 선체 사이에 본체가 있었다. 이 배는 일반적인 돛 대신 연을 이용해 추진력을 얻었다. 어드벤처 에콜로지의 직원들은 그 모습을 보고 감탄을 금치 못했다.

자연의 형태에서 영감을 받은 배의 페트병이 들어가는 공간은 석류 열매 모양이었다. 석류 열매는 안쪽에는 부드러운 씨앗들이 잔뜩 뭉쳐 들어 있지만 겉은 단단한 껍질로 둘러싸여 있어서 전체적으로 아주 튼튼하다. 마이클의 디자인도 석류 열매처럼 빈틈없이 들어찬 페트병들이 뼈대와 표면을 이루고 2개의 지지 선체와 본체 및 선실을 구성한다. 대나무와 합판은 전체적인 보강 및 강도를 책임진다. 절충과 타협을 통해 이어지는 디자인 작업과 1만2000킬로미터의 태평양을 항해할 수 있는 배를 실제로 만들어내야 하는 부담 속에서 우리는 마이클이 제안했던 몇 가지 요소들을 포기하기도 했지만, 페트병을 모아 플라스티키의 기본 선체를 구성한다는 바이오미미크리를 바탕으로 한 그의 개념은 그대로 남게 되었다.

마이클의 디자인과 모형을 실제 설계도로 옮겨줄 사람을 찾는 일은 벅찬 도전이었다. 마이클의 구상과 우리의 의도를 동시에 담아낼 수 없거나 배와 자신의 명성 모두를 위험에 빠뜨릴 것 같아 망설이는 선박 설계사들을 모두 걸러내고 난 뒤 우리는 앤디 도벨(Andy Dovell)을 만나는 행운을 잡을 수 있었다. 그는 오스트레일리아 출신으로 아메리카스 컵(America's Cup) 요트 대회에 3회 참여했고, 그 밖에도 수많은 경주대회에 참여한 유명한 선박 설계사였다. 그가 만드는 배들은 빠르고 우아하며 모험적인 시도를 마다하지 않는 것으로 정평이 나 있었다. 그 모험에의 도전이야말로 그를 나타내는 모습이자 플라스티키 팀이 앞으로 잊지 말아야 할 가장 중요한 정신이었다. 우리는 태생적으로 부실할 수밖에 없는 재료들을 끌어모아 실제 항해를 견딜 수 있는 배를 만들어내기 위해 30명의 전문가들을 한자리에 모았다. 이 배는 물 위를 떠다니는 일종의 자체적인 재활용 시스템의 현장으로, 스스로 에너지와 물을 생산해내고 항해 중에 만들어지는 폐기물들을 재활용할 수 있어야 했다.

앤디의 초기 플라스티키 디자인은 마이클의 콘셉트 디자인과 비교해 장족의 발전을 이루었다. 우리는 그의 디자인이 무척 마음에 들었지만 앤디는 계획대로 진행되기는 어려울 거라고 말했다. 자신이 디자인한 배는 항해 중 사방에서 달려드는 대양의 엄청난 위력 앞에 뒤틀리거나 부서질 가능성이 있다는 것이었다. 플라스티키 탐험대에 참여하게 될 나로서는 이러한 문제를 심각하게 받아들이지 않을 수 없었다. 앤디는 좀 더 단단한 구조의 배가 필요하다는 의견을 내놓았다. 우리는 페트병을 품을 수 있는 선체 구조를 만들어내야만 했다. 그러나 그가 그날 소개한 초기 디자인은 나중에 태평양에 뛰어들게 되는 18미터 길이의 실제 쌍동선과 100퍼센트 똑같은 모습이 된다. 앤디는 천재였고 내가 함께 작업한 이들 가운데 가장 재능이 뛰어난 사람 중 한 명이었다.

영국의 디자이너. @DREXPLORE 2009년 7월 17일 새벽 5시 32분

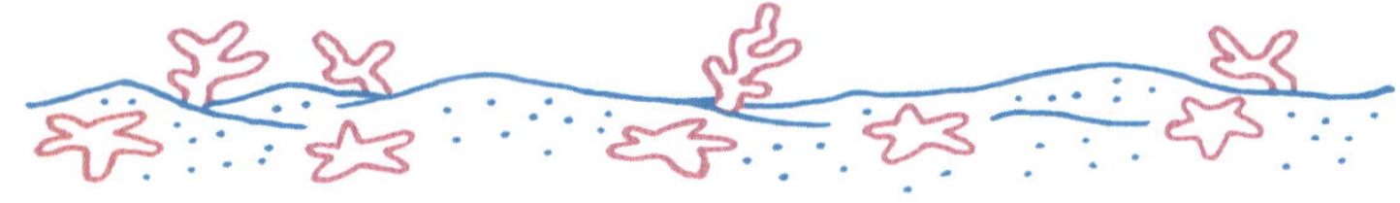

이제 우리는 새로운 도전에 직면하게 되었다. 우리를 또 다른 모험으로 이끌게 될 그 도전은 내가 볼 때 실제로 태평양을 횡단하는 일보다 훨씬 더 어렵게 느껴졌다. 우리는 이 배를 만들어내기 위한 재료를 찾아내야만 했다. 앤디는 쌍둥이 선체와 갑판을 선박 건조에 적합한 방수 합판으로 만들자고 제안했다. 선체와 연결되는 배의 늑골 부분과 선실 지지대를 재활용된 목제 합판으로 만들고 선실 자체는 골함석으로 짓자는 것이었다.

@DREXPLORE 2009년 9월 17일 오전 2시 46분

　　방수 합판과 플라스틱 페트병으로 만든 배가 태평양을 횡단하던 중에 불이라도 나면 어쩔 건가? 최종적으로 마무리된 플라스티키는 앤디의 디자인과 많은 부분에서 닮아 있었지만, 우리가 선택하는 최종 재료가 플라스티키의 임무를 다시 규정하게 될 터였다. 겉으로 보이는 것 아래에는 더 많은 것들이 숨어 있다.

　　앤디의 디자인을 기초로 크기를 줄여 제작한 시험 모델은 2008년 6월 샌프란시스코 만에서 하마터면 석탄 운반선과 충돌하여 침몰할 뻔했다. 바로 그 시점에 우리는 샌프란시스코 선창을 따라 나 있는 31번 부두에서 배 건조 작업을 막 시작한 참이었다. 휑뎅그렁하게 넓은 공간은 늘 추위가 가시지 않았지만 그곳에 우리가 원하는 완벽한 공간이 꾸며졌다. 바로 배를 건조하는 실험실이었다. 어드벤처 에콜로지의 탐험 총감독인 매튜 그레이(Matthew Grey)가 이 작업을 지휘했다. 31번 부두를 처음 찾아온 사람은 우리가 기괴한 형태의 재활용 작업을 하고 있는 것을 보고 혀를 찼을지도 모른다. 깨끗이 씻은 2리터들이 페트병을 가득 담은 커다란 통들이 바닥의 대부분을 차지하고 있었고, 자원봉사자들은 그 페트병에 정체를 알 수 없는 가루 같은 것을 채우고는 구멍을 단단히 틀어막는 작업을 하고 있었다.

　　그 가루는 바로 드라이아이스였다. 이산화탄소를 높은 압력, 낮은 온도의 조건을 맞춰 고체로 변화시킨 물질. 드라이아이스는 매튜의 근사한 아이디어였다. 텅 빈 페트병은 물에는 잘 뜨지만 형편없이 약한 재료였다. 그러나 드라이아이스가 들어가 고체가 기체 상태로 바뀌게 되면 페트병은 내부에서 발생하는 압력으로 인해 태평양의 파도를 이겨낼 만한 강도를 지니게 되는 것이다.

—

　　플라스티키를 무사히 시드니에 도착시키기 위해 내가 해야만 했던 가장 중요한 결정은 바로 플라스티키의 선장을 구하는 일이었다. 선장이나 탐험대원을 구성하는 문제에 대한 나의 철학은, 우리가 사람들을 구하는 것이 아니라 사람들이 우리를 직접 찾아오게 만들자는 것이었다. 나는 플라스티키에는 엄청난 힘이 숨어 있다고 믿었다. 운명 같은 것이라고나 할까. 조 로일(Jo Royle)과는 왕립지리학회에서 서로 안면을 트게 된 사이였다. 그녀의 항해 관련 자격과 바다에서 보낸 수많은 세월의 경험도 타의 추종을 불허했지만, 해양환경 보호에 대한 열정도 무시할 수 없는 것이었다. 환경과학 관련 석사과정을 막 시작한 그녀는 뭔가 다른 일을 하고 싶어 했다. 조와 나는 플라스티키야말로 그녀를 위한 일이라는 사실을 즉시 알 수 있었다.

조는 나중에 우리 모두가 미스터 T라 부르게 되는 데이비드 톰슨(David Thomson)을 공동 선장으로 초빙했다. 데이비드처럼 경험 많은 선장과 함께하게 된다면 조는 임무를 교대하고 충분한 휴식을 취할 수 있게 될 터였다. 데이비드는 14년간 전문 항해사 생활을 했고 경주팀을 이끌고 세계 신기록을 네 번이나 작성하기도 한 베테랑이었다. 덕분에 우리가 성공적인 항해를 할 수 있으리라는 확신이 더 커졌다. 탐험대를 꾸리는 일은 언제나 까다로운 작업이다. 더군다나 6명의 대원이 아주 협소한 공간에서 많은 시간을 함께 보내게 되는 경우는 더욱 그렇다. 이런 경우에는 함께 항해를 할 수 있을 뿐만 아니라 역동적이며 재미있고, 마술과 같은 감각을 발휘할 수 있는 사람들이 필요한 것이다. 물론 항해 기술은 말할 필요도 없다. 이 모든 것을 갖춘 지원자를 어디서 찾을 수 있을까? 내가 너무 터무니없는 생각을 하는 걸까?

내 계획은 과학자와 예술가, 운동선수 출신, 그리고 관련 분야 전문가들을 끌어모아 2주간의 시험 기간을 거쳐 6명의 대원들 중 2명의 자리를 채우려는 것이었다. 그 기간이

플라스티키 장비 : 나이키 특수 운동화

플라스티키에는 수많은 최첨단 기술들이 동원되었다. 돛대 꼭대기에는 국제해사위성기구(Inmarsat)의 위성통신 장비가 달려 있고, 선장인 조 로일과 데이비드 드 로스차일드의 발에는 최첨단 신발이 신겨져 있는 식이다. 조와 데이비드를 위해 나이키는 자사의 레트로 블레이저 하이탑 운동화를 각자의 개성에 어울리며 물에 젖어 미끌미끌한 선상 생활을 잘 적응할 수 있는 항해용 신발로 특수 제작해 제공했다. 신발 윗부분은 재활용 소재가 50퍼센트 이상 사용된 폴리에스테르 천으로 되어 있으며, 고무 부분은 제작과정에서 솔벤트나 석유화학 제품이 전혀 사용되지 않았다. 그리고 제작과정에서 배출되는 쓰레기를 줄여 환경에 최소한의 영향만 미치도록 만들어졌다.

조가 신은 신발은 밝은 회색에 안쪽은 청록색이고 뒤꿈치 부분에는 오리온 별자리의 별 3개가 장식되어 있다. 그녀가 갑판 위에 있을 때면 그녀와 짝을 이룬 당번은 조에게 행운을 가져다줄 별자리를 찾아보게 되었다. 데이비드의 신발은 붉은색으로 포인트를 준 칠흑 같은 검은색으로, 뒤꿈치 부분에는 그가 기르는 개들인 네스타와 스머지의 모습을 형상화해서 새겨 넣었다.

2009년 11월, 플라스티키의 기본 뼈대가 완성되었다. 세레텍스와 1만2500개의 플라스틱 페트병, 그리고 가운데 행운을 비는 부적인 밝은 오렌지색의 말 편자가 보인다.

크레인이 왔다!!!
2009년 12월 10일 오전 10시 15분
자, 이제 움직인다!!
2009년 12월 10일 오전 10시 58분

플라스티키의 명명식 모습.
전통에 따라 샴페인 병을 깨뜨리고 있다.
2009년 12월 10일 오전 11시 11분

지나고 나니 이번 탐험에 헌신할 수 있는 정예 대원의 윤곽이 좀 더 분명하게 드러났다. 2명의 공동 선장을 필두로 일단 토르 헤위에르달의 손자인 올라프 헤위에르달(Olav Heyerdahl), 영화 제작자인 베른 몬(Vern Moen)과 맥스 조던(Max Jourdan), 인터넷 사이트 트리허거(treehugger.com)를 만든 그레이엄 힐(Graham Hill), 뛰어난 사진작가이자 오랜 시간 동안 플라스티키와 함께한 루카 바비니(Luca Babini), 그리고 베른으로부터 촬영 작업을 물려받게 되는 싱겔리 애그뉴(Singeli Agnew) 등으로 팀이 꾸려졌고 나는 이보다 더 나은 사람들은 기대할 수 없다고 생각했다.

플라스티키의 건조라는 모험의 과정에서 2009년 12월 10일은 가장 역사적이면서도 가슴 뭉클한 날로 기록될 만했다. 거대한 크레인 하나가 12톤짜리 플라스틱 작품을 샌프란시스코 만으로 데려가기 위해 31번 부두에 도착했다. 배가 물에 떴다! 그 순간 플라스티키는 완전히 제 모습을 갖춘 항해용 선박이 된 것이다. 페트병이 층층으로 채워진 선체와 독특한 형태의 돔 모양 선실이 자랑스러운 모습으로 우뚝 섰다. 물론 아직 할 일은 많이 남아 있었다. 전기 설비와 돛대 관련 장비, 그리고 발전 시설 등등. 이 모든 것들은 샌프란시스코의 소살리토 건너편 소규모 조선소에서 완료될 예정이었다. 이 계획을 반대하는, 혹은 이 모험에 회의적인 수많은 사람들은 플라스티키의 건조 기간이 얼마나 길었는지, 또 우리가 처음 계획했던 기간을 제대로 지키지 못했던 문제들에 대해 끊임없이 떠들어댔다.

내 관점에서 보면, 이 계획의 초창기 2년 반이라는 기간은 연구와 개발을 병행하고 플라스티키를 건조하기 위한 재료들을 찾아내는 과정이었다. 나의 실수는 연구보다는 개발 문제에 더 집중한 것이었다. 그 때문에 해결해야 할 문제들이 늘어나 귀중한 시간을 많이 잡아먹게 되었다. 실제로 플라스티키를 건조하는 데 들어간 시간은 8개월 정도로, 보통 이 정도 규모의 일반적인 요트를 건조하는 데는 18개월 이상이 소요된다.

플라스티키는 2010년 1월과 2월에 걸친 샌프란시스코 만에서의 다양한 시험 운항을 통해 조금 둔중하기는 하지만 항해를 충분히 견딜 수 있는 배라는 점을 증명했다. 우리는 6노트 정도의 속도에 아무런 문제없이 도달할 수 있었고, 무역풍의 도움을 받으면 8노트까지도 낼 수 있겠다는 믿음이 생겼다. 보통 요트에 많이 사용되는 소형 수하용골(垂下龍骨, 선체의 중심선을 따라 선수에서 선미까지 꿰뚫은 부재) 없이도 플라스티키는 '바람을 타고' 움직일 수 있는 배였다. 가장 마음에 들었던 점은, 플라스티키가 바람 속으로 70~80도 각도로 항해할 수 있다는 사실이었다. 풍향에 따라 지그재그로 항해하는 것도 가능했다. 한 번쯤 만나기를 기대하고 있는 적도 무역풍 같은 뒷바람, 즉

순풍을 받게 되면 더욱더 뛰어난 성능을 발휘하게 될 터였다.

　　여러 차례의 시험 운항과 함께 조와 데이비드는 앤디 도벨, 그리고 플라스티키를 건조한 앤디 폭스(Andy Fox)의 지휘 아래 배를 좀 더 거칠게 밀어붙였다. 진짜 시험은 2월 18일에 치러졌다. 우리는 샌프란시스코의 금문교를 지나 처음으로 태평양으로 나아갔다. 커다란 파도와 30노트에 달하는 강풍을 헤치고 플라스티키는 그 진가를 발휘했다. 하지만 나는 플라스티키와 달랐다. 3일간 바다에서 지내며 지독하게 앓은 탓인지, 아버지에게 물려받은 유전병인 달팽이관 문제가 바다에서 다시 나타나는 것 같았다. 어느 날 오전 3시쯤 되었을까, 차가운 바람을 맞으며 흔들리는 배 위에서 뱃전 너머로 토하고 있을 때 문득 이런 생각이 들었다. '도대체 내가 지금 여기서 뭘 하고 있는 거지?' 뱃멀미쯤이야 시간이 지나면 가라앉겠지만, 실제 항해가 시작되면 내가 진짜 처리해야 할 문제가 따로 있는 셈이었다.

　　세레텍스(Seretex)는 우리가 플라스티키를 건조하기 위해 개발한 특수 소재였다. 이 세레텍스로 만든 배가 몇 개월에 걸쳐 바람과 파도, 그리고 바닷물의 염분과 강렬한 태양의 공격을 견뎌내며 원형을 유지한 채 우리를 시드니로 데려다줄까? 나무 열매와 설탕으로 만든 접착제로 붙인 플라스틱들이 잘 버텨줄까? 배를 타게 될 탐험대원들은 어떨까. 급조된 우정과 동지애가 바다 위에서 100일 이상을 견뎌낼 수 있을까? 2010년 3월 20일, 플라스티키는 마지막으로 금문교 아래를 지나갔다. 춘분점 위를 지나가는 아주 순조로운 항해였다. 한바탕 욕지기와 메스꺼움이 지나가는 사이, 나는 자랑스러움을 느꼈다. 우리는 10여 척이 넘는 다른 배들의 호위를 받았다. 그 배 위에서는 가족이며 친구들이 손을 흔들며 우리를 격려해주었다. 한편, 내 머릿속에는 풀지 못할 의문들이 가득 차 있었다. 그리고 진짜 모험이 지금 막 시작되었다는 신호처럼 불안의 격통이 치미는 것을 느낄 수 있었다. 최소한 한 가지는 분명했다. 플라스틱 페트병으로 만든 배가 정말 바다를 항해하고 있었다.

조 로일 선장이 막 진수한 플라스티키를
소살리토의 조선소 쪽으로 몰아가고 있다.

석류 열매에서 플라스티키까지,
바이오미미크리가 플라스티키의 건조에 미친 영향

마이클 폴린

나는 데이비드 드 로스차일드를 2007년 구글 차이트가이스트 회의에서 처음 만났다. 그곳에서 우리는 둘 다 이른바 녹색 친환경 기술에 대해 발표했다. 데이비드는 플라스티키 탐험에 대한 계획을 설명했고 나는 즉시 그의 계획에 매료됐다. 플라스티키는 내가 관심을 갖고 있는 기본 요소들이 아주 정확하고 적절하게 결합된 계획이었다. 지구 환경에 긍정적인 변화를 가져오기 위한 기발하면서도 이상적이며 확고한 결심이 거기 있었다.

나는 태평양의 거대 쓰레기 더미가 우리 인간이 바다에 저지르는 일들에 대한 거대한 상징임을 알고 경악했다. 우리는 마치 바다가 우리의 더러운 짓을 무한정 받아줄 것처럼 행동하고 있다. 그리고 그로 인한 처참한 상황이 바로 눈앞에서 펼쳐지지 않는 한, 인간은 이에 무관심하다.

데이비드와 나는 윌리엄 맥도너(William McDonough)와 미하엘 브라운가르트(Michael Braungart)가 도입한 '요람에서 요람으로(cradle-to-cradle)'라는 개념에 크게 공감했다. '요람에서 요람으로'란 폐쇄된 재활용과정 속에서 자원을 직접적으로 사용하는 방식으로부터 모든 자원을 보존하는 방식으로 변화해 우리가 살고 있는 지구에 어떤 쓰레기나 오염 물질도 방출하지 않도록 하는 것이다. 생태계는 이런 재활용 시스템의 중요한 실례라고 볼 수 있다. 하나의 유기체가 만들어내는 폐기 물질은 다른 유기체를 위한 영양분이 된다. 우리는 인간의 체계에 대해 다시 생각하고 쓰레기에 대한 개념을 재정의하며 이런 자연의 모습에서 많은 것을 배울 수 있다.

플라스티키는 페트병으로 배를 만들어 태평양을 건너서 현재 바다가 직면하고 있는 문제점들에 대해 사람들의 주의를 환기시키는 동시에 해결책을 찾아보자는 취지에서 계획되었다.

우리는 사람들에게 제대로 된 실례를 보여주자는 생각에 동의했다. 따라서 플라스티키는 항해를 마칠 때까지 완전히 재활용이 되는 시스템으로 움직여야 했다. 스스로 필요한 모든 에너지를 생산해내면서 동시에 오염 물질은 전혀 배출하지 않아야 했던 것이다. 우리는 또한 페트병에 변형을 가해 필요한 재료로 만들어 우리가 알고 있는 일반적인 모습의 배를 건조하는 게 아니라 병 그 자체를 그대로 이용하는 데도 뜻을 함께했다.

우리의 첫 번째 과제는 페트병이라는 상대적으로 약한 재료를 가지고 대항해를 견뎌낼 수 있는 단단한 구조의 배를 만들어내는 일이었다. 여러 가지 사례들을 찾아보며 필요한 아이디어를 끌어내려고 애썼다. 예를 들어 일본의 전통적인 달걀 포장법은 어떨까. 일본에는 볏짚이나 갈대를 엮어 달걀이 깨지지 않도록 안전하게 포장하는 기술이 있었다. 그리고 오직 풀잎 등으로만 필요한 물건을 엮어 만들어내는 전통적인 기술도 있었다. 이런 기술들은 모두 상대적으로 약해 보이는 재료를 가지고 튼튼한 구조물을 만들어내는 기발한 재주를 보여준다.

그러나 우리에게 획기적인 돌파구를 제공한 것은 다름 아닌 석류 열매였다. 석류 열매를 잘라 보니, 각각의 구획이 일정 수준 이상의 내부 압력을 갖고 있음을 알 수 있었다. 기하학적으로 밀집된 형태가 전체를 감싸고 그 빈틈은 열매의 섬유 조직으로 채워져 있었으며, 열매 전체는 단단한 겉껍질로 둘러싸여 있었다. 그 결과 아주 탄력 있는 형태가 유지되었다.

이런 석류 열매 구조에서 영감을 얻은 우리는 각각의 페트병을 공기로 채워 내부 압력을 강화했다. 별다른 개조과정이 없이도 페트병은 단단한 재료로 변신했다. 실험 결과에 따르면 공기를 주입한 페트병 2개면 자동차 1대의 무게도 감당해낼 수 있었다.

이렇게 자연의 유기체적인 것에서 영감을 받는 이른바 바이오미미크리의 개념을 플라스티키의 계획 전체에 도입한다는 아이디어는 아주 만족스러웠다. '인간을 위한 건축(Architecture for Humanity)'이라는 단체의 너새니얼 코럼(Nathaniel Corum)이 디자인한 선실과 일반적으로 선박 건조에 사용되는 합성수지 접착제 대신 독성 물질을 완전히 제거한 친환경 접착제를 최초로 사용한 일 등도 바이오미미크리에 포함된다.

플라스티키 계획에 대한 데이비드의 단호한 결심은 오염 문제만을 부각시키는 것이 아니라 해결책을 만들어내자는 것이었고, 그 결과 앞서 이야기한 폐쇄된 재활용 시스템에서 영감을 받은 모습들이 나타나기 시작했다. 우리는 직접적인 형태에서 폐쇄적인 재활용의 형태로, 그리고 탄소 경제에서 태양 에너지 경제로 전환해야 했다. 여기서도 바이오미미크리의 개념이 계속해서 도움이 됐다. 우리가 필요로 하는 여러 가지 해결책들과 플라스티키 건조과정에서 우리는 환경에 긍정적인 변화를 이끌어낼 수 있다. 나는 이러한 생각을 현실화시키는 일에 참여하게 된 것을 자랑스럽게 생각한다.

• 마이클 폴린은 혁신적인 디자인과 해법을 제공하는 '탐험 건축(Exploration Architecture)'이라는 회사를 이끌고 있으며 플라스티키의 디자인에 큰 도움을 주었다.

탐험대원 소개 : 조 로일

만약 당신이 태평양을 횡단하게 된다면 한가하게 빈둥거릴 시간 같은 건 없을 것이다. 숙련된 요트 경주 선수이자 지도자이기도 한 조 로일은 플라스티키의 항해사로 완벽한 선택이었다. 그녀는 지금까지 12만 킬로미터 이상의 거리를 항해한 기록을 갖고 있으며 특히 장거리 항해에 익숙하다. 조 로일은 프랑스와 브라질을 가로지르는 포뮬러 1 요트 경주대회인 트란자트 자크 바브르 대회에 선장으로 참여했으며 어스와치 탐험대를 지휘했다. 그녀는 환경에 대한 숨은 열정을 지니고 있으며 최근에는 센트럴 런던 대학에서 환경과학과 사회를 전공하여 석사학위를 취득하기도 했다.

Q 배를 모는 법은 누구에게 배웠는가?

A 아버지가 항해에 대한 열정을 심어주셨다. 그리고 내 첫 남자친구로부터 항해의 기술에 대해 참 많이 배울 수 있었다. 10대 후반에는 진짜 바다 사나이인 트레버라는 사람과 함께 돛단배 한 척을 장거리 배달해주었다. 그러면서 진짜 항해란 무엇인지 뼈저리게 느낄 수 있었다.

Q 배를 모는 사람이 아니었다면?

A '태양의 서커스'에서 활동하는 곡예사? 과연 그렇게 될 수 있었을지는 나도 의문이지만.

Q 항해나 환경운동과 관련하여 존경하는 인물이 있는가?

A 내게 영감을 준 사람들이 많다. 요트 전문가인 피터 블레이크, 해양생물학자 실비아 얼, 그리고 선원이자 방랑자인 버나드 몬트레소가 있다.

Q 해양 환경에서 어떤 변화를 목격했는가?

A 남극 근처 섬들에서 변화의 조짐이 뚜렷하게 드러나고 있다. 빙하가 녹고 새들의 군락지가 점점 더 남쪽으로 후퇴하고 있다.

Q 해양 탐험의 역사에서 되고 싶은 인물이 있다면?

A 비글호를 타고 티에라 델 푸에고를 탐험하던 무렵의 찰스 다윈이다. 새로운 섬들과 새로운 생물 종을 찾고 있었지. 한 번도 보지 못한 빙하지대에 들어선 그의 모습을 한번 상상해보라.

Q 플라스티키에서 가장 멋지다고 생각하는 점은?

A 수많은 사람들의 열정과 창의성이 결집된 결과물을 책임지는 사람이라는 느낌.

Q 실제 살고 있는 집은 플라스티키의 4.24미터 × 2.26미터의 선실과 비교해서 어떤가?

A 콘월에 있는 내 집은 그보다 더 작다. 나는 대부분의 시간을 배 위에서 혹은 집 밖에서 보낸다. 어쩌면 좀 험하게 사는 것을 즐기는지도 모르겠다. 자신이 직접 물을 구하고 전기를 만들어내는 등의 일을 하다보면 자연과 하나가 되는 경험을 할 수 있으니까.

Q 여행을 할 때마다 꼭 챙겨 가는 것은?

A 볼펜과 종이, 아이팟, 터키석, 도화지, 씨앗, 낚시도구. 이중 마지막 네 가지는 작은 주머니 하나에 다 들어갈 정도가 되어야 한다.

2

플라스티키의 탄생

플라스티키의 건조는 이 모험의 또 다른 중요한 과정이었다.
플라스틱 활용 기술이라는 전인미답의
바다로 향하는 또 하나의 탐험이었던 것이다.

플라스티키에는 선박을 건조할 때 사용하는 일반 법칙이 적용되지 않았다. 재활용되거나 자연에서 아이디어를 빌려온 혹은 새롭게 개발된 부품들만 사용된 플라스티키는, 유선형이나 쾌속 범선의 형태는 아니었지만 그럼에도 불구하고 최첨단 기술로 가득 차 있었다. 그리고 나의 눈에는 더없이 아름다운 배였다.

우리 배를 본 선원이라면 플라스티키의 주된 목적이 태평양을 빨리 횡단하는 게 아니라는 걸 한눈에 알아볼 수 있었을 것이다. 만일 속도가 문제였다면 처음부터 섬유유리를 사용해 배를 건조했을 것이다. 그러나 우리는 플라스티키를 플라스틱 쓰레기 문제에 대한 해결책의 상징으로 생각했다. 실제로 플라스틱 쓰레기 문제는 어디서나 볼 수 있었다. 따라서 플라스티키는 이 문제의 해결책에 대한 물 위에 떠 있는 시험장이 되어야 했다. 탐험과 관련된 어떤 기본적인 문제보다도 바로 플라스티키 자체가 우리의 목표를 상징했다. 플라스티키는 곧 변화의 상징이었다.

배를 설계하고 건조하는 과정이 진행될수록, 우리는 일반적인 방식이야말로 가장 쉬운 길이라는 사실을 절실히 깨닫게 되었다. 그리고 그 일반적인 방식은 언제나 오염 물질을 가장 많이 배출하는 낭비가 심한 방식이었다. 진정한 혁신이란 쉬운 길을 선택하지 않는 것에서부터 시작된다.

그렇게 해서 우리는 마이클 폴린과 접촉해 자연을 흉내 내는 방식으로 배를 만들게 되었다. 우리가 1만2500개의 다 쓴 페트병을 모아 플라스티키를 건조하게 된 것도 다 이런 배경이 있었던 것이다. 또한 매튜 그레이와 나는 플라스티키의 골조와 갑판을 일반적인 구식 목재와 합판으로 건조하는 문제에 대해 심각하게 고민했다. 콘티키호를 떠올린 우리는 심지어 대나무나 발사

마이클 폴린은 석류 열매의 내부 구조에서 영감을 받아, 물에 잘 뜨는 플라스틱 페트병을 엮어서 이용하는 방식을 제안했다.

나무를 사용하는 방식도 고려했다. 그렇지만 다른 배라면 몰라도 이 두 가지 재료가 이번 작업에 적합하다는 느낌은 전혀 들지 않았다. 플라스티키의 목표는 좀 더 다른 생각, 한계를 모르는 호기심, 그리고 새로운 발상이 아니었던가? 우리는 더 나은 방식으로 접근해야만 했다.

플라스티키 건조 작업에 참여한 앤디 도벨과 같은 선박 설계사들은 파도와 바람에 의해 발생하는 강력한 충격을 견뎌낼 수 있는 튼튼한 재료들을 선호한다. 섬유유리와 알루미늄, 그리고 탄소섬유 등이 바로 그들이 선택하는 재료이다. 그러나 이런 재료들은 환경을 파괴하고 오염시키는 과정을 통해 만들어진다. 또한 생산을 위해 엄청난 양의 에너지가 소모되며, 재활용되는 알루미늄을 제외하면 결국 쓰레기 매립장에서 운명을 다하게 된다.

우리는 플라스티키의 목표에 부합하는 재료가 어딘가에 분명히 있을 것이라고 확신했다. 건축가이자 친환경 사업의 선구자인 윌리엄 맥도너가 주창한 '요람에서 요람으로'라는 완전한 재활용 체계를 따르기 위해 우리는 수명이 다한 플라스틱 재료를 원했다. 그래야 완전한 재활용을 이행할 수 있었다. 또한 우리는 쓸모없는 낭비는 자연의 법칙을 어기는 잘못된 방식이라는 개념을 구체화할 수 있는 재료가 필요했다. 매튜의 말처럼 "이제 우리에게 남은 문제는 완벽한 재료를 찾아내는 것뿐"이었다.

앤디는 이미 우리가 플라스틱으로 만든 배에 대한 이야기를 꺼내기도 전에 자신만의 다양한 아이디어들을 많이 갖고 있었다. 우리는 그에게 계속해서 색다른 제안을 했고 그는 그런 제안을 다양하게 흡수하고 통합하여 적절한 방향으로 이끌어갔다. 우리는 쓰레기로 배를 만들어달라고 부탁하고 있는 것이었다. 앤디는 지금까지 한 번도 재활용 플라스틱으로 작업을 해본 적이 없었다. 하긴 어떤 선박 설계사가 그런 일을 해봤겠는가? 그렇지만 앤디는 기꺼이 모험을 해보기로 했다. "재활용 플라스틱을 사용하는 일은 대단한 도전이었습니다. 왜냐하면 플라스틱이란 다양한 형태의 화학 물질들이 합쳐진 것이기 때문에 일반적으로 약할 수밖에 없거든요." 그의 설명이다. "폴리프로필렌과 HDPE, 비닐, 그리고 폴리에틸렌 등은 우리 작업에 합당한 재료가 아니었습니다."

우리는 가공된 플라스틱을 에코보드(EcoBoard)로 바꾸는 것을 살펴보았다. 에코보드란 100퍼센트 폴리에틸렌으로 만든 플라스틱 목재 대용품이다. 만일 누군가 마룻바닥이나 놀이터와 관련된 시설을 만들고 싶어 한다면 나는 이 에코보드를 강력히 추천한다. 그러나 시속 80킬로미터의 바람을 견뎌내고 바다와 맞설 수 있는 원양 항해용 선박을 건조하고 있다면 그 강도 문제를 고민해보지 않을 수 없을 것이다. 우리는 나중에 선박용 합판 대신 사용할 수 있는 플라스틱 대체물인

에코시트(EcoSheet)를 찾아내게 된다. "합판만큼 강하면서 100퍼센트 재활용된 합성 플라스틱으로 만든 제품"이라고 광고하고 있는 제품이었다. 별다른 대안이 없었던 우리는 에코시트를 잔뜩 주문했다. 그리고 배달된 물건을 본 후 우리의 생각이 틀렸다는 사실을 알게 되었다. 에코시트는 무겁고 탄력이 없었다. 앤디는 그것으로는 작업을 하고 싶어 하지 않았다. "마치 납으로 만든 것 같군요."라는 게 그의 설명이었다.

적합한 재료를 찾는 동안 나는 플라스틱 산업에 대해 많은 것들을 알게 되었다. 우리가 알아야 할 첫 번째 그리고 어쩌면 가장 중요한 문제는 플라스틱 산업이란 영원히 썩지도 분해되지도 않으면서 일회용으로 소모되는 제품을 만들어내는 것이라는 사실이다. 그건 정말 미친 짓이다.

우수한 특성을 지니고 있으면서도 '완전히 재활용될 수 있는' 플라스틱 제품을 생산해내는 일에 진지하게 관심을 기울이는 사람은 아무도 없었다. 우리는 플라스티키의 건조를 위해 혁신적인 방법을 찾아내야만 했다. 매튜와 우리의 첫 번째 선박 건조자인 마이크 로즈(Mike Rose)는 재활용 플라스틱 연구 개발의 요람인 유럽으로 가 3200킬로미터가 넘는 거리를 여행하며 독일과 덴마크, 그리고 네덜란드의 플라스틱 생산업자들을 찾아다녔다. 두 사람은 '구조적으로 강화된 폴리프로필렌(srPET, structurally reinforced PET)'이라 불리는 가볍고 튼튼한 플라스틱 섬유를 생산하는 회사들을 몇 군데 방문했다. 필요할 때 요긴하게 사용할 수 있을 것 같은 재료였다. 그러나 이 문제에 대해 생각하면 할수록, 우리의 플라스티키를 건조하는 데 필요한 유형의 플라스틱은 아주 특별한 것이 되어갔다. 폴리프로필렌은 보통 음식을 담는 용기에 사용된다. 우리는 폴리에틸렌 테레프탈레이트, 즉 페트(PET)로 이루어진 가공된 플라스틱을 원했다. 바로 음료수병에 사용되는 재료였다. 하지만 그런 재료를 찾는 일은 여의치 않았다.

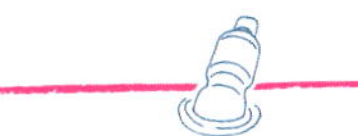

가정에서 필요한 srPET 만드는 법
1. PET를 겹쳐놓고 전선을 연결한다.
2. 적당한 온도로 가열한다.
3. 발생하는 가스를 호스로 배출한다.
집주인이 그 냄새를 못 맡기를 바랄 수밖에.

매튜와 마이크는 마침내 덴마크에서 행운을 잡았다. '구조적으로 강화된 폴리프로필렌', 즉 srPET로 불리는 플라스틱 섬유를 생산하는 소규모 회사인 컴필(Comfil)을 만나게 된 것이다. 컴필에서 생산하는 제품은 가볍고 엄청나게 튼튼하며 완전하게 재활용할 수 있었다. 재활용할 수 있다는 점은 우리에게 매우 중요했다. 많은 재료들이 재활용될 수 있는 것처럼 보이지만 실상은 사용할 수 없는, 그리고 그냥 쓰레기가 될 수밖에 없는 화학 물질이나 혼합 물질이 섞여 있었다. 만일 우리가 탐험을 마친 후 플라스티키에서 순수한 PET를 분리해낼 수 있다면 수천 가지 다른 제품들로 완벽하게 재활용할 수 있는 것이다. "우리는 srPET에 대해 실질적인 자료가 전혀 없었습니다." 매튜의 회상이다. "심지어는 관련 회사들조차도 거의 아는 바가 없었습니다. 그리고 분명 srPET로 18미터가 넘는 배를 만드는 일을 상상해본 사람은 아무도 없을 것입니다. 우리는 대부분의 작업을 우리 스스로 개발해내야 했습니다. 선구자 정신에 완벽하게 부합하는 일이었죠." 세상에 플라스틱 페트병에서 재활용된 가공 플라스틱으로 골조를 만들고 거기에 플라스틱 페트병을 사용해 만든 배를 물에 띄우는 일보다 '쓰레기를 재료로' 사용하겠다는 꿈에 더 부합되는 일이 있을까?

매튜와 마이크는 srPET 섬유 두 뭉치를 품에 안고 덴마크를 떠났다. 사실 srPET가 세상에 모습을 드러낸 것은 1980년대 중반의 일이었다. 그렇지만 실험실 밖에서 그 물질을 사용할 만한 이유가 전혀 없었다. 일회용 제품에 집중하고 있는 플라스틱 업계에서 완벽하게 재활용될 잠재력이 있는 단일 물질의 플라스틱 개발에 전념할 이유가 어디 있단 말인가?

일종의 섬유와 비슷한 srPET 자체는 우리가 크게 활용할 방도가 없었다. 하지만 그 안에 단단한 물질을 집어넣을 수만 있다면 무게에 비해 엄청난 강도를 자랑하는 일종의 합판을 만들어낼 수 있었다. 그 안에 들어가는 물질은 알칸 컴포지트, 현재는 3A 컴포지트 USA로 불리는 회사

● 플라스티키는 원자재를 필요로 하지 않았다. 우리에게 필요한 것은 차에 한가득 실린 재활용 플라스틱 페트병이었다.

에서 만들어낸 새로운 PET였다. 이제 우리가 해야 할 일은 에폭시 수지의 도움 없이 srPET를 한 덩어리로 붙여내는 작업이었다. 에폭시 수지는 우리의 재활용 계획을 망칠 수 있는 화학 물질이었다.

2008년 여름, 샌프란시스코의 노스 비치 구역 안 체스트넛 스트리트 760번지에서는 뭔가 기묘한 것을 요리하는 듯한 냄새가 풍기기 시작했다. 바로 어드벤처 에콜로지의 직원들이 플라스틱을 요리하고 있었기 때문이다. 우리는 오븐을 각기 다른 온도에 맞춰두고 srPET 섬유와 PET 폼(foam)을 샌드위치처럼 엮어 오븐 안에 집어넣고 상황이 어떻게 되는지 지켜보았다. 폼에 연결된 전선은 우리가 균일한 온도를 유지하고 있는지 알려주는 장치였다. 결과가 항상 바라는 대로 나오지는 않았지만 우리는 중요한 사실 몇 가지를 배울 수 있었다. 첫째, 특별한 과정을 거치면 우리는 두 종류의 플라스틱 물질을 아주 잘 합칠 수 있다. 둘째, PET가 녹는 냄새는 영원히 사라지지 않는다. 음, 결국 집세를 올려줘야 하는 건가!

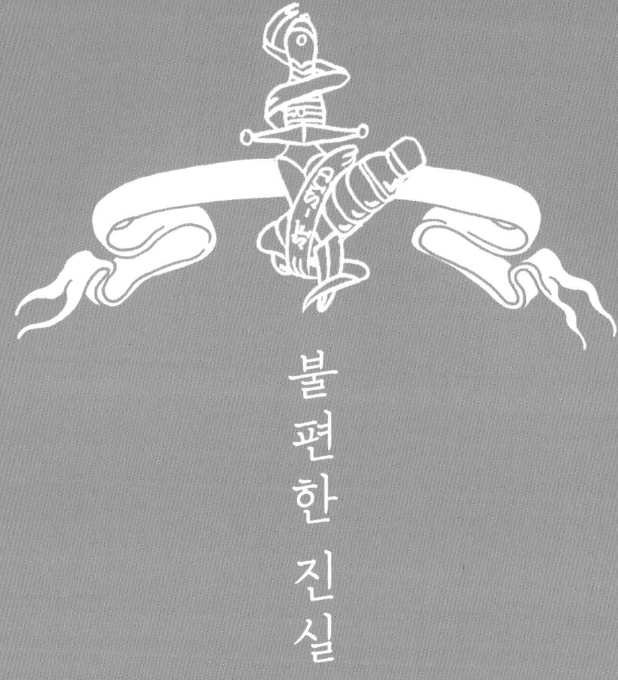

불편한 진실

미국인들이 1년 동안 사용하는
290억 개의 플라스틱 페트병을 만들기 위해서는
1700만 배럴의 원유가 필요하다.

플라스틱 페트병 6개 중 5개는 재활용되지 않는다.

플라스틱 페트병은 자연 상태에서
완전히 분해되는 데 약 450년이 걸린다.

친환경 접착제

일반 가정의 주방에서 찾아낸 물건으로 만든 접착제. 그 접착제를 사용한 배로 태평양을 횡단하겠다고? 당신 지금 제정신이야? 바른대로 말하자면 제정신이다. 플라스티키를 건조하기 위한 중요한 작업 중 한 가지가 바로 캐슈넛 기름과 당밀 침전물로만 만든 접착제로 선체를 강화하거나 부품을 고정시키는 일이었다.

접착제의 원료가 되는 이른바 고분자 수지(polymer)는 식물에서 얻든 일반적인 방식대로 석유에서 얻든, 어쨌든 수지일 뿐이라는 것이 새로운 접착제를 만들어내는 일에 도움을 주었던 마이크 오레일리(Mike O'Reilly)의 말이었다. "수지는 우유나 아마 기름, 혹은 콩기름에서도 얻을 수 있습니다. 다만 어느 쪽이 더 널리 쓰이고 있느냐의 문제지요. 식물에서 수지를 얻으려는 기술자라면 반드시 그 길로 가야만 한다는 의지가 있어야 할 겁니다."

플라스티키 건조팀은 바로 그 길로 가기를 원했다. 캐슈넛과 당밀로 접착제를 만드는 공식에서, 설탕을 정제하는 과정에서 만들어지는 부산물인 당밀 침전물에서 추출된 이른바 긴사슬수지는 필요한 접착제의 요소를 구성한다. 화학적으로 암모니아와 비슷한 견과류 기름은 경화제 역할을 한다. 결국 모두 합쳐 약 95리터의 캐슈넛과 당밀로 만든 접착제가 플라스티키에 사용되었다. "이것이야말로 접착제 산업의 미래가 될 것입니다." 오레일리의 말이다.

우리가 했던 방식으로 srPET를 만드는 작업을 하는 사람은 아무도 없었다. 우리의 학습은 우리가 얻게 된 재료와 함께 상승 곡선을 그렸고 고통스러웠으며 냄새도 지독했다. 결국 우리는 서로 다른 녹는점을 가진 두 가지 유형의 섬유로 이루어진 srPET를 만들어냈다. 유의할 점은 모체가 되는 섬유를 녹일 수 있는 충분한 열을 가해야 하지만, 그 열은 강력 섬유(the high-tenacity fibers)를 녹일 정도로 높아서는 안 된다는 점이었다. 그러면 모체가 되는 섬유가 녹아 구조를 지탱할 수 있는 강력 섬유를 둘러싸 강하게 만들게 되는 것이다.

이런 기발한 플라스틱 재료들을 이용한 계속되는 실험을 통해, 우리는 마침내 만족스러운 결과를 얻게 되었다. 그 내용은 다음과 같았다. PET 폼 패널의 상부에 srPET 섬유를 네 겹으로 겹쳐 올리고 아래에도 네 겹으로 붙인다. 이 플라스틱 '샌드위치'를 진공백 속에 집어넣고 그 진공백을 1평방센티미터당 3.62킬로그램의 압력으로 누르고 온도를

플라스틱 페트병을 깨끗이 씻어 이산화탄소로 채운 뒤 식물성 접착제와 함께 열을 가해 밀봉한다.

200도까지 올린다. 그러면 마침내 새로운 재료를 얻게 된다. 강력하면서도 뛰어난 성능을 발휘하는 이 재료에 우리는 세레텍스라는 이름을 붙이고 상표 등록을 신청했다. 뉴질랜드에 있는 어느 공학 연구실에서 실험한 결과, 세레텍스는 70노트의 바람과 거대한 파도가 일으키는 힘에도 견딜 수 있음이 증명되었다.

이렇게 합판을 대체할 만큼의 세레텍스를 만들어내는 데는 1년 가까운 시간이 걸렸다. 매튜의 계산에 따르면 우리는 플라스티키 건조를 위한 전체 공정의 5퍼센트밖에 달성하지 못했다. 2008년 12월까지도 우리는 2009년 4월 28일에 항해를 시작하는 것이 목표라고 공표했다. 4월 28일은 바로 1947년 콘티키호가 항해를 시작한 날이었다. 우리의 현재 상황이 어디쯤 와 있는가를 생각한다면 참으로 터무니없는 계획이 아닐 수 없었다. 플라스티키와 관련된 기사가 〈아웃사이드(Outside)〉나 〈뉴요커(the New Yorker)〉, 〈USA 투데이(USA Today)〉 그리고 다른 지방 잡지 등에도 실리기 시작했다. 그 후 2년여 동안 우리의 탐험을 주목해준 언론의 관심의 시작이었다. 또한 2년여에 걸쳐 계속된 '왜 우리는 아직 떠나지도 못하고 이러고 있지?'라는 질문의 시작이기도 했다.

● 탐험 총감독 매튜 그레이가 대나무와
삼실로 모형을 만들어 시험을 해보고 있다.
합판과 플라스틱 페트병으로 시험 제작용
원형을 만드는 과정들.

내가 후회하는 일이 하나 있다면, 그건 바로 내가 언론에 플라스티키를 건조하는 데 필요한 재료 문제 때문에 작업이 늦어지고 있다는 사실을 더 분명하게 밝히지 못했다는 점이다. 분명 플라스티키는 태평양을 횡단하기 위해 건조된 탐험선이다. 그러나 플라스티키의 더 중요한 탐험은 환경 파괴나 고갈 없는 자원 개발의 경계선까지 가보는 것이었다.

일단 필요한 재료를 얻게 되자, 플라스티키의 실제적인 건조 작업은 매우 빠르게 진행되었다. 우리는 31번 부두에 있는 장비들을 사용하여 플라스티키의 측지선 돔 형태의 선실을 짓는 데 필요한 패널들을 만들어낼 수 있었다. 플라스티키의 구조를 이루는 6미터 길이의 늑골과 18미터 길이의 용골은 쌍둥이 선체에 각각 필요한 것들이었는데 이것을 만드는 일은 우리의 능력 밖이었다. 그 작업을 위해서는 다른 전문 기계 장치들은 물론 정말로 커다란 프레스기와 정밀한 거푸집이 필요했던 것이다. 매튜는 전화번호부를 펼쳐 들고 여기저기 전화를 걸기 시작했다. 바로 여기서 플라스티키가 좋은 운명을 타고났다는 사실이 다시 한번 증명되었다. 매튜가 처음 전화를 건 회사들 중 한 곳인 샌프란시스코의 레벨 2 인더스트리즈(Level 2 Industries)는 산업디자인과 재료공학 분야의 전문 회사였고, 이 회사를 통해 글리세이드 스노보드(Glissade Snowboards)와 벤더 브라더스(Bender Brothers) 같은 회사들이 설립되었다. 전화를 받은 사람은 업무 담당 이사인 그렉 프론코(Greg Pronko)였는데, 그는 공동 경영자인 마이크 오레일리와 함께 하와이 카우아이 섬의 티키 하우스(Tiki House)라는 곳에서 휴가를 즐기고 있었다. 콘티키호를 연상시키는 이 기막힌 우연 탓인지, 그는 마침 토르 헤위에르달의 《콘티키》를 읽고 있던 참이었다. 통화가 끝난 후 그렉은 마이크를 돌아보며 이렇게 말했다고 한다. "이 책이 마침 내게 선화를 건 거로군."

이런 상서로운 출발과 함께, 우리와 레벨 2 인더스트리즈와의 협력관계는 플라스티키 건조에 박차를 가하는 전환점이 되어주었다. 스노보드를 만드는 데 사용되는 5톤짜리 압축 프레스기를 빌려온 매튜는 건조팀을 지휘하여 선체용 긴 패널을 제작했다. 건조팀은 각각의 패널을 18미터 길이의 진공백에 집어넣고 다시 5분마다 10센티미터씩 압력을 높여가는 가열된 프레스기 안으로 집어넣었다. 각각의 선체용 패널이 완성되는 데는 18시간이 걸렸다. 엄청나게 지치고 신경이 쓰이는 작업이었다. 진공백에 조그마한 구멍 하나라도 나는 날에는 1만 달러짜리 srPET와 PET 폼을 망치게 되는 것이다.

31번 부두 안에서의 작업이 구체적인 결실을 맺어가는 동안 팀원들 사이의 관계는 점점 더

험악해져갔다. 특히 매튜와 마이크 로즈 사이의 대결이 그랬다. 매튜와 마이크로부터 서로 상반된 지시를 받게 된 프로젝트 관련 직원들에게 작업 환경은 혼란과 위협 그 자체였다. 우리가 발표했던 진수식 날짜는 이미 지나가버렸고 나는 2009년 2월 마이크를 팀에서 내보내는 결정을 내려야만 했다.

배의 건조는 계속해서 늦어지고 새로운 플라스틱 재료를 개발하는 일도 벅찬데, 선박 건조 전문가마저 없다니, 지금 도대체 제정신들이란 말인가? 그러나 나중에 알게 되었지만, 팀원들의 에너지 수치가 올라가게 되자 작업 속도도 덩달아 빨라졌다. 우리는 실수를 두려워하지 않는 자유로운 기분을 느끼게 되었고, 실제로도 실수를 저질렀으며 마음껏 질문들을 해댔다. 늦은 밤이면 맥주와 함께 완전한 헌신이 이어졌다. 4월이 되어 우리는 새로운 건조 책임자 앤디 폭스를 영입했다. 앤디는 영국인으로 경주용 쌍동선 제작에 풍부한 경험을 갖고 있었고 플라스틱 소재도 잘 다뤘다. 그는 심지어 마이클 폴린의 에덴 프로젝트에도 참여한 경력이 있었다. 우연의 일치치고는 대단한 일이었다. "실수를 하라고 데려온 것이 아닙니다." 나는 시작부터 그에게 이렇게 말했다. "플라스티키의 건조를 시작하라고 당신을 부른 거니까요." 그는 일을 시작했고 어쨌거나 실수도 저질렀다. 그리고 그런 그의 실수는 정확히 우리가 필요로 하는 일로 바뀌어갔다. 앤디와 매튜는 각각의 패널을 붙이고 플라스티키의 뼈대를 위해 세레텍스로 I-빔을 만드는 데 필요한 열선총(熱線銃, 페인트를 제거하거나 빨리 마르게 하는 데 사용하는 휴대용 장치―옮긴이) 사용 방법을 찾아냈다. 이런 일들이 합쳐져 플라스티키는 점점 그 모습을 갖춰가기 시작했다.

플라스티키에서 가장 눈에 띄는 부분은 다름 아닌 선실이었다. 플라스티키의 선실 모습은 미래지향적이면서 동시에 복고풍이었고, 그 모습을 보는 사람은 누구라도 우리의 배가 다른 배들과는 다르다는 사실을 한눈에 알아차릴 수 있었다. 선실 디자인을 위해 나는 '인간을 위한 건축'이라는 단체에서 교육 분야 책임을 맡고 있는 너새니얼 코럼을 찾아갔다. 전형적인 원양 항해용 쌍동선에서, 선원들이 생활하는 공간은 커다란 선체 갑판 아래에 위치한다. 그러나 플라스티키의 선체 안에는 빈 공간이 없었기 때문에 그렇게 할 수 없었다. 그리고 우리도 그런 곳에 선실을 만들고 싶지는 않았다. 플라스티키의 선실은 눈에 확 띄는 상징적인 장소가 되어야만 했다.

너새니얼이 우리에게 제시한 몇 가지 디자인 중에서 독특해 보이는 달걀 모양의 구조가 플라스티키에 가장 잘 어울리는 것 같았다. 나는 즉각 그 측지선 돔 형태에 마음이 끌렸다. 나는 돔 형태의 건축물 설계자로 유명한 버크민스터 풀러(Buckminster Fuller)의 열렬한 팬이기도 했던 것이다. "영감적이라는 측면에서 본다면, 이 선실 모양은 축구공을 닮은 버크민스터의 돔과 바이오미미크리의 중간쯤에 위치하죠." 너새니얼의 설명이었다. "기하학적 외관을 위해 투구게와 거북이의 등딱지 모양을 이용했거든요." 그가 만든 너비 3.65미터, 길이 7미터의 돔은 자립이 가능하고 놀라울 정도로 강하며 주 돛의 활대 아래와 선체 사이의 협소한 공간을 최대한 활용할 수 있게 설계되었다. 18.58제곱미터의 공간 안에서 6~7명의 대원들이 요리하고 먹고 자고 인터넷을 하며 동시에 바깥세상과의 소통을 시도할 것이다. 이 공간이 좁아 보인다면 아마 공간 활용이 잘된 뉴욕의 아파트도 비좁게 느껴질 것이다.

너새니얼의 꿈을 실현하는 과정에서 매튜와 앤디, 그리고 벤더 브라더스의 중요한 기술과 지혜에 큰 빚을 졌다. 우리 선실은 134개의 세레텍스 삼각형 패널로 만들어졌고 각각의 패널은 옆의 패널과 똑바로 맞춰지도록 각기 다른 15개의 모서리를 갖추고 있었다. 분리된 패널을 하나로 붙이는 대신 그렉 프론코와 직원들은 길고 커다란 조각의 세레텍스를 이용하며 종이접기를 하는 방식으로 선실을 만들기로 결정했다. 각각의 접히는 부분은 정밀하게 계산된 V 자 형태로 옆면과 이어진다. 이렇게 하면 조립이 더 쉬워지고 물이 샐 위험이 최소화된다는 것이 그들의 설명이었다. 정확하게 계산되어 접혀진 2010개의 면으로 인해 세레텍스의 사용을 최소화할 수 있었지만, 선실을 맡은 팀은 한 치의 실수도 허용할 수 없었다. 그들은 첫 번째 시도에서 선실이 문제없이 잘 만들어졌다는 사실을 보여줘야만 했다.

—

우리의 실험과 새로운 생각은 플라스티키의 모든 면면에 스며들어 있다. 플라스티키의 뼈대에서 가장 크게 하중이 몰리게 되는 곳은 돛대의 기저부와 선체에 붙어 있는 6미터 길이의 늑골이다. 우리는 벤더 브라더스가 직접 개발한 혁신적인 바이오에폭시(bio-epoxy)로 키 조인트(key joints)들을 강화시켰다. 바이오에폭시는 석유를 원료로 한 일반적인 화합물이 아니라 캐슈넛 기름과 당밀 침전물로 만든 것이었다. 나처럼 이런 문제에 대한 경험이 전무한 사람에게 나무 열매와 설탕으로 배를 만든다는 이야기는 터무니없이 들렸지만 마이크 벤더(Mike Bender)는 식물을 원료로 한 이런 중합체 화합물이 석유화학 제품만큼 효과적이라고 우리를 안심시켰다. 게다가 마이크는 "석유를 원료로 한 에폭시 수지는 이 계획 자체를 기만하는 꼼수니까요."라고 지적했다.

● 2009년 6월, 나중에 플라스티키가
될 원형이 그 모습을 드러낸다. 예인선과의
아찔했던 사고만 제외하면 대단한 성공작이
었던 셈이다.

플라스티키의 엔진 역할을 하는 삼각돛은 재활용 PET로 만든 실을 이용해 아주 튼튼하게 짠 섬유였다. 선박용 돛을 전문으로 만드는 캘리포니아 앨러미다의 파인애플 세일즈(Pineapple Sails)가 재단과 바느질을 끝낸 뒤 공장에 남은 50센티미터가량의 천이 재활용 플라스틱 돛의 마지막 일부였다.

두 개의 돛대는 수도관으로 사용되던 파이프를 재활용해 만들었다. 이것 역시 일반적인 돛대용 재료는 아니었다. 후방 돛대 아랫부분에 붙어 있는 기묘한 물체는 회전하는 원통 텃밭으로, 그 안에서는 98가지 푸성귀가 자랐다. 덕분에 플라스티키의 대원들은 신선한 근대와 케일, 시금치, 청경채, 갓 그리고 다양한 푸성귀들을 맛볼 수 있었다.

가장 재치 넘치는 발상이 빛났던 곳은 다름 아닌 플라스티키의 재생 가능한 에너지 시스템이 자리 잡은 곳이었다. 우리가 필요로 하는 전력량은 만만치가 않았다. 플라스티키에는 국제해사위성기구의 위성항법 장치와 휴렛패커드사의 5310 노트북 여러 대, 그리고 충전이 필요한 디지털 카메라와 손전등, 개인 물품인 아이팟이며 아이폰, 블랙베리폰, 게다가 나와 미스터 T의 전자오락기까지 전기를 필요로 하는 장비와 장치들이 즐비했던 것이다. 우리는 외부 연료 공급 없이 움직이는 강력한 자가 발전기가 필요했다.

디자이너인 제이슨 이프타카(Jason Iftakhar)의 도움을 받은 우리는 피자 조각처럼 생긴 플라스티키 선실 지붕의 쐐기꼴 패널에 맞춰 삼각형 모양의 태양 전지판을 만들었다. 보통의 태양 전지판은 사각형이어서 지붕 모양에 다시 맞추는 게 여간 어려운 작업이 아니었다. 지붕의 태양 전지판이 낼 수 있는 예상 전력은 420와트였다. 여기에 태양의 방향을 따라 회전하는 태양 전지판 4개가 플라스티키의 뒷부분에 추가로 설치되어 다시 800와트의 전력을 생산했다. 그리고 역시 뒷부분에 설치된 풍력 발전기 2개가 실제로 작동하는 경우 대략 40와트의 전력을 만들었고, 앞부분에는 자전거로 움직이는 발전기를 설치했다. 다만 이 자전거 발전기는 플라스티키의 스테레오 시스템을 움직일 정도였다. 아, 물론 대원들의 건강을 지켜주는 운동기구 역할을 하기도 했지만. 플라스티키의 뒤편에 바닷물의 흐름으로 움직이는 터빈 발전기를 설치하려던 계획은 샌프란시스코 만에서 시험 운항을 해본 후 취소되었다. 발전기 작동을 위해서는 시속 6노트 정도의 속도가 필요했는데 플라스티키가 이 속도에 도달하는 경우가 드물었기 때문이다. 이 외에도 만들어진 전기를 저장하기 위해 6개의 12볼트짜리 충전지가 설치되었다.

캘리포니아 북부에 정착해서 수도와 전기 등을 자급자족하는 사람들의 이야기를 들어보면,

작은 크기의 세레텍스를 성공적으로
만들어낸 후, 그다음 단계는 플라스티키를
건조할 때 쓸 수 있을 만큼 커다란 크기의
세레텍스를 만들어대는 일이었다

플라스티키 건조 책임자 앤
디 폭스(왼쪽)는 2009년 4월 팀에
합류했다. 그는 플라스티키의 기
본 골격을 완성하는 데 큰 도움을
주었다.

전기를 직접 만들어내면 자신이 처한 한계 내에서 필요한 전기의 양을 정확하게 알 수 있다고
한다. 이른바 사회학자들이 이야기하는 '욕구의 단계'는 빠르게 높아지는 법인데, 플라스티키
위에 올라탄 우리들 각자는 플라스티키가 공급할 수 있는 에너지 안에 묶여 있는 셈이었다. 생
존하는 데 꼭 필요한 오스트레일리아의 안전 관리팀과의 위성통신과 노트북 컴퓨터의 항법장
치를 움직이는 데 필요한 전기는 항상 충분했다. 그렇지만 탐험 초기의 몇 주 동안 겪었던 것처
럼 구름이 태양을 가리거나 태양의 각도가 태양 전지판의 충전에 적당하지 않을 경우에는 음악
이나 이메일, 그리고 디지털로 움직이는 여흥거리들을 포기해야 했다. 그런 경우에는 믿기지 않
겠지만 종종 기나긴 불면의 밤이 이어지기도 했다. 하지만 열대 지방으로 접어들어 강렬한 태
양과 안정적인 바람이 이어지자 우리는 전기 문제에 대해서는 더 이상 걱정할 필요가 전혀 없
었다.

플라스티키의

돛은 재활용 플라스틱 섬유
플라스티키는 바람으로 움직이는 배
플라스티키는 한 자리에 멈춰 있지 못하고 항상 움직여야만 한다.
평균속도 시속 5노트
돛대는 재활용 수로용 파이프
카메라
바닷물을 증류시켜 식수로 만드는 장치
자전거 발전기
뱃머리
플라스틱 페트병 사이로 물이 통과할 수 있다.
선실 지붕에 빗물을 모으는 장치
경계를 서는 대원은 플라스티키의 조종도 책임진다. 사방을 주시하며 필요한 경우 방향과 돛의 위치를 바꾼다.
수하용골이 없어서 때때로 배가 옆으로 움직인다.

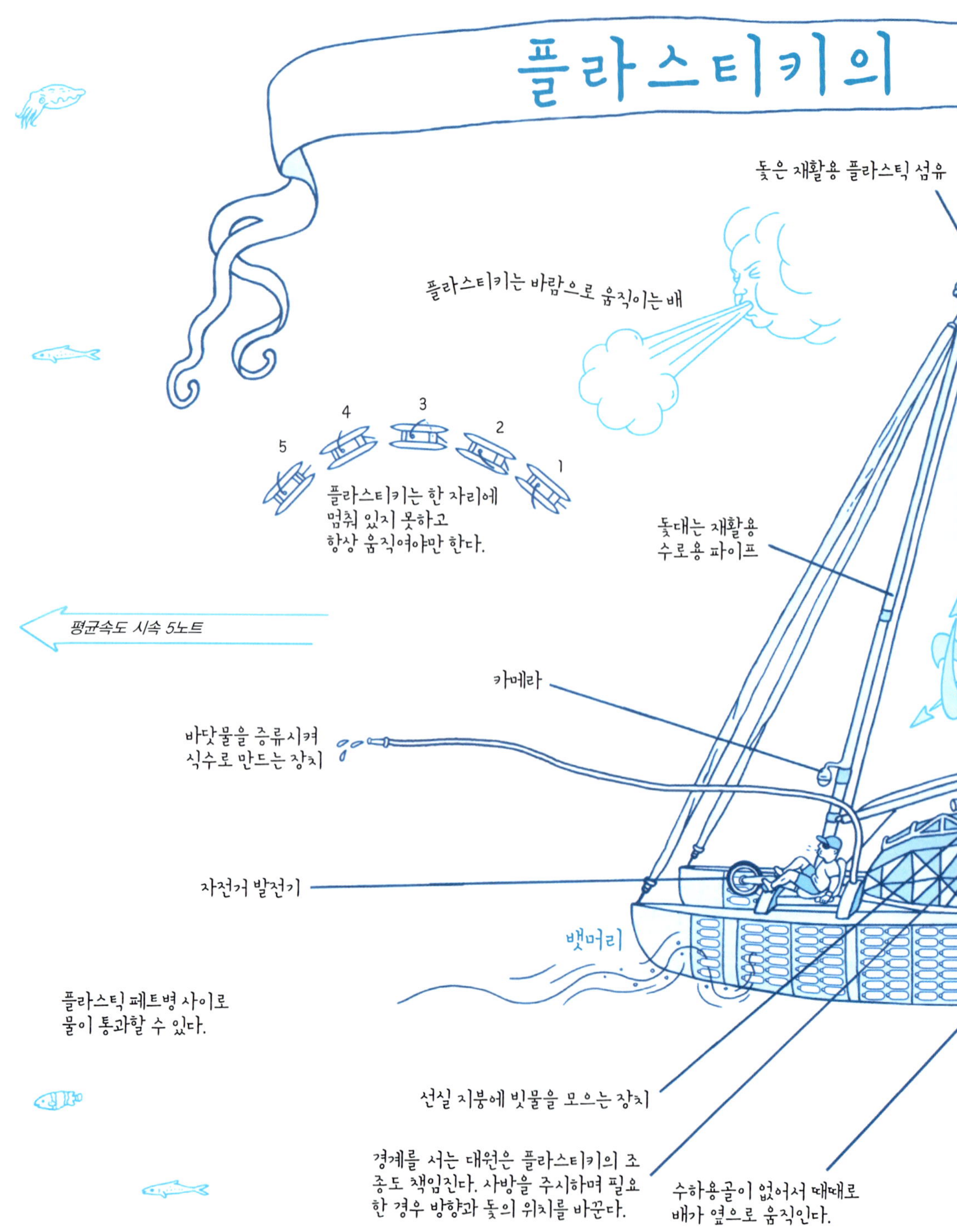

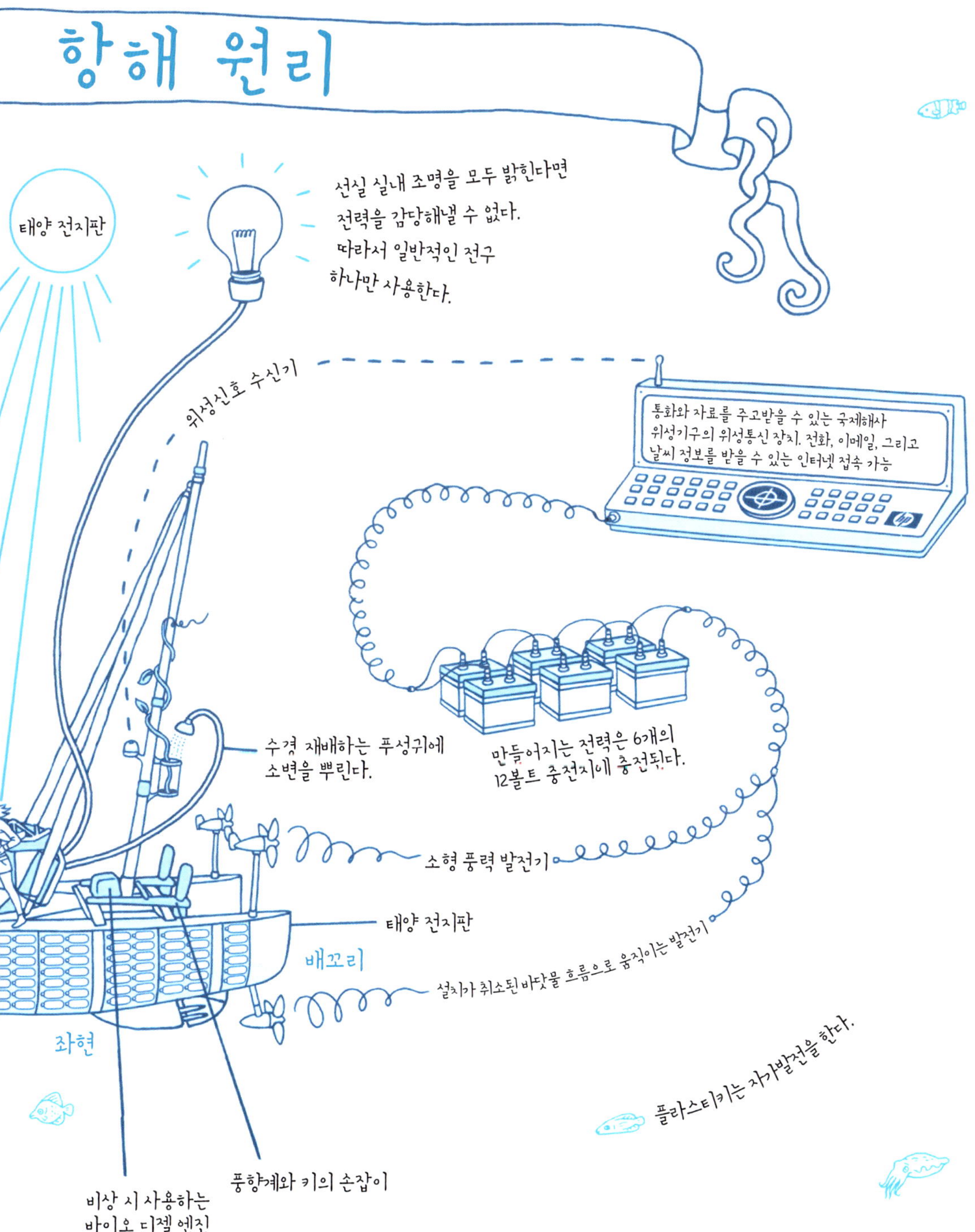
항해 원리
태양 전지판
선실 실내 조명을 모두 밝힌다면
전력을 감당해낼 수 없다.
따라서 일반적인 전구
하나만 사용한다.
위성신호 수신기
통화와 자료를 주고받을 수 있는 국제해사
위성기구의 위성통신 장치. 전화, 이메일, 그리고
날씨 정보를 받을 수 있는 인터넷 접속 가능
수경 재배하는 푸성귀에
소변을 뿌린다.
만들어지는 전력은 6개의
12볼트 충전지에 충전된다.
소형 풍력 발전기
태양 전지판
배꼬리
설치가 취소된 바닷물 흐름으로 움직이는 발전기
좌현
플라스티키는 자가발전을 한다.
비상 시 사용하는
바이오 디젤 엔진
풍향계와 키의 손잡이

플라스티키의 뒷부분에 연료전지 기술 시스템을 설치할 수 있는 방법을 연구하라!!

@DREXPLORE 2009년 7월 24일 오전 9시 4분

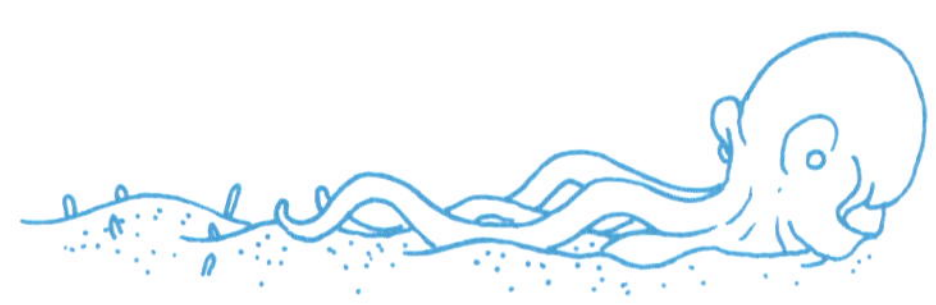

플라스티키의 건조에는 전통적인 방식에 반하는 혁신이 필요했다. 그리고 그 혁신은 서로 힘을 합친 공동의 생각과 기술에 의해 이루어질 수 있는 것이었다. 나는 이 일을 처음 시작할 때부터 나 혼자의 힘으로는 결코 아무것도 이뤄낼 수 없다는 사실을 잘 알고 있었다. 따라서 나는 처음부터 공개된 방식으로 이 계획에 접근했다. 더 많은 생각들, 그리고 더 황당한 계획일수록 더 나은 결과를 가져올 수 있었다. 플라스티키가 건조되는 동안 나의 신조는 "어느 누구도 모든 사람만큼 다 알 수는 없다."였다. 악몽 속에서 나는 호기심으로 시작된 이 놀라운 여정이 어디를 향하게 될지 상상조차 할 수 없었다.

● 플라스티키가 어느 새벽녘 시험 운항을 위해 소살리토를 떠나고 있다. 배 위를 가득 메운 대원들과 친구들이 보인다.

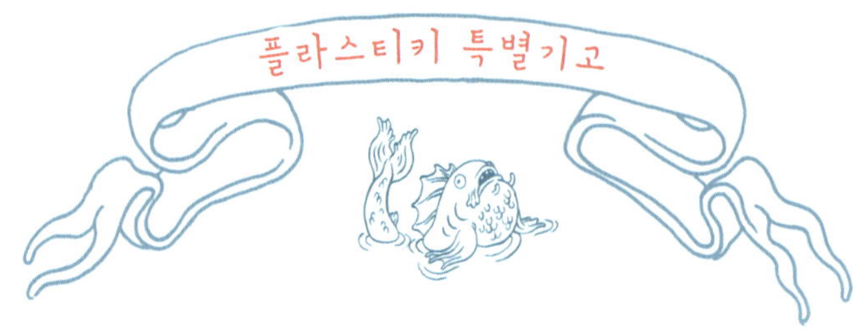

다양한 모습이 살아 숨 쉬는
희망의 땅을 향해 떠나는 항해

월리엄 맥도너

우리의 책《요람에서 요람으로》에서 독일의 화학자 미하엘 브라운가르트와 나는 독자에게 다음과 같은 질문을 던졌다. "과거로 돌아가서 산업혁명을 직접 계획해볼 수 있는 기회가 주어 진다면 어떨까?" 산업혁명의 부정적인 결과를 생각한다면, 먼저 다음과 같은 점을 확인해봐야 할 것이다.

결국 산업혁명이 만들어낸 생산 시스템은 이런 것이다. 매년 수십만 톤의 독성 물질로 대기와 수질, 그리고 토양을 오염시킨다. 우리의 자녀 세대에게 끊임없이 주의를 환기시키게 될 아주 위험한 물질을 만들어낸다. 엄청나게 많은 폐기물들이 쏟아진다. 지구의 귀중한 자원들을 세계 곳곳에 퍼붓지만 결코 다시 거둬들일 수 없다. 수천 가지 복잡한 규정들이 필요하게 된다. 그러나 그 규정들은 인류와 자연 생태계를 안전하게 지키기 위함이 아닌, 너무 빨리 독성에 중독되는 것을 막아보려는 몸부림에 불과하다. 그리고 얼마나 더 적은 사람들이 일을 하느냐에 따라 생산 성이 측정된다. 천연자원을 캐내고 다듬은 뒤 다시 묻어버리거나 불태움으로써 사람들은 번영 을 구가한다. 그 과정에서 농작물 재배 방식이나 생물의 다양성이 점점 사라져간다.

지난 십여 년간의 연구와 해양환경운동가인 찰스 무어(Charles Moore) 선장의 대담한 탐험의 결과로 우리는 위의 이야기에 다음과 같은 내용들을 덧붙일 수 있게 되었다. 즉, 대양에 쏟아져 들어가는 플라스틱 폐기물, 그중에서도 특히 북태평양에 모이는 쓰레기들을 살펴보면 동물성 플랑크톤과 비교해 그 비율이 36:1이나 된다. 바다에 플랑크톤보다 플라스틱이 36배나 더 많다니! 인류는 도대체 무슨 짓을 하고 있는 것인가?

데이비드 드 로스차일드와 플라스티키 탐험대는 이 거대한 주제로 사람들의 관심이 향하도록 해주었다. 새로우면서도 고전적인 이런 장대한 항해보다 더 사람들의 주의를 끌 수 있는 방법이 있을까. 플라스틱 폐기물로 이루어진 플라스티키가 바로 우리가 모두 피하고 싶어 하는 문제, 즉 바다의 플라스틱 폐기물 문제를 상징하는 것이다.

내 선조들의 고향이기도 한 아일랜드의 고대 전설에 의하면 지하에 또 다른 세상이 있다고 한다. 그 세상에는 난쟁이와 거인, 그리고 요정 들이 살고 있다. 그들이 사는 모습은 인간들의 세상과 똑같지만 더 나은 점도 있다. 우울한 인간 종족들이 만들어낸 이상향이랄까.

그리고 우리가 이승의 삶을 마감하고 가게 되는 곳은 티르 나 노그(Tir na nOg)로 인간들의 세상보다 더 나은 곳이다. 그곳의 거주민들은 영원한 젊음을 누리며 절대로 나이를 먹지 않는다. 하지만 그들은 오히려 인간을 불멸의 존재로 인식한다. 인간은 자손이 그 삶을 이어가지만 티르 나 노그의 거주민들에게는 그런 것이 없기 때문이다. 그들은 이 세상의 멸망을 고대하고 있다. 그들에게 이 세상은 금방 멸망할 곳이다. 절대 나이도 먹지 않고 자손도 만들지 못하는 그들은 마치 미래가 존재하지 않는 듯 그렇게 하루하루를 살아간다.

지금 우리 인간들은 마치 영원히 살아갈 것처럼 생활하고 있다. 내일이 존재하지 않는 것처럼 모든 것들을 그저 '소모'하며 살아간다. 바다에 모이는 플라스틱 폐기물들은 우리의 생각 없는 쾌락이 만들어내는 결과물이다. 그렇지만 그 한편에는 공포가 도사리고 있다. 도대체 우리는 왜 이렇게 살아가고 있는 것일까?

어쩌면 이 문제를 해결하기 위해서는 아인슈타인의 특수 상대성 이론이라도 필요한 것이 아닐까. $E=MC^2$은 지난 세기 인류의 가장 위대한 발견 중의 하나이지만 우리는 그 안에 숨어 있는 뜻을 아직 완전히 알아내지 못했다. 인간은 아무런 경고 없이 인류의 종말, 아마겟돈을 마주하게 될지도 모른다. 1945년 히로시마와 나가사키 원폭 투하가 그랬듯이 말이다.

티르 나 노그 너머에는 다양한 모습이 살아 숨 쉬는 화려한 세상이 있다. 그곳에 들어갔다가 다시 돌아온 인간은 아무도 없다. 어쩌면 그곳이 너무 아름다워 떠나지 못하는지도 모르겠다. 그 아름다운 세상에 가려면 서쪽으로 계속 가야 한다고 한다. 고대 아일랜드인들은 물개 가죽으로 만든 방향타도 없는 작은 배를 타고 서쪽으로 계속 노를 저어 갔다.

데이비드 드 로스차일드는 아주 특이하면서도 멋진 배를 만들어 미국의 서쪽 해안을 출발했다. 그는 희망으로 가득 차 있었다. 이 세상을 조금이라도 더 나은 방향으로 이끌고 나아가고자 하는 희망이었다. 그는 영원히 나이 먹지 않는 바다 한가운데로 들어가 마치 내일이 없는 것처럼 살며 의도적이든 그렇지 않든 간에 자신의 흔적을 바다에 뿌렸다. 자신의 내부에 자리한 나침반과 어쩌면 GPS의 도움을 받아 광대한 바다를 건너 다양한 모습이 살아 숨 쉬는 희망의 땅으로 항해를 계속했다. 그리고 그는 수평선 저 너머에서 다시 우리에게로 돌아와 자신의 이야기를 들려주었다. 그렇게 세상은 예전보다 더 나아졌다.

• 윌리엄 맥도너는 국제적으로 이름이 알려진 건축가이다. 그와 독일의 화학자 미하엘 브라운가르트는 《요람에서 요람으로 : 새로운 방식으로 세상과 사물 만들기》의 공동 저자로, 이 책은 10개 국어로 번역되었다.

탐험대원 소개 : 데이비드 톰슨

미스터 T에게 직장이란 망망대해 한가운데 떠 있는 배의 흔들리는 갑판 위뿐이다. 그는 더 빨리, 더 멀리 가기를 원하는 요트 경주 선수다. 저 드넓은 바다는 그에게 집과 같은 곳이다. 2009년, 데이비드 톰슨은 동료 한 명과 함께 12미터짜리 돛단배를 타고 포티마오 글로벌 오션 레이스에 참가해 지구를 한 바퀴 도는 대항해를 감행한다. 그는 또한 거대한 쌍동선인 플레이스테이션호의 선원으로 참여해 네 차례의 세계 신기록을 작성하기도 했다. 플라스티키에 오르기 전까지 데이비드는 환경에는 특별한 관심이 없었다. 그런 그가 변했다. "바다가 품고 있는 문제점들에 눈을 뜨게 된 거죠."

Q 1년에 보통 몇 개월 정도 바다에서 보내는지?

A 지난 몇 년간 1년에 6개월 정도는 바다에서 보냈다.

Q 육지가 마음에 안 드는가?

A 전혀 그렇지 않다. 다만 나는 바다에 있는 것을 좋아하고, 내가 하고 싶은 일을 할 뿐이다. 육지에서의 인생은 마치 경찰국가에서 사는 듯한 면이 있는 것 같다. 그것만은 사양하고 싶다.

Q 처음 타봤던 돛단배는 어떤 것이었나?

A 어렸을 때 아버지가 사준 작은 쌍동선이었다. 그때가 12살쯤 되었을까.

Q 항해 기술은 주로 누구에게 배웠나?

A 우리 형인 알렉스 톰슨과 플라스티키의 안전 문제 책임자인 조시 홀이다. 특히 조시는 내 항해 경력에 엄청나게 큰 영향을 미쳤고 언제나 내가 올바른 방향으로 키를 잡고 나아갈 수 있도록 도와주었다.

Q 배를 타지 않았다면 지금쯤 어떤 일을 하고 있을까?

A 나는 항상 프로 럭비 선수가 되고 싶었다. 그리고 영국 해병대에 거의 입대할 뻔했다.

Q 플라스티키 탐험에서 가장 멋지다고 생각하는 일은?

A 수많은 사람들에게 어떤 메시지를 전할 수 있다는 점이다.

Q 플라스티키에서 마주친 가장 큰 개인적 어려움은?

A 내 머릿속에서 부딪히는 온갖 정신적인 문제들? 배가 너무 느리게 나가니 생각이 많을 수밖에!

Q 항해를 할 때 가장 어려운 문제는 무엇이었나?

A 돛을 한곳에 제대로 모으고 돛대가 똑바로 서 있도록 하는 일이다.

Q 이제 플라스틱 제품에 대한 시각이 좀 달라졌는가?

A 그야 물론이다. 비닐봉지나 스티로폼 같은 것들의 사용이 금지되었으면 좋겠다.

Q 돛단배로 가장 빨리 달려본 기록은?

A 스티브 포셋의 36.5미터짜리 쌍동선인 플레이스테이션호를 타고 기록한 36.6노트다.

Q 지금까지 경험했던 최악의 폭풍우는 어떤 것이었나?

A 지난해 남극해에서 시속 80노트가 넘는 폭풍우에 휩쓸린 적이 있다. 다시는 그런 일 겪고 싶지 않다. 생전 처음 보는 모습의 파도가 계속해서 몰려오고 있다고 상상해보라. 그리고 그 파도를 절대로 뚫고 나갈 수 없을 것 같은 그 기분을.

Q 항해를 할 때마다 꼭 챙기는 물건이 있다면?

A 짭짤한 마마이트 잼. 맛이 기가 막히다. 그리고 가족 사진과 초콜릿.

PLASTIKI

3

몇 년에 걸친 작업 끝에, 플라스티키는 마침내
샌프란시스코의 금문교 아래를 지나 항해를 떠난다.
그리고 곧 태평양의 무서운 위력을 맛보게 된다.

나는 그때 별다른 선택의 여지 없이 데이비드 톰슨, 베른과 함께 갑판 위에 있었다. 우리는 선장인 조가 정한 근무 일정에 따라 1시에서 4시까지 근무를 서고 있었다. 바다 위에서의 생활이란 누군가가 항상 밤낮을 가리지 않고 방향타를 잡고 있어야 한다는 걸 의미한다. 2명의 전문 항해사와 4명의 뭍사람으로 이루어진 탐험대라면, 공동 선장인 데이비드 톰슨, 그러니까 미스터 T와 조를 따라 두 개의 팀으로 나누는 것이 당연한 일이었다. 3시간 근무에 3시간 휴식. 이런 일과는 마치 산모의 통증 주기처럼 우리를 육체적·정신적으로 급격히 지치게 만들었다.

우리 세 사람은 추위를 막기 위해 양털 모자를 쓰고 가지고 있는 옷을 몽땅 다 걸치고 앉아서는 이런저런 이야기를 나누었다. 그때, 이전까지 동쪽 멕시코의 바자 캘리포니아에서 불어오던 산들바람이 순식간에 알래스카 만에서 불어 닥치는 거센 폭풍우로 바뀌었다. 갑자기 한랭전선이 다가온 모양이었다. 지난 3일간 잔잔했던 바다가 한순간에 그 본색을 드러냈다. 거대한 너울이 일어나더니 플라스티키를 덮쳤다. 우리는 욕조에서 가지고 노는 장난감처럼 배 뒤쪽으로 튕겨나갔다. 방향타를 잡고 있던 나는 어둠 속에서 높다란 파도에 한 방 얻어맞고 배의 반대편으로 나뒹굴었다. 방향타 손잡이를 꼭 잡고 있지 않았다면, 그리고 플라스티키와 연결된 안전띠에 몸을 묶고 있지 않았더라면 나는 배 밖으로 튕겨나가 소용돌이 속으로 떨어질 뻔했다.

파도와 물보라가 만들어낸 대혼란은 처음에는 새롭고 신선했다. '좋아.' 나는 생각했다. '태평양을 횡단하려면 이 정도는 당연히 감수해야 하는 거 아니겠어? 바람과 파도, 그리고 물보라까지

● 2010년 3월 20일, 데이비드 드 로스차일드의 인사를 마지막으로 플라스티키는 뒤를 따라 오던 배들에게 작별 인사를 고하고 오스트레일리아로 향하는 대장정을 시작했다.

말이야.' 그렇지만 1시간가량 이리저리 몸을 부딪치며 바닷물에 흠뻑 젖고 나니 그런 기분은 어느새 희미해져버렸다. 얼음처럼 차가운 바닷물의 촉수가 방수복 틈을 파고들었다. 앞뒤 가리지 않고 돌진해오는 바닷물의 충격을 온몸의 근육으로 견뎌내느라 점점 피로가 쌓여갔다. 게다가 내 오랜 호적수인 뱃멀미로 인한 욕지기가 시작되는 것을 느낄 수 있었다. "오케이, 이제 파도라면 지긋지긋해! 그만 멈출 때도 됐잖아!" 그러나 행운은 우리 편이 아니었다. 파도는 48시간 동안 쉬지 않고 몰아쳤다.

처음에는 뱃멀미 때문에 죽을까봐 걱정하지만 나중에는 차라리 죽는 게 낫다는 뱃멀미에 대한 오래된 속설이 있는데, 내 오랜 경험에 의하면 그건 사실이었다. 나는 바로 그 순간이 더 끔찍한 수준으로 다가오고 있다는 사실을 직감할 수 있었다. 나는 항해 도중 바다의 시험이 반복되는 것에 두려움을 느꼈다. 끔찍한 고통으로 몸조차 가눌 수 없었고, 차라리 바다로 뛰어들어 진심으로 이 비극을 끝내고 싶은 기분까지 들었다. 아니면 차라리 배를 항구로 되돌리든가 말이다. 그렇지만 나는 이번 항해를 위해 나름대로 만반의 준비를 갖추었다. 나는 즉시 멀미약을 귀 밑에 붙이고 앞으로의 항해를 위해 바다의 신 넵튠에게 소박한 제물을 바쳤다. 그 덕분인지 한동안 견딜 수 없을 정도로 심한 뱃멀미에 시달리지 않았다. 항해를 시작한 지 일주일이 지날 무렵에는 베테랑 선원만큼은 아니었지만 멀미도 안 하고 흔들리는 배 위에서도 그럭저럭 걸어 다닐 수 있게 되었다.

반면에 조와 미스터 T는 우리의 '이 혼란스러운 바다의 상태'를 오히려 즐기는 듯 보였다. 파도의 움직임은 규칙적이라기보다는 변덕스럽다고 선원들은 이야기한다. 두 공동 선장은 재빨리 몸을 움직여 큰 돛을 내리고 폭풍우용 삼각돛을 펼쳤다. 그리고 활기찬 목소리로 우리 뭍사람들에게 저쪽 밧줄은 풀고 이쪽 밧줄은 붙잡아매라고 명령했다. 우리가 만난 이 초기의 매서운 시련은 분명 좋은 예방약이 되어주었다. "더 큰 바다와 매서운 바람은 플라스티키를 앞으로 나아가게 할 기회를 줄 거예요. 그리고 이제 저 멀리 대양으로 나가기 전에 우리 배에 대해 더 잘 알게 해주겠죠." 그 어느 때보다도 기운이 넘치는 목소리로 조는 우리에게 이렇게 설명해주었다.

플라스티키는 우리의 기대를 저버리지 않았다. 배의 모든 부분들이 닥쳐오는 시련을 견뎌내며 모든 대원들의 신뢰를 완전하게 뒷받침해주었다. 플라스티키는 많은 면에서 일반적인 배와 달리 아주 독특했지만 이 기묘한 배는 분명 태평양 횡단이라는 대업을 해낼 수 있을 것 같았다.

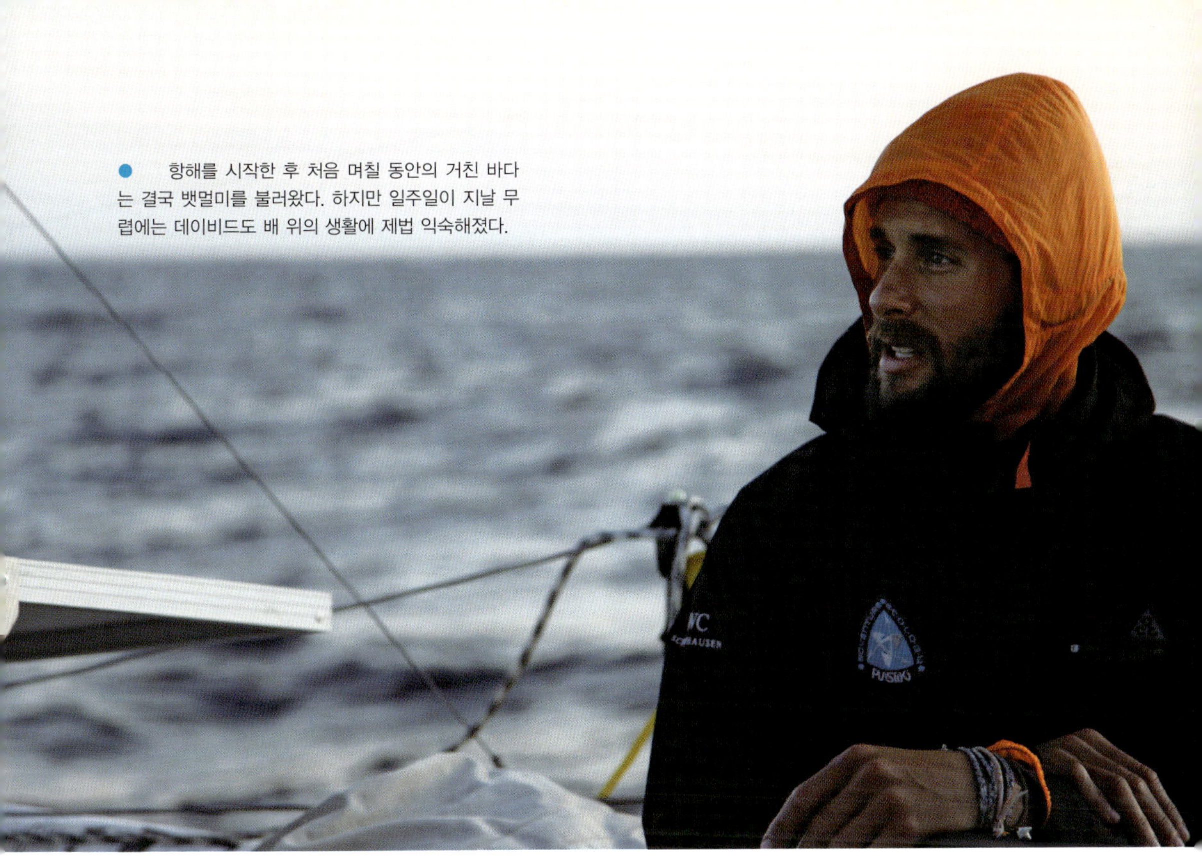

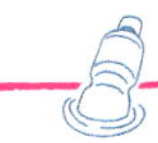

만일 누군가 이런 상황에서 바다로 떨어진다면,
플라스티키가 아니라 그 어떤 배라도
이야기는 여기서 막을 내리게 될 터였다.

바다에서 보낸 첫 일주일은 모두 우리의 새로운 공간과 새로운 생활에 익숙해지기 위한 과
정이었다. 이는 어떻게 닦지? 소변이 마려우면 어떻게 하나? 아침식사는 뭘 먹어야 하지? 이 좁은
배 위에서 혼자 있고 싶으면 어디로 가야 할까? 이런 생각들 자체가 플라스티키를 바다에 띄우기
위해 미친 듯이 노력했던 시간들 이후에 찾아온 우리의 긴장을 풀어주는 과정이었다. 나는 바다
위에서의 첫날밤을 보낸 후 잠자리로 기어들어갔다. 안도감과 슬픔, 그리고 기쁨과 만족감을 동
시에 느낄 수 있었다. 플라스티키 계획이 시작된 지 3년 만에 처음으로 나는 사람들이 계속해서
물어오던 그 질문에 굳이 대답할 필요가 없게 되었다. "도대체 언제쯤 출발하게 될 것 같아요?"

모든 사람들이 조금씩은 다 지친 것 같았다. 선실 주변을 어슬렁거리다가도 차를 끓이는 중요한 임무를 완수하기 위해 파도가 잔잔해지는 순간을 노려야 했다. 오직 한 숙녀만이 거대한 파도에 잠기거나 흔들리는 일을 아무렇지 않게 생각하는 것 같았다. 그 숙녀란 다름 아닌 우리의 플라스티키였다. 플라스티키는 큰 돛을 접고 폭풍우용 삼각돛을 펼친 채 여전히 6노트에 달하는 속도로 전진하고 있었다.

나는 마치 요란하게 소리를 지르는 생선장수 아낙이라도 된 듯한 기분이었다. "다들 단단히 붙들고 있어요?" 그렇지만 만일 누군가 이런 상황에서 바다로 떨어진다면, 이 배가 플라스티키가 아니라 그 어떤 배라도 이야기는 여기서 막을 내리게 될 터였다. 구명조끼가 벗겨진 맥스의 얼굴 표정은 정말 한 폭의 그림 같았다.

전체적으로 볼 때 이리저리 뒤집힌 속과 생강으로 만든 것은 어떤 것이든 먹고 싶어 하는 중독 증세를 제외하면, 모두들 마음속 깊은 곳에서는 이런 상황을 아주 즐기는 것 같았다.

샌프란시스코에 남아 있는 사람들은 어드벤처 에콜로지의 헌신적인 직원들과 자원봉사자들, 그리고 플라스티키를 만들고 그 취지를 세상에 전달하는 데 도움을 준 친구들의 공동체였다. 플라스티키는 2010년 3월 10일 토요일에 항해를 시작했다. 수많은 포옹과 입맞춤이 있었지만 눈물은 별로 보이지 않았다. 트위터며 페이스북을 통해 소식을 듣고 샌프란시스코 만 근처에서 모여든 우리 탐험대의 응원부대들은 환한 봄날의 이른 아침에 부두 근처로 집결했다. 작별인사는 언제나 힘들었다. 나는 속으로 날씨가 거칠어져 출발을 늦추고 단지 며칠 동안만이라도 가족들과 함께 시간을 더 보내고 싶다고 생각했다. 서두르고 싶은 기분은 조금도 들지 않았다. 엄마는 울었고 내 애완견 스머지는 미친 듯이 배 주위를 뛰어다니며 짖어댔다. 평소의 말 잘 듣는 얌전한 모습과는 180도 달랐다. 분명 무슨 일이 일어나고 있다는 사실을 눈치챈 것이리라. 올라프가 부두와 플라스티키를 이어놓은 밧줄을 풀어버리자 나는 사람들을 향해 소리쳤다. "모두 다 시드니에서 만나요!"

우리는 플라스티키가 스스로의 힘으로 금문교 아래를 지나 항해를 떠날 수 있기를 간절히 바랐지만 그런 일은 애초에 가능하지 않았다. 태평양을 드나드는 바람은 정말이지 강력했고 조류 역시 우리를 반대 방향으로 밀어내고 있었다. 대형 모터보트의 도움을 받아 떠나는 우리를 돛단배며 소형 모터보트, 그리고 노를 젓는 배들과 몇 대의 헬리콥터까지 따라와 전송해주었다. 따라오는 배들 위에는 방송국 관계자들이 가득 타고 있었고 대형 선박 한 척에는 가까운 친지들과 친구들이 타고 있었다. 플라스티키는 드디어 마지막으로 샌프란시스코 만에 작별을 고했다.

그로부터 12시간이 채 지나지 않아 드넓은 태평양이 우리를 손짓해 부르고 요란한 작별의 팡파르 소리와 사람들의 인사가 아직도 귓가에 쟁쟁한데, 플라스티키의 전진 속도는 의기양양하게 느릿느릿 굴러가는 개선장군 전차의 속도에조차 미치지 못하는 것 같았다. 아무래도 무엇인가가 배의 진행을 가로막고 있는 듯했다. 야간근무팀인 베른과 미스터 T 그리고 나는 홀수선 근저에 막혀 있는 폴리스틱 페트병들을 밀어내는 대양의 강력한 흐름을 느낄 수 있었다. 그러나 이상하게도 배는 앞으로 전진하지도 그렇다고 뒤로 물러나지도 않았다. 나는 손전등을 들고 플라스티키 아래를 비춰보았고 게잡이용 통발의 부표와 밧줄이 배 오른쪽 방향타 주변에 얽혀 있는 것을 발견했다. 바다 저 깊은 곳의 어업용 올가미가 마치 묵직한 닻처럼 우리를 단단히 움켜쥐고 있었던 것이다. 이런 게잡이용 장비들은 마치 지뢰밭처럼 해안가를 따라 점점이 박혀 있었다. 막내기로 얽혀 있는 밧줄을 쿡쿡 찔러보는 건 아무런 소용이 없었다. 누군가 배 밑으로 내려가 줄을 잘라내야만 했다.

미스터 T는 플라스티키 배꼬리쪽 갑판 끝에 매달려 있는 나일론 그물 끝자락 틈을 통해 주저 없이 바다로 뛰어들었다. 잠시 한 손만으로 그물 끝에 매달려 있던 그는 다른 한 손에 쥐고 있던 칼로 얽혀 있는 밧줄을 끊어보려고 했다. 그러나 거기까지 팔이 닿지 않았고 다시 그물 위로 올라올 힘이 다 떨어져버렸다. 마치 줄에 매달린 원숭이처럼 물에 가라앉았다 떠오르기를 반복하던

탐험대원들과 배웅을 하러 나온 인파
들이 한데 모여 신들에게 전통적인 방식으로
안전한 항해를 기원하며 플라스티키의 장도
를 축복하고 있다. 나뭇잎으로 만든 화관은
시드니에 도착할 때까지 계속 플라스티키에
실려 있었다.

미스터 T는 점점 힘이 빠져갔다. 일이 더 어렵게 되려고 그랬는지, 그는 물속에 뛰어들 때 안전띠에 몸을 묶지도 않았다. '항해를 시작하자마자 공동 선장 중 한 사람을 잃게 되다니.' 나는 그렇게 생각했다. 배 위에 있던 나와 베른은 미스터 T의 한쪽 팔을 잡고 간신히 그를 안전한 곳으로 끌어올렸다.

아무래도 이 일을 내가 맡아야만 할 것 같았다. 내 키는 193센티미터니까 내가 내려가면 팔이 닿을 것 같았다. 뱃전 밖으로 떨어졌을 때의 위험성에 대한 조의 경고를 마음속에 깊이 새긴 채 나는 플라스티키 밑에 매달려 방향타 쪽을 향해 몸을 웅크렸다. 밧줄을 끊으려고 하자 엄청난 압력이 밧줄 주변을 짓눌렀다. 갑자기 '퍽' 하는 소리와 함께 줄이 끊어져나가고 배는 자유를 되찾았다. 부표는 마치 기념품처럼 플라스티키 뒤편에 매달려 오스트레일리아까지 가는 내내 우리를 따라왔다.

올라프는 자기 톱을 꺼내 들고는 나뭇조각을 가지고 뭔가 '비밀스러운' 작업을 하고 있다. 맥스는 방향타를 잡고 있지만 동시에 낚싯줄도 드리우고 있다. 데이비드와 미스터 T 그리고 베른은 모두 뱃머리 쪽에 모여 곯아떨어져 있다. 지난 며칠 동안 바람과 파도에 한껏 시달린 끝에 모처럼 주변을 깨끗이 정리한 올라프와 나는 커피를 마시며 자축했다. 그리고 우리 배가 얼마나 아름답고 깨끗한지에 대해 이런저런 이야기를 나누고 있는데 배가 흔들리더니 커피가 쏟아졌다. 아아아아아악! 선실 안은 다시 엉망이 되었고 커피도 사라졌다. 플라스티키에서 벌어진 최초의 사건.

플라스티키와 대원들이 태평양을 횡단하면서 겪게 될 위험들 중에 물론 게잡이 통발에 발이 묶이게 되는 건 들어 있지 않았다. 그리고 플라스티키의 선체 자체는 사나운 날씨로 인해 심각한 손상을 입을 가능성이 언제나 존재했다. 천연 수지나 볼트로 버티고 있는 중요 연결 부분들이 언제든 떨어져나갈 수 있었던 것이다. 섬유유리를 대신해 사용된 세레텍스는 태양과 소금기, 배가 받는 압력으로 인해 조각조각 부서져나갈 가능성이 있었고, 플라스티키를 떠받치고 있는 플라스틱 페트병들도 하나둘씩 떨어져나갈 수 있었다. 그 외에 바다를 건너면서 벌어질 수 있는 자질구레한 위험들도 얼마든지 있었다. 갑작스러운 돌풍이나 태풍을 만나고 뱃전 밖으로 떨어지거나 배가 모래톱이나 산호초 혹은 조종 실수로 인해 좌초될 가능성도 있었던 것이다. 플라스티키의 출항 준비를 했던 소살리토의 계류장에서 우리는 우리 배를 이리저리 훑어보는 늙은 선원들을 자주 만날 수 있었다. 그들은 이렇게 말하곤 했다. "그 배로는 캘리포니아 만도 벗어나지 못할 거요. 아니, 어쨌거나 태풍을 만나게 될 거고 그러면 다 끝장이 나겠지."

출항 한 달 전 〈USA 투데이〉와 〈뉴요커〉 그리고 다른 매체들을 통해 플라스티키의 이야기가 소개되자 시작된 인터넷 댓글들도 그보다 나을 건 없었다. "해안경비대는 구조 준비 중", "자기 무덤을 스스로 파는 것 같은데", "다 자업자득이니 저런 배가 침몰한다 해도 구조에 내 세금은 한 푼도 쓰지 말라고" 이 같은 이야기들은 아주 평범한 축에 속했다. 세상에는 언제나 회의적인 시각과 당신이 실패하기를 바라는 사람들이 있게 마련이다. 만일 실패를 두려워한다면 인생에서 할 수 있는 일은 아무것도 없을 터였다. 플라스티키와 함께 우리는 최고의 대원들을 끌어모았고 가능한 최상의 재료들을 사용했다. 그리고 최선을 다해 위험을 극복할 수 있도록 모든 조치들을 취했다. 우리가 시드니까지 갈 수 있든 없든 간에 우리는 이미 사람들의 관심을 끌 수 있는 무엇인가를 해낸 것이었다. 그럼에도 불구하고 실패할 경우를 대비해 우리는 비상 탈출용 고무보트와 비상 위치 지시용 무선 표지 송신기를 준비해두었다.

1947년 토르 헤위에르달이 발사나무와 삼밧줄로 엮은 콘티키호를 타고 태평양을 횡단하겠다고 했을 때 인터넷이 있었다면 얼마나 많은 악성 댓글들이 쏟아졌을지 짐작이 가지 않는가. 헤위에르달에게도 물론 많은 비난과 비판이 따라다녔다. 그의 계획을 전해 들었거나 콘티키호의 모습을 본 사람은 거의 대부분 헤위에르달이 미쳤거나 바다에서 죽게 될 것이라고 확신했다. 물론 둘 다라고 생각하는 사람들도 있었다. 하지만 그는 자신의 대담한 이론을 믿어 의심치 않았다. 폴리네시아 제도의 원주민들은 일반적으로 알려진 것처럼 인도네시아나 오스트레일리아 원주민의 후예가 아니라 바로 남아메리카 페루의 고대 잉카인들이 뗏목을 타고 7000킬로미터가 넘는 대항해를 통해 이룩한 문명의 주인이라는 이론이었다. 그리고 그 장대한 항해가 오직 무역풍과 조류의 힘만으로 이루어졌다고 그는 믿었다.

대원들의 일기 : 맥스 조던

잠에서 깨어나기엔 조금 이른 시각인 새벽 4시. 교대근무를 위해 깨어나 위험을 무릅쓰고 갑판 끄트머리로 가 조금이라도 몸을 편하게 만들기 위해 뱃전에 몸을 기대고 이것저것 필요한 물건들을 뒤적여 찾는다. 조가 늘 말하듯, 바다에서 실종되는 선원들 대부분은 나중에 자기 물건들과 함께 발견되는 것이다.

오늘 밤은 보름달이 떴다. 넋을 잃을 정도로 거대한 흰색의 둥근 달이 바로 코앞에 있었다. 달빛 덕분에 바다 위로는 거대한 은색 V 자가 아로새겨졌다.

배의 흔들림을 보고 있자니 시간은 쏜살같이 지나가고 어느새 새벽이 가까워져오는 것을 깨닫게 된다. 오늘 밤 바다는 반짝이는 자줏빛으로, 하늘과 바다가 맞닿는 곳에는 오렌지색과 파란색의 선이 선명하다. 올라프는 이런 말을 했다. "달이 바닷속으로 떨어지는 저 모습을 한번 보라고." 그렇지만 플라스티키의 뒤쪽으로 어떤 것이 다가오는지 경계를 늦출 수는 없다. 이윽고 하늘 전체가 대기를 가득 매우는 환한 태양 빛으로 밝아지기 시작한다. 그 아름다운 모습에 압도된 우리는 크게 흥분하여 그저 비명을 질러대고 싶다. 하지만 나머지 대원들은 아직 꿈나라에서 헤매고 있다.

헤위에르달의 초라한 뗏목은 결국 그 엄청난 일을 해내고 말았다. 그러나 101일간의 항해 끝에 콘티키호는 투아모투(Tuamotu) 섬의 라로이아(Raroia) 산호초에 좌초한다. 결과적으로 그의 이론은 입증되지 못했다. 그러나 콘티키호처럼 플라스티키 또한 도전적인 시도에 대한 상징이다. 바로 지금, 우리가 살고 있는 세상은 플라스틱을 결국 아무런 가치 없는 일회용 재료로 다루는 데 익숙해져 있다. 수천 년이 지나도 사라지지 않을 플라스틱을 가지고 우리는 단지 10분, 아니 그보다 더 짧은 시간만 사용하게 되는 포장 재료나 기타 제품을 만들어내고 있는 것이다. 이렇게 플라스틱 제품을 그저 한 번 사용하고 폐기하는 습관의 비극적인 결과가 바로 바다와 그곳에 서식하는 생물들에게 나타나고 있다. 플라스틱 폐기물들로 가득 차버린 바다는 우리가 바꿀 수 있다.

플라스틱에게는 죄가 없다. 플라스틱의 놀라운 특성은 의학과 과학기술, 오락, 그리고 교통 등 현대 사회의 모든 측면에서 엄청난 진보를 이루게 해주었다. 문제는 플라스틱이 유용한 일생을 끝마치고 폐기될 때의 과정이 잘못되었다는 사실을 우리가 제대로 이해하지 못하고 있다는 점이다.

자연 생태계에는 쓰레기라는 개념이 존재하지 않는다. 배설물이나 죽은 시체는 얼마 지나지 않아 다른 생명체들에 의해 분해되어 자연에 필요한 자양분이 된다. 이렇게 태어나고 자라고 죽고 다시 태어나는 순환과정이 끊임없이 계속되는 것이다. 한 번 사용하고 폐기되는 플라스틱의 가치를 재조명함으로써 우리는 플라스틱의 개념을 쓰레기에서 가치 있는 상품으로 바꿔놓을 수 있다. 모든 것이 재활용되어 순환하는 시스템 안으로 들어가 플라스틱 페트병이 다시 또 다른 플라스틱 페트병으로 '완전히 재활용'될 때, 그리고 플라스틱 제품들과 포장재들이 처음부터 그 폐기

● 　　갑판에서 바라본 플라스티키의 모습. 이렇게 종종 바닷물에 흠뻑 젖는 일도 플라스티키 대원들의 일상생활 중 하나였다.

와 재활용을 염두에 두고 만들어질 때, 인간
은 플라스틱 폐기물로 인해 발생하는 지구의
환경 문제들을 줄이거나 전환시킬 수 있는 것
이다. 우리에게 필요한 것은 거창한 무언가가
아닌 호기심과 상상력 그리고 인간의 실수를
바로잡는 혁신을 위한 시간이다.

　　대양을 항해하는 돛단배들(여러 개의 선체로 이
루어진 배들)의 경우는 빠른 속도와 안정성을 즐
길 수 있다. 전형적인 원양 항해용 쌍동선은
시속 20노트 이상의 속도도 낼 수 있다. 2010
년 아메리카스 컵 대회에 도전자로 출전했던
3동선 USA-17과 전년도 우승자인 쌍동선 알
링기(Alinghi) 5호는 대결을 통해 최고 시속 30
노트, 즉 56킬로미터 이상을 기록하기도 했
다. 플라스티키는 앞서 이야기한 배들과 비슷
한 구조를 지니고 있지만 확실히 그런 속도까
지는 도달하지 못한다. 플라스티키가 첫 항해
구간에서 기록한 최고속도는 7.8노트였고, 조
는 플라스틱 페트병들에 부딪히는 파도의 힘
과 돛대를 지탱하고 있는 케이블이며 철사의
진동으로 인해 만들어지는 이런 속도가 영 마
음에 들지 않는 모양이었다. 또 어떤 때에는
플라스티키의 속도가 3노트 이하로 떨어지는
경우도 많았다. 시속 3노트란 어떤 느낌이냐
고? 밖으로 나가 조금 빠른 걸음으로 걸어보
라. 그 속도로 계속해서 오스트레일리아까지
가는 거다.

플라스티키의 방향타를 잡고 배를 조
종하는 일은 모두가 공평하게 맡아 하는 임
무였다. 태평양에서의 처음 며칠 동안 배를
책임지고 있는 올라프의 모습.

오늘 밤 플라스티키에는 온통 잠꾸러기들뿐이다. 바람이 멎어 한자리에서 맴돌고 있을 때, 우리는 모든 돛을 내리고 그냥 푹 잠이나 자볼까 하는 생각을 하게 된다. 한 3시간 정도면 어떨까? 정말!? 그게 누구 생각이야? 임무 교대를 하게 되면 갑판에 올라와 있는 사람들의 움직임과 근무를 위해 차 한 잔 만드는 소리, 위성항법장치를 확인하고 옷들이 부스럭대는 소리에 편히 잠을 잘 수 있는 시간은 기껏해야 2~3시간뿐이다. 좋아, 우는 소리는 그만하자고. 플라스티키에서의 생활은 정말정말 멋지니까 말이야.

오늘 밤은 시간이 참 느리게도 흘러간다. 모든 대원들이 배를 조종하는 임무를 훌륭하게 해내고 있다. 플라스티키는 아주 가벼운 바람 속에서도 바람을 잘 타고 있다. 다들 비상용 삼각돛을 펼치고 싶은 마음을 엄청난 자제심으로 억누르고 있는 것이리라. 어제 오후에 우리는 강한 바람을 맞아 큰 삼각돛을 펼치고 항해했다. 아무도 미스터 T에게서 방향타를 빼앗을 수 없었다.

때때로 나는 세탁기 안에서 돌고 있는 양말짝 같은 기분이 들곤 한다!
거대한 파도가 플라스티키와 함께 춤을 추고 있다!
게다가 이렇게 흠뻑 젖은 채로 말이다!
@DREXPLORE 2010년 4월 9일 오전 3시 46분

처음 플라스티키를 설계할 때 속도는 최우선 과제가 아니었다. 만일 그랬다면 플라스틱 페트병이 박혀 있는 선체 위로 플라스틱으로 만든 일종의 가리개 같은 것을 설치했을 것이다. 그렇게 하면 저항은 크게 줄어들고 배 구조의 강도도 더 강하게 만들 수 있었으리라. 또한 배를 만들기도 더 쉬웠을 것이다. 건조 책임자인 앤디 도벨에게 내가 제시한 지침은 페트병들이 사람들의 눈에 보이도록 밖으로 드러나야 하는 동시에 기능적이어야 한다는 것이었다. 우리가 플라스틱 페트병으로 만든 구조를 상징적으로 드러내기 위해 속도를 희생하게 된들 누가 크게 신경이나 쓰겠는가? 아, 특별히 한 사람이 마음에 걸렸다. 바로 베른이었다. 베른의 아내인 멜린다는 첫 아이를 임

● 전력 시스템 확인

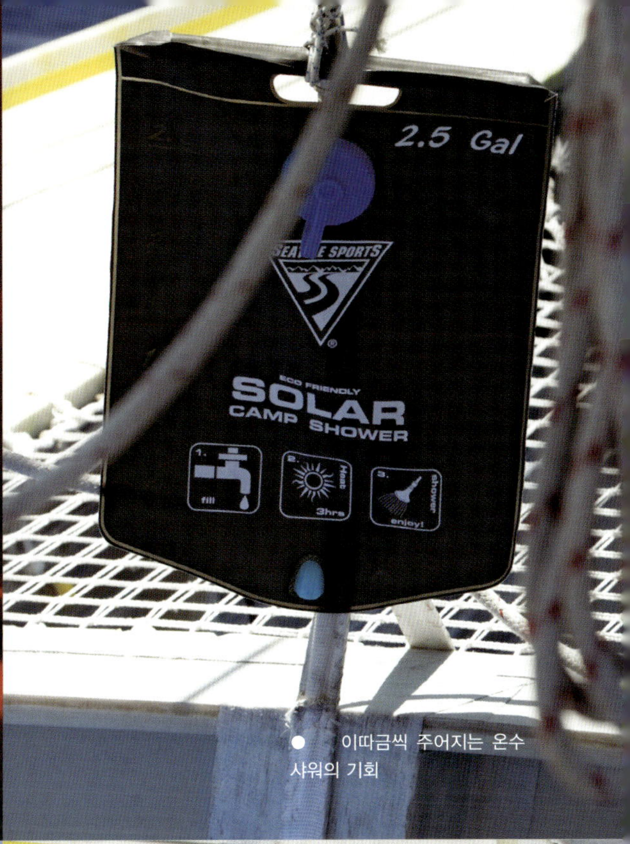

● 이따금씩 주어지는 온수
샤워의 기회

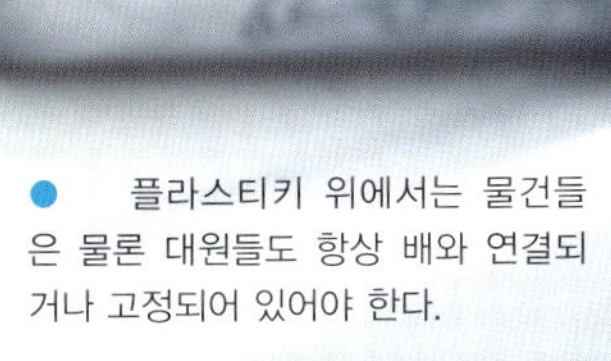
● 플라스티키 위에서는 물건들
은 물론 대원들도 항상 배와 연결되
거나 고정되어 있어야 한다.

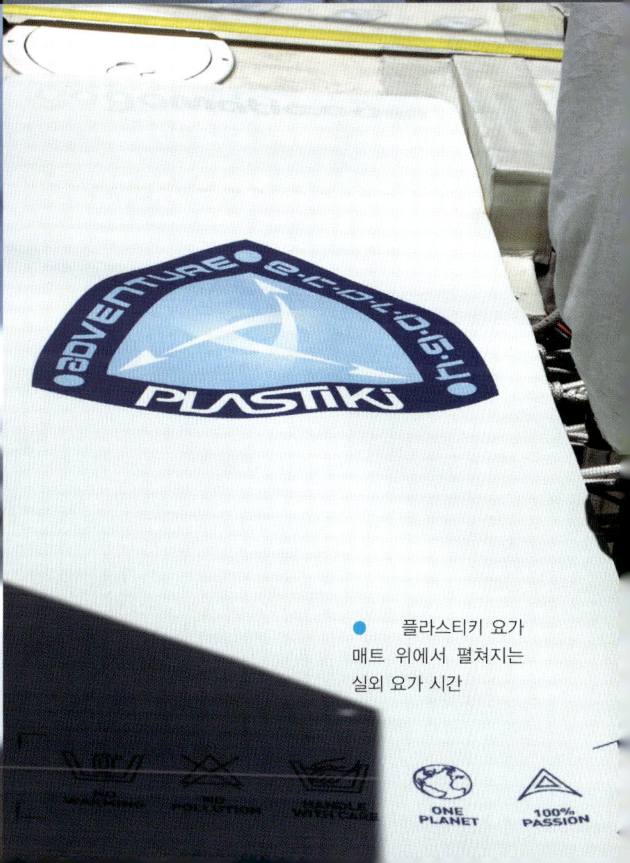

● 플라스티키 요가
매트 위에서 펼쳐지는
실외 요가 시간

신 중이었다. 출산 예정일은 4월 23일이었고 베른이 플라스티키의 항해를 촬영하기 위해 팀에 합류하게 되었을 때 우리가 계획한 출항 예정일은 2009년 12월이었다. 우리가 예정대로 떠났다면 베른은 롱비치에 있는 자기 집에서 첫 아이의 탄생을 기다릴 수 있는 충분한 여유가 있을 터였다.

그렇지만 플라스티키의 건조가 지연되면서 출발 날짜 역시 계속해서 연기되었고, 베른은 점점 더 초조해져만 갔다. "언제쯤 내가 이 항해를 포기한다고 할 거 같아?" 그는 출발 문제에 대해 논의 하던 중에 한 번은 이렇게 큰 소리를 친 적도 있었다. 마침내 3월 20일 소살리토에서 출발하기로 결정이 되자 우리는 항해 첫 구간까지만 베른과 함께한 후, 어느 육지든 도착하는 대로 그를 집으로 돌려보내기로 했다. 그렇게 하면 베른도 아내의 출산 시간에 맞출 수 있을 터였다. 멜린다는 그가 처한 상황을 잘 이해했고 격려를 아끼지 않았다. "사는 게 다 그런 거죠, 뭐." 그녀는 남편에게 이렇게 말했다. "여행 잘하고 하던 일 깔끔하게 마무리해요."

그러나 우리의 계획은 결국 플라스티키의 느린 속도와 부딪히게 되고 말았다. 항해를 시작한 지 2주일이 되자 우리가 예정보다 한참 뒤처지고 있다는 사실이 분명해졌다. 베른의 기분은 바람의 속도에 따라 오르락내리락했다. 그가 느끼고 있는 압박감이 눈에 보이는 듯했다. 그리고 달력이 한 장 넘어가자 그 압박감은 점점 더 커져 나머지 대원들에게까지 전염되었다. 매일 태평양이 선사하는 어떤 상황이든 유연하게 대처하려고 노력하면서도 우리 모두는 베른에게 닥치는 날짜를 고통스럽게 함께 의식하고 있었다.

사방에 보이는 것은 거대하고 거대한 파도뿐.
그렇지만 우리의 플라스티키는 잘 버텨내고 있다.
@DREXPLORE 2010년 3월 23일 오후 5시 4분

● 선장인 데이비드 톰슨은 자신의 야간근무 시간을 초콜릿과 독서로 보내는 것을 좋아했다. 플라스티키의 대원들은 모두 합쳐 32권의 책을 읽고 1175개의 초콜릿바를 먹어 치웠다.

플라스티키에서 잡은 첫 번째 물고기. 맥스가
낚아 올린 황다랑어로 우리 모두는 행복한 며칠을 보
냈다. 사실 전체 항해 기간 동안 우리가 낚은 물고기
는 고작해야 3마리뿐이었다.

좀 기괴한 이야기로 들릴지 모르지만, 나는 플라스티키의 큰 삼각돛과 아주 각별한 인연을 맺고 있다. 집사람은 현재 첫아이 임신 8개월째고 출산예정일은 4월 23일이다. 샌프란시스코에서 태평양 중남부의 라인 제도까지 걸리는 시간은 대략 30일 정도로 예상된다. 나는 그곳에서 플라스티키를 떠나 집으로 돌아갈 예정이다.

분명 지금 이 모습은 내게 이상적인 상황은 아니다. 그렇지만 일생에 단 한 번뿐인 놀라운 일이 이렇게 동시에 일어나는 경우도 있는 법이다. 다시 삼각돛 이야기로 되돌아가보면, 이틀 전 우리는 바람 한 점 없이 멈춰 서 있다가 겨우 시속 1.5노트의 속도로 이동을 했다.

그러나 삼각돛이 올라가고 우리는 금세 시속 6노트의 속도를 내게 되었다! 그러니 내게 저 삼각돛은 희망과 행복의 상징인 것이다. 그러면 우리 아기 이름은 삼각돛이 되는 건가. 앞으로 어떻게 될지 한번 지켜보도록 하자.

일정이 예정보다 늦어지면서 또 다른 걱정거리가 생겼다. 물이 떨어져가고 있었던 것이다. 소살리토를 출발할 때 우리는 50일분의 물을 싣고 있었다. 조와 데이비드는 베테랑 선원들의 오래된 계산법을 따라 1인당 하루에 3리터의 물이 필요하다고 계산했다. 마시고 요리하고 이를 닦고 몸을 씻는 일까지 셈에 넣으면 하루에 필요한 물의 양으로는 충분치 않다는 생각이 들 것이다. 우리는 선실 지붕에 설치한 빗물 수집 장치를 통해 부족한 물을 보충할 수 있을 거라고 기대했지만 이따금 만난 소나기는 거의 도움이 되지 못했다. 항해를 시작하고 처음 열흘 동안 생각 없이 물을 흥청망청 쓰게 된 것도 미처 고려하지 못한 일이었다. 조는 우리에게 지금부터 당장 1인당 하루 3리터라는 배급량을 정확하게 지켜야 한다고 명령했다. 조는 플라스티키의 속도가 늘지 않거나 비가 더 오지 않으면 그나마 배급량이 2리터로 줄어들 수도 있다고 말했다.

**예정된 일정보다 늦어지면서 또 다른 걱정거리가 생겼다.
물이 떨어져가고 있었던 것이다.**

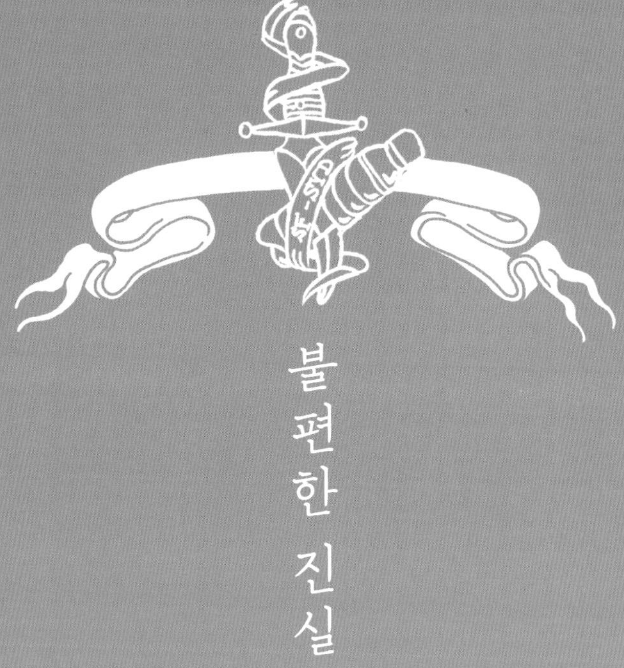

불편한 진실

매년 바다로 흘러들어가는 플라스틱 폐기물은
10만 마리의 바다거북이, 돌고래, 고래, 그리고 다른 해양 포유류들을
죽음으로 내몰고 있다. 100만 마리의 해양 조류도 희생양의 일부다.

우리의 물 소비량은 20세기에 비해 6배나 늘어났으며
이는 인구 증가율보다 2배나 높은 수치이다.

우리는 플라스틱 없이 살 수 있을까? 캘리포니아 주 오클랜드의 베스 테리가 이 일에 도전했다. 그녀의 블로그(fakeplasticfish.com)를 살펴보면 우리의 삶 속에 플라스틱이 얼마나 깊숙이 들어와 있는지, 그리고 우리의 노력 여하에 따라 그 사용량을 얼마나 효과적으로 줄일 수 있는지 잘 알 수 있다.

2007년 7월 시작된 이 도전은 베스 테리가 실제 생활에서 사용하는 플라스틱의 양을 정확하게 보여준다. 처음 몇 개월간의 기록을 보면 월평균 242조각, 1.36킬로그램 정도의 플라스틱 쓰레기가 나왔다. 테리는 조금씩 노력한 끝에 마침내 2009년 10월에는 16조각에 133.23그램까지 플라스틱 쓰레기의 배출량을 줄이는 데 성공한다. 플라스틱 포장의 주범이 되는 냉동즉석식품 구매를 피하고 일회용 비닐봉지 대신 장바구니를 사용하고, 유기농 전문 상점에서 쌀과 시리얼, 다른 기본적인 식료품들을 대량으로 구입하는 노력 속에 테리의 시도는 새로운 방향으로 발전해갔다. 그녀는 베이킹소다 한 숟가락을 물 한 잔에 희석해서 머리를 감았으며, 역시 같은 비율로 희석한 사과 식초로 머리를 헹궜다. 간식을 직접 만들어 먹고, 나들이를 갈 때는 일회용 컵 대신 유리잔을 가지고 갔으며, 유용한 중고 사이트를 이용해 내구성이 강한 플라스틱이 사용된 컴퓨터나 식기 세척기 같은 제품들을 구매했다. "주변에 플라스틱이 너무 많아요. 마치 플라스틱이 인간보다 먼저 탄생했기 때문에 어쩔 수 없이 사용하는 기분이 들 정도니까요." 베스의 말이다.

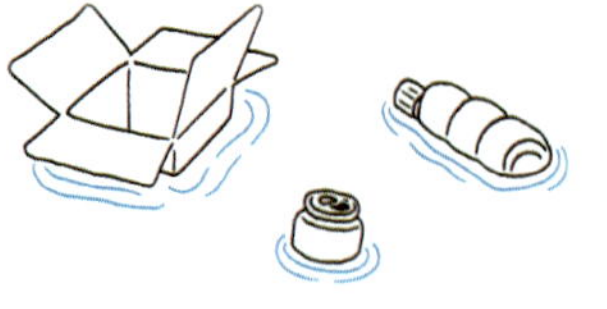

나는 조의 판단에 대해서는 한 번도 이의를 제기하지 않았지만 식수를 얼마나 싣고 떠나야 하는지에 대한 문제만은 달랐다. 2월에 사흘 동안 시험 운항을 해본 결과 우리는 평균적으로 하루에 6리터의 물을 사용했다. 조와 미스터 T는 이렇게 물을 많이 쓰게 된 건 특별한 문제가 있어서가 아니라 우리들 중 몇 명이 실제 항해에서는 그렇게 길게 하리라고 예상하지 않았던 뱃멀미를 겪었기 때문이라고 설명했다. 나는 더 많은 물을 실어야 한다고 주장했다. 모자라는 것보다는 차라리 남는 것이 더 낫다는 게 내 생각이었다. 그러나 1리터가 1킬로그램인 것을 감안하면 물은 상당히 무게가 나갔다. 조는 안 그래도 느린 배에 무게가 더 늘어나면 속도가 더욱 느려질 뿐이라고 지적했다. 이제 이렇게 바다 한가운데에 나와 있으니 그때 더 적극적으로 내 의견을 주장하지 못한 것이 못내 아쉽고 화가 났다.

덧붙여 나는 몇 개월 전 소살리토에서 들었던 물 문제에 대한 기묘한 경고가 떠올랐다. 난데없이 내 전 여자친구이자 심령술사인 아마릴리스에게서 전화가 온 것이었다. 우리는 몇 년 동안 서로 연락도 하지 않고 지낸 사이였다. "아직 떠나지 않은 거지? 그런 거지?" 그녀가 이렇게 물었다. 나는 그렇다고 대답해주었다. "아, 하느님 감사합니다. 내가 지금 계시를 하나 받았거든. 이번에 떠나게 되면 탈수증을 정말 주의해야 할 거야. 계시 속에서 탈수증이랑 전해질에 대한 내용을 봤다고." 아마릴리스는 이렇게 말했다.

나는 우리가 어느 시인이 읊었던 〈노수부의 노래(The Rime of the Ancient Mariner)〉에 나오는 내용과 똑같은 위험에 빠지게 될지 자못 의심스러웠다. 낮이면 기온이 32도가 넘어가고 열대의 태양빛이 내리쬐었다. 게다가 우리가 먹는 육포와 견과류, 죽, 카레까지 소금이 안 들어간 것이 없었다. 결국 물에 대한 갈망이 모든 것을 압도하게 되었다. 물 생각이 내 마음을 온통 휘저었다. 오, 이 은총이자 저주여. 부족한 상황에서 맛보는 물맛은 정말 오싹했다. 400리터들이 물통에 저장되어 있는 물은 얄궂게도 플라스틱 맛이 났다. 베른과 나 그리고 우리 모두에게 컴퓨터의 위성항법 장치 프로그램을 확인하는 것은 가장 중요한 일이었다. 4.3노트 정도의 속력이라면 라인 제도의 크리스마스 섬까지 정확하게 12일이 걸릴 예정이었지만, 2노트라면 20일이 지나도 그곳에 도착하지 못할 것 같았다. 베른도 문제였지만 나머지 우리에게도 큰 문제가 아닐 수 없었다. 육지까지 가는 길은 참으로 멀어 보였다.

환경보호는 '나'부터 실천해야 한다
일회용품 사용을 줄이자

필리프 쿠스토

식료품 가게에서 있었던 일이다. 계산을 하려고 줄을 선 내 앞에 서 있던 한 여자가 천으로 만든 장바구니를 들고 있었다. '계속해서 그렇게만 하세요!' 나는 속으로 만족스럽게 중얼거렸다. 그런데 이어진 장면은 조금 충격적이었다. 그 여자는 계산대 위에 올려놓은 물건들을 몇 개의 비닐봉지에 나누어 담은 후 장바구니에 집어넣는 것이었다. 볼일을 다보고 밖으로 나오면서 나는 두 가지 사실을 깨달았다. 여자의 장바구니 속 비닐봉지에서 알 수 있듯이 환경 보호는 발전하고 있지만 갈 길 또한 아직 멀다는 사실이었다.

나는 플라스티키의 항해와 같은 환경 문제를 위한 장대한 모험에 대해 아무리 작은 개인적 노력이라도 중요하지 않은 것은 없다고 생각한다. 어쨌거나 플라스티키는 CNN과 같은 전통적인 언론 매체는 물론 인터넷 웹사이트와 환경운동 네트워크를 통해 해양오염에 대한 국제적인 관심을 불러일으켰고, 이는 10년 전이라면 상상조차 하지 못할 일이었다.

지나간 20세기를 살펴보면 이른바 환경운동가들은 공동체를 이루고 살며 건강식품이나 먹는 히피들로 인식되어온 것이 사실이다. 그리고 환경친화적으로 살겠다는 건 사회에 불만을 품은 비주류들이 보여주는 한때의 유행으로 간주되었다. 내가 만난 식료품 가게의 여자처럼 어떤 변화가 이루어지고 있는 것은 분명한 사실이지만, 우리에게는 여전히 넘어서야 할 고지가 산재해 있는 것이다.

미국에 살고 있는 사람들은 기후변화가 실제로 일어나고 있다고 믿는 쪽과 그렇지 않은 쪽으로 팽팽하게 나뉘어져 있다. 기후변화가 실제로 발생하고 있음을 증명하는 수많은 과학적 증거자료들에도 불구하고 우리는 정치적·사회적으로 과학을 믿고 따르는 사회가 아닌 것이다. 우리는 우리의 이해를 넓혀주고 더 많이 배울 수 있는 기회가 되는 지적인 논쟁보다는 우리 자신만의 세계관을 뒷받침해줄 간결하고 분명한 주장에만 귀를 기울인다. 언론 매체도 예외는 아니다.

며칠 전 아침, 나는 전국에서 발행되는 주요 일간지 하나를 받아 들고 도심권 소식란을 펼쳤다. 나를 반긴 것은 커다란 잉어 사진이었다. 기사를 읽어보니 워싱턴 D. C.의 국립수목원에서 실시하는 연례행사인 잉어 경매에 대한 내용이었다. 무자비하게 지면을 차지해버린 잉어 판매 기사에 짓눌려 저 밑바닥으로 밀려난 기사를 훑어보다 나는 내가 찾고 있던 글을 발견하게 되었다. 바로 인류의 가장 놀라운 성취 중 하나를 소개한 짧은 기사였다. 국립기관이 과하게 살이 붙은 잉어인지 뭔지를 경매에 붙이게 되는 그 주말은, 바로 심해 잠수정 트리에스테호의 잠수 기록 50주년을 기념하는 날이었던 것이다. 트리에스테호는 1960년 지구상에서 가장 깊은 바다인 태평양 마리아나 해구의 챌린저 해연에 도달했고 그 깊이는 무려 1만1000미터가 넘었다.

인류의 역사에서 그렇게 깊은 곳까지 도달했던 사람은 단 2명뿐이었다. 그것도 50년 전에 말이다! 미국 해군 중위 돈 월시(Don Walsh)와 트리에스테호를 만든 장본인인 자크 피카르(Jacques Piccard). 두 사람은 목숨을 걸고 저 바다 깊은 곳으로 내려갔고, 이제 살아 있는 사람은 돈 월시뿐이다. 우리가 살고 있는 지구의 가장 깊은 곳에 도달한 사람보다 저 달나라에 다녀온 사람이 더 많다. 그리고 인류의 진보에도 불구하고 우리는 여전히 이 지구와 그 안의 모든 경이로움이 다른 모든 것들보다 더 귀중한 가치가 있는지에 대해 뜨거운 논쟁 중이다.

대중음악이나 스포츠 분야의 스타들이 존재하는 건 나쁜 일이 아니다. 그렇지만 우리는 더 올바르고 희망찬 미래를 위해 끊임없이 노력하는 보통 사람들에게도 똑같이 주목해야 한다. 교사와 과학자, 탐험가 그리고 우리가 매일 마주치는 보통의 영웅들은 신문의 짤막한 기사 이상의 대접을 받아야만 하는 것이다. 따라서 나에겐 플라스티키의 도전이 절실하게 중요한 문제이다. 플라스티키는 우리에게 자연이란 탐험의 대상이자 동시에 보존의 대상이라는 사실을 일깨워준다. 자연은 또한 우리의 탐욕과 어리석음에 쉽사리 허물어질 수 있는 약한 존재이기도 하다.

　쓰레기의 바다를 건너는 플라스티키의 항해를 통해 우리는 인간이 이 지구에 저지른 일에 대해 부끄러움을 느껴야 하며, 우리의 자녀들이 살아갈 터전에 무슨 짓을 한 건지 깨달아야만 한다. 나는 플라스티키가 우리에게 영감을 주었기를 희망한다. 우리는 스스로 결정한 일에 대해 조금 더 생각해야 하며 결국에는 비닐봉지의 사용부터 줄여나가야 한다.

• 필리프 쿠스토(Philippe Cousteau)는 전설적인 프랑스의 해양생물학자인 자크 쿠스토(Jacques Cousteau)의 손자로, 현재 비영리재단인 어스에코 인터내셔널(EarthEcho International)의 회장직을 맡고 있다. 어스에코 인터내셔널은 바다를 책임질 다음 세대를 훈련시키는 단체이다.

탐험대원 소개 : 데이비드 드 로스차일드

그린란드, 남극 대륙, 그리고 남아메리카 에콰도르의 아마존 강 유역까지. 환경 문제에 대한 데이비드의 열정과 헌신은 그로 하여금 지구상에서 가장 외지고 위험한 지역으로 모험을 떠나도록 만들었다. 그는 그곳에서 전 세계가 직면하고 있는 문제들을 알리고 해결책을 제시하기 위해 애썼다. 2005년, 데이비드는 개인과 사회 그리고 기업들이 더 지속 가능하고 영리한 삶의 방식인 새로운 지구 사용 방식 '플래닛 2.0'을 향해 나아갈 수 있도록 영감을 줄 수 있는 어드벤처 에콜로지를 설립한다. 그는 미국지리학협회의 '떠오르는 신세대 탐험가' 반열에 올랐고 국제연합환경계획이 뽑은 '기후 영웅'이기도 하다.

Q 자신의 방랑벽을 설명해보자면?
A 나처럼 호기심과 활동성을 타고난 사람이라면 결국 끊임없이 움직이고 탐험하는 일에 마음을 빼앗길 수밖에 없다.

Q 어린 시절, '자연 결핍'이라도 겪은 건가?
A 아니, 천만에. 반대로 나는 자연의 세례를 흠뻑 받으며 자랐다. 깨어 있는 시간은 항상 밖에서 뛰어놀고 싶었다. 어쩔 수 없이 실내에 있게 될 때는 밖으로 나가고 싶어 미칠 정도였으니까.

Q 어린 시절 가장 기억에 남는 야외활동이 있다면?
A 대부분의 어린 시절을 농장에서 살면서 말을 타고 지냈다. 긴초더미로 오두막 비슷한 것을 만들고 그 꼭대기에서 다치지 않고 뛰어내릴 수 있는지 시험해보며 시간을 보냈다. 물론 언제나 다치긴 했지만.

Q 어린 시절 가장 크게 혼쭐이 난 적이 있다면?
A 아마 10살 무렵일 거다. 통째로 먹는 완두콩처럼 보이는 걸 찾아서 같이 야영 간 친구들과 먹으려고 음식을 만들었는데 내가 찾은 콩은 사실 독성이 아주 강한 라부르눔(laburnum)이라는 나무의 열매였다. 나와 8명의 친구들은 병원으로 후송되어 위세척을 받았다.

Q 나중에 커서 어떤 사람이 되고 싶었는가?
A 말을 타는 기수가 정말 되고 싶었는데 그만 몸이 너무 크게 자라버렸다.

Q 환경 문제에 관심을 갖게 된 계기는 무엇이었나?
A 10대 후반쯤에 나는 우리가 먹고 마시는 것, 그리고 우리가 숨 쉬는 문제에 대해 깊은 관심을 갖게 되었다. 그 이후에 천연 치료제에 대한 공부를 하게 되었고 자연스럽게 건강과 환경 문제에 대해서도 천착하게 되었다.

Q 페트병 외에 환경을 해치는 것이 또 뭐가 있을까?
A 우리의 일상생활에서 자연이 얼마나 중요한 역할을 하고 있는지 이해하지 못하는 인간의 무지. 게다가 자연에 대한 존경심도, 배려도 없다. 아, 그리고 일회용 플라스틱 컵을 제공하는 호텔들도.

Q '환경모험가'라는 말은 직업치고는 참 흥미롭다. 혹시 사무직으로 일해본 적이 있는가?
A 18살 때 스쿠터 영업사원을 했다. 아주 지루하고 재미가 없었지. 공짜로 스쿠터 한 대가 생기기는 했지만.

Q 가장 인상 깊었던 모험은?
A 2004년의 남극 대륙 횡단. 솔직히 말해 그 규모와 어려움의 정도를 보면 가장 기억에 남지 않을 수 없다.

4
플라스틱에 점령당한 바다

플라스틱 폐기물을 완전히 피할 수 있는 방법은 없다.
플라스틱은 영원히 사라지지 않으며
대부분은 우리의 바다로 흘러들어가 거대한 쓰레기 더미를 이룬다.
플라스티키는 플라스틱을 덜 사용하는
좀 더 나은 미래를 위한 한 가지 방법을 제시하려 한다.

나는 이 이야기를 하면서 너무 앞서 나가고 있는 것이 아닐까.
하지만 여정의 후반부에 플라스티키가 사모아 섬에 정박해 있
는 동안 바로 내 눈앞에서 무슨 일인가가 벌어졌다. 우리의 바
다에서 플라스틱 쓰레기들을 몰아내기 위해 우리가 하고 있는
도전들을 모두 모아놓은 것 같은 그런 일이었다.

나는 근처 관광을 마친 후 연락선을 타고 사바이(Savaii) 섬에서 우폴루(Upolu) 섬으로 돌아가는 길이었다. 사바이 섬은 우폴루 섬과 마찬가지로 오염되지 않은 청정한 곳이었다. 모든 거리와 인도는 완벽하게 정리되어 있었고 생나무 울타리며 중앙분리대도 깔끔하게 잘 다듬어져 있었다. 마주치는 모든 사람들은 자신들이 살고 있는 곳에 자부심이 가득한 것 같았다. 나는 어디서도 쓰레기 하나 발견할 수 없었다. 사모아의 재활용 프로그램은 매우 선진적이며, 환경친화적으로 분해되는 비닐봉지 사용이 의무화되어 있었다. 좋군, 아주 좋아. 연락선에 오른 나는 그렇게 생각했다. 아름다운 열대의 오후였고 여객선 갑판 맞은편에는 어느 가족 3대가 앉아 있었다. 골골하는 할머니와 중년의 딸 그리고 어린 손자와 손녀였다. 그들은 사모아 원주민 말로 다정하게 대화를 나누고 있었다. 그런데 할머니가 물을 다 마시고 난 뒤 빈 물병을 서슴없이 뱃전 너머 바다로 던져버렸다. 그리고 중년의 딸도 똑같은 짓을 했다.

나는 말 그대로 그 자리에서 허물어지고 말았다. 둘 중 누구도 자신들의 티끌 하나 없는 마을로 그런 쓰레기를 들고 돌아갈 필요가 없었다. 그냥 배 위의 쓰레기통에 던져 넣으면 될 일이었고 그게 올바른 방법이었다. 나는 여자들 앞에 나서지 못했다. 어쩌면 언어가 통하지 않는다는 점도 내 그런 행동을 위한 변명이 될 수 있었으리라. 다만 그들의 행동에 대해 이렇게 추측할 수 있을 뿐이었다. "여기는 우리 집이 아니고 게다가 바다는 넓고 넓으니까. 저런 빈 병쯤은 어디든 흘러갈 곳이 있겠지." 그렇지만 실상은 그렇지 못했다. 어디든 '흘러갈 곳'은 없었다. 바다는 전부 다 서로 연결되어 있으니까.

플라스틱학 개론

가정의 쓰레기통 용적의 20%는 플라스틱 쓰레기다
하지만 무게로 치면 7%에 불과하다

만들어 내기 위해서는

2리터의 물이 필요하다
생수 1리터를

주유할 수 있는 기름이
100,000 킬로미터에
플라스틱 생수병을 생산하는 데 사용된다
북미 지역 에서만

전 세계적으로 매년
2억3000만 톤의
플라스틱이 사용되고 있다

영국의 플라스틱 산업 규모는
175억 파운드 가량으로
인력이 투입되고 있다
약 22만 명의
영국

90% 이상의 플라스틱은 재활용되지 않는다

그러나 재활용되는 플라스틱의 규모는 전체의
10%
밖에 되지 않는다

과학자들은 추정한다
100만 마리의 해양 조류
100,000
10만 마리의 해양 포유류와 바다 거북이들이 플라스틱 오염으로 죽어가고 있다고
매년

전체 해양 쓰레기의
60-80%는
플라스틱이다

미국에서 매년 생산되는 플라스틱 제품의 무게는 총 680만 톤에 달한다
그중 재활용되는 양은 약 45만 톤 가량이다

매년 2000억 리터의 생수가 소비된다

해양 쓰레기의
90-95%는
2700만 톤이
플라스틱 이다
4/5
페트병의 사용된 플라스틱

전 인구가
뉴욕시
생수를 포기한다면

일주일이면
2400만 개 절약
한 달이면
1억1200만 개 절약
1년이면
1조3280억 개 절약

4%
그냥 쓰레기 매립장으로 직행한다

우리가 캐내는 원유의
플라스틱으로 만들어지고,
PLASTICS

copyright © sophie henson 2010

● 　　바다에 모여드는 쓰레기 더미에서 커
다란 물체는 찾아보기 힘들다. 대부분의 플라
스틱 폐기물들은 아주 작은 조각들로 부서져
물 위를 떠돌아다니다 모여들게 된다.

바다를 위해서 그리고 우리 자신을 위해서 인간은 플라스틱이 그저 쓰고 버리는 물건이라는 생각 자체를 버려야만 한다. 어떤 사람들은 어디서나 볼 수 있는 비닐 쇼핑백과 스티로폼 같은 플라스틱의 사용이 바로 줄어들 수 있으리라 생각한다. 플라스틱을 대체할 실제적인 제품들은 이미 시중에 실용화되어 있다. 우리는 또한 모든 종류의 플라스틱을 더 손쉽게 수집하고 재활용할 수 있어야만 한다. 재활용 플라스틱 관련 업체들이 안정적으로 기업을 운영할 수 있을 때, 우리는 플라스틱에 더 많은 가치를 부여하고 재활용 비율도 계속해서 올리는 효과적인 순환 시스템을 만들어낼 수 있다. 어느 날 갑자기 플라스틱 상품의 생산 및 공급과정에 제대로 된 기업가 정신이 흘러들어가게 된다면 그 결과가 어떻게 될지는 장담할 수 없을 것이다.

우리가 매일 사용하는 일반적인 플라스틱 페트병의 여정에 대해 한번 생각해보자. 어느 날 깜빡 잊고 차 위에 빈 생수병을 올려놓은 사람이 차를 몰고 출발하자 물병은 로스앤젤레스의 어느 도로 옆으로 굴러떨어진다. 태평양에서 불어오는 강력한 겨울 폭풍이 도시가 꼭 바라고 있던 폭우를 쏟아붓는다. 거리로 쏟아진 빗물은 하수구에 모여들어 마개가 꼭 봉해진 빈 물병을 흘려보낸다. 공기가 가득 찬 병은 절대로 가라앉지 않고 그렇게 계속해서 흘러간다. 빗물이 빠지게 되어 있는 배수관 앞에서, 물병은 시야에서 사라지기 전에 잠시 주저하듯 까딱거린다. 이리저리 연결된 하수구와 배수관을 거친 물병은 물길을 따라 마치 하늘에라도 오를 것처럼 붕 떠올랐다가 철썩하는 소리와 함께 이른바 로스앤젤레스 강이라고 불리는 콘크리트 수로 안으로 떨어지게 된다.

반년가량 말라 있던 수로가 오늘은 빗물로 인한 갈색 흙탕물이 넘쳐흘러 수로 벽이 넘칠 정도다. 몇 시간 안에 빈 물병은 마천루 가득한 도심지를 지나 주간 고속도로 10번 아래 컬튼을 통과해 롱비치의 로스앤젤레스 항구에 떠오르게 된다. 빗물의 흐름을 따라 여기까지 오게 된 이 물병은 밀물과 썰물의 흐름을 타다가 이내 저 먼 바다로 또 흘러간다. 며칠, 몇 주의 시간이 흘렀지만 플라스틱 물병은 아직 새것처럼 보인다. 캘리포니아 한류를 타고 남쪽으로 떠내려가던 물병은 결국 샌디에이고를 거쳐 바하 캘리포니아 끄트머리의 카보 산 루카스에 이르게 된다.

몇 년에 걸쳐 버려진 플라스틱 물병은 시계 방향으로 흐르는 북태평양의 흐름을 따라 흘러간다. 이 거대한 바다의 소용돌이는 동쪽으로 한 바퀴 돌아가기 전에 거의 일본에까지 이르게 된다. 하와이와 캘리포니아 사이에 위치한 지대는 바람이 비정상적으로 약하고 햇빛과 열기가 끊임없이 쏟아지는 것으로 유명하다. 따라서 우리 플라스틱 물병의 장대한 여정은 이쯤에서 실질적으로 멈추게 되는 것이다. 그리고 결국 거대 태평양 쓰레기 더미 안으로 들어가게 된다. 태평양 쓰레기 더미는 근처 바다 위를 떠도는 쓰레기들의 마지막 안식처인 셈이다. 그 위를 짓누르고 있는 고기압의 힘으로 만들어진 이 거대한 소용돌이에 휘말리게 되면 이제 우리의 물병은 영원히 그곳을 벗어날 수 없다.

우리의 방랑자 플라스틱 물병은 혼자 이곳까지 흘러들어오지 않았다. 로스앤젤레스 강이 범람하면, 1톤이 넘는 다양한 빈 병들과 쇼핑백들, 스티로폼과 빨대, 플라스틱 숟가락, 라이터, 병뚜껑, 원뿔형의 도로 표지판, 그리고 다른 플라스틱 쓰레기들이 그렇게 거의 매일 태평양으로 흘러들어가게 되는 것이다. 여기에 더해서, 역시 로스앤젤레스를 통과하여 바다로 이어지는 샌가브리엘 강을 따라, 그리고 샌워킨 강과 새크라멘토 강을 따라 플라스틱 쓰레기들이 바다로 흘러들어간다. 모두 중부와 북부 캘리포니아 대부분을 가로지르는 일종의 수로 역할을 하는 것이다. 그뿐이랴. 이렇게 태평양 북서부와 연결되는 강들뿐만 아니라, 서남부와 연결되는 컬럼비아 강이며 베트남의 메콩 강, 중국의 황하와 양쯔 강, 그리고 주장 강, 그 외 온갖 거리며 주차장 그리고 마닐라와 서울, 타이페이, 도쿄의 쓰레기 매립지에서 쏟아져나오는 쓰레기들이 바다로 흘러들고 있다. 육지만 문제가 아니다. 바다 위에 떠 있는 어선과 화물선 그리고 유람선들도 배 안에서 발생하는 쓰레기들을 직접 바다로 흘려보내고 있는 것이다.

태평양으로 흘러드는 플라스틱 폐기물의 정확한 양은 알려져 있지 않다. 어쩌면 영원히 알 수 없을지도 모른다. 그러나 분명한 사실은 바다의 쓰레기 더미는 점점 더 커지고 있으며 이에 따라 그 속에 모인 플라스틱의 밀집 상태도 점점 높아지고 있다는 것이다. 지난 10년 사이, 바다에는 두 개의 다른 쓰레기 더미가 더 생겨났다. 바로 일본과 하와이 사이의 서부 쓰레기 더미와 하와이와 캘리포니아 사이의 동부 쓰레기 더미다. 거대 태평양 쓰레기 더미의 규모를 이해하는 건 상상을 초월하는 일이다. 이 쓰레기 더미는 동쪽에서 서쪽에 걸쳐, 캘리포니아 연안에서 대략 320킬로미터 떨어진 지점에서 시작되어 거의 중국까지 이어지는 지역을 가로질러 덮고 있다. 북쪽에서 남쪽으로의 길이를 보자면 위도 40도에서 20도까지로, 그 거리는 대략 뉴욕에서 아이티까지다.

마치 원생동물인 아메바처럼, 이 거대 태평양 쓰레기 더미는 계절과 기후의 변화에 따라 조금씩 꿈틀거리며 겨울에는 남쪽으로 내려갔다가 여름이면 다시 북쪽으로 꼬물거리며 올라온다. 이 책이 출간될 때쯤이면 여기 적힌 쓰레기 더미의 크기에 대한 정보도 이미 낡은 정보가 되어 있으리라. 10년 전 '텍사스 크기의 2배'라던 쓰레기 더미의 크기는 이제 아마 미국 전체 크기의 2배에 도달해 있을 것이다.

"해양 소용돌이로 몰려드는 플라스틱 폐기물의 양은 기하급수적으로 늘어나고 있습니다." 처음으로 해양 쓰레기에 대한 대중의 관심을 불러일으킨 것으로 유명한 찰스 무어의 말이다. 찰스 무어는 자신의 장대한 해양 탐험을 끝마친 후 1999년 알갈리타 해양연구재단을 직접 만들고 현재 책임자로 일하고 있다. 그는 자신의 쌍동선 알기타(Alguita)호를 타고 로스앤젤레스를 출발해 호놀룰루까지 가는 태평양 횡단 요트 레이스에 참가한 후 캘리포니아 롱비치로 돌아오면서 다른 배들은 피하는 지역인 무풍지대를 엔진을 사용해 통과해보려는 생각을 하게 된다. 그러나 그는 이 죽음의 지역에서 발견된 쓰레기 더미 속을 제대로 빠져나가지 못했다. "우리가 엔진을 이용해 통과하려 했던 바다는 플라스틱 샴푸 용기며 병뚜껑, 고기잡이 그물 등으로 가득 차 있었습니다. 이러한 상황이 며칠 동안

역사 속의 플라스틱

세상이 온통 플라스틱 천지로 보인다면 실제로 플라스틱이 그만큼 많이 쓰이고 있는 것이다. 이제 플라스틱 역사의 문제적 장면들을 살펴보자.

1869년 천연 소재에서 개발된 플라스틱인 셀룰로이드가 등장. 전 세계 코끼리들이 환호작약했을 것. 코끼리의 상아로 만들던 당구공이 이제는 셀룰로이드로 만들어지고 있음.

1907년 벨기에 출신의 미국 발명가 레오 베이클랜드는 우연히 세계 최초로 인공 합성된 폴리머를 개발. 이 '베이클라이트(Bakelite)'는 현재까지도 전자 및 항공산업 분야에 사용되고 있음.

1930년 사출성형 방식의 플라스틱 제조법의 개발로 아이들용 장난감과 기타 중요 플라스틱 제품들의 생산에 가속도가 붙음.

1938년 나일론 스타킹이 등장.

1948년 타파웨어 플라스틱 용기 판매 방식의 일환인 가정주부 대상의 이른바 '타파웨어 파티'가 처음 시작됨.

1953년 음식 보관용 플라스틱 랩이 처음 선보임.

1962년 훌라후프 열풍이 전국을 강타. 여가 시간과 플라스틱이 결합된 시대가 시작됨.

1965년 폴리스티렌 봉지로 포장된 땅콩이 처음 등장함.

1975년 플라스틱 음료수병이 등장해 유리병 시대의 종말을 고함. 플라스틱 쓰레기 배출의 대약진 시대가 시작됨.

1977년 영화 〈토요일 밤의 열기(Saturday Night Fever)〉에서 주인공 존 트래볼타가 입고 나온 폴리에스테르 캐주얼 복장이 크게 유행.

1977년 미네랄워터의 명가 페리에(Perrier)가 병에 담아 파는 생수 시장을 위한 마케팅에 500만 달러를 투자함. 수돗물을 마시던 시대가 종말을 고하게 됨.

1990년 논란 끝에 맥도날드에서 발포 플라스틱으로 만든 햄버거 포장재 사용을 중단.

2005년 미국 식품의약국(FDA)에서는 13년의 사용 금지 기간을 풀고 가슴 성형용 실리콘백의 사용을 다시 허가.

5개의 거대 환류

알래스카에서 남극 대륙까지, 지구상의 바다 위에
5개의 주요 거대 환류와 그보다 규모가 작은 여러 개의 환류들이
있다는 사실은 그리 널리 알려져 있지 않다.
그나마 가장 많이 알려진 환류는 북태평양 환류이다.
그곳에 모여드는 거대한 해양 쓰레기들은
거대 태평양 쓰레기 더미라고 불린다.

환류

여기서 말하는 환류란 바다의 흐름이
만나 둥글게 회전하는 소용돌이의
모습을 갖춘 것이다. 또한 이 흐름을 따라
바다의 쓰레기들이 모여들기도 한다.
수백만 개의 크고 작은 플라스틱 폐기물
조각들이 이곳에 모여 있다.
이 흐름에 휩쓸리게 된 쓰레기들은
시간이 흐를수록 더 작은 조각으로
분해되어 결국에는 일종의
플라스틱 먼지가 되어버린다.
이 '먼지' 들은 절대로 사라지지 않으며
대신 바다에 독소로 축적되어
먹이사슬에까지 영향을 미치게 된다.
보이지 않으면서 위험하기 짝이 없는
플라스틱 폐기물 조각을 더 많은
해양동물들이 체내로 흡수할수록
먹이사슬은 더 큰 영향을 받게 된다.

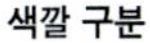

인도양 환류

Illustration by Benjamin Allder   © Adventure Ecology   www.adventureecology.com   www.theplastiki.com

계속되었고요." 그의 설명이다.

2000년, 무어는 이 쓰레기 바다와 그 안의 플라스틱 폐기물들의 양을 확인해보고자 저인망 그물을 준비해 다시 그곳으로 향했다. "처음에는 커다란 플라스틱 조각들을 만나게 될 거라고 생각했습니다. 그렇지만 실제 상황은 크게 달랐습니다. 바다를 가득 메우고 있던 건 알사탕만 한 작은 플라스틱 조각들이었어요. 우리는 동물 플랑크톤의 6배가 넘는 플라스틱 조각들을 건져 올렸습니다." 무어의 설명은 계속되었다. 플라스틱 무게의 특성과 그 위를 타고 떠도는 해조류와 어패류, 그 밖의 다양한 해양생물들에 따라 이 플라스틱 조각들은 수심 30여 미터를 넘나들며 죽음의 바다를 떠다니게 된다.

무어는 해양 쓰레기 더미라는 용어가 현재 태평양의 상황을 정확하게 전달하고 있지 못하다고 생각한다. 마치 그냥 육지의 쓰레기 더미나 일반 동식물체가 모여 이루어진 부도(浮島)의 느낌을 준다는 것이다. 그는 해양학에서 이야기하는 집적대(集積帶)라는 용어를 더 선호한다. 그물눈의 간격이 1밀리미터인 저인망으로 플라스틱을 건져 올리며 환류 지역을 여러 차례 다시 찾아간 무어와 그의 연구팀은 아직까지 그 집적대의 경계선이 어디인지 밝혀내지 못했다.

무어의 알갈리타 해양연구재단과 다른 단체들이 해양 플라스틱 쓰레기에 대해 연구를 하면 할수록 그 실체는 더 널리 알려지게 된다. 지구상의 바다 어느 곳이든 이런 소용돌이가 생겨나는 곳에는 플라스틱이 쓰레기들이 모여들게 되는 것이다.

현재 무어는 전 세계 바다에 심각할 정도로 플라스틱 쓰레기들이 모여드는 집적대가 아홉 군데쯤 있다고 추정하고 있다. 각 대양마다 하나씩 있는 수준이다. 2010년 해양과학회의에서는 2개의 개별 연구팀이 버뮤다와 아조레스 제도 사이의 북대서양 아열대 수렴대에 거대한 쓰레기 더미가 생겨나고 있다는 증거를 제시하기도 했다. 누군가의 추정으로는 지금 총 1억 톤의 플라스틱이 바다 위를 떠다니고 있다고 한다. 그중 일부는 이미 수십 년째 떠돌고 있는 것들이다.

전 세계에서 바다를 찾는 사람들에게 플라스틱 쓰레기는 이미 경관을 해치는 존재로 자리 잡았다. 바다의 환류가 와서 부딪히게 되는 육지는 가장 큰 피해를 입는다. 미드웨이 섬을 포함한 하와이 제도의 19개 섬은 정기적으로 쓰레기 세례를 받는다. 어떤 해안은 높이가 몇십 센티미터나 되는 쓰레기 더미에 파묻히기도 한다. 다른 해안들은 도저히 처리할 수 없는 '플라스틱 모래'들로 가득하다.

고래에서 새우까지, 해양동물들이 이런 플라스틱 쓰레기들로부터 받는 영향은 엄청나다. 동

플라스틱병에 쓰인 숫자의 비밀

우리가 먹고 입고 들고 다니며 몸을 씻고 잠자는 데 사용하는 대부분의 물건들은 다음 7개의 소재로 만들어진다. 이 작고 재미있는 숫자들이 무엇을 의미하는지 궁금했던 적이 있는가? 아래 삼각형 안의 숫자들은 무슨 게임을 위한 숫자들이 아니다. 그래서 우리는 다음과 같이 알기 쉬운 도표를 만들어보았다.

이제 우리는 플라스틱 쓰레기를 재활용할 때도 정확하게 구분할 수 있다. 이제 바다를 떠돌아다니는 플라스틱 용기나 페트병, 혹은 비닐봉지들을 하나라도 줄여보자!

폴리에틸렌 테레프타레이트
(polyethylene terephthalate, PET)

고밀도 폴리에틸렌
(high density polyethylene, HDPE)

비닐(Vinyl)

저밀도 폴리에틸렌
(low density polyethylene, LDPE)

폴리프로필렌
(polypropylene, PP)

폴리스티렌
(polystyrene, PS)

기타

Illustration by Benjamin Allder © Adventure Ecology www.adventureecology.com www.theplastiki.com

물들은 플라스틱으로 만들어진 포장끈이나 상자, 혹은 주인을 잃고 떠도는 고기잡이 그물의 일부인 이른바 '보이지 않는 그물' 등에 몸이 걸리거나 얽히게 된다. 바다거북이들은 비닐봉지 등을 해파리로 오해하고 삼킨다. 플랑크톤은 작은 플라스틱 알갱이에 들러붙는다. 그리고 죽은 고래들을 해부해본 결과, 위장에서 수많은 플라스틱 쓰레기들이 발견되기도 했다.

동물들이 플라스틱 때문에 겪는 고통의 가장 슬픈 증거는 해양 쓰레기 더미 끄트머리에서 발견되는 죽은 바닷새의 모습이 아닐까. 미드웨이 섬은 가장 가까운 육지의 도시로부터 수천 킬로미터 이상 떨어져 있지만 종종 플라스틱 쓰레기의 세례를 받게 되며, 그곳에 둥지를 트는 알바트로스는 거대 태평양 쓰레기 더미 전체를 아우를 정도의 장거리를 비행한다. 미드웨이 섬에서 찍은 사진을 보면 죽어 썩어가는 알바트로스 새끼의 위장에 작은 플라스틱 쓰레기들이 가득 들어 있는 모습을 확인할 수 있다. 이 사진은 정말 충격적이다. 알바트로스들은 바다 위 수백 킬로미터를 날아다니며 새끼들을 먹이기 위해 물고기며 오징어를 찾는다. 이렇게 먹이를 찾아다니는 동안 새들은 바다 위를 떠다니는 일회용 주사기며 빨래집게, 장난감 병정과 병뚜껑, 골프 티, 그외 다른 플라스틱을 먹을 것으로 착각하고 삼키게 된다. 그런 다음 삼킨 것들을 게워내 새끼들에게 다시 먹인다. 매년 50만 마리 이상의 레이산 알바트로스 새끼들이 미드웨이 섬에서 태어나는 것으로 추정되는데, 이중 30~40퍼센트가 탈수와 굶주림 그리고 바로 이 플라스틱들로 위장과 식도가 막혀 죽어간다.

이른바 이 집적대의 영향권 밖에서도 플라스틱은 지금 당장 고려해야 할 문제이다. 플라스티키를 타고 해양 쓰레기 더미 남쪽의 라인 제도를 지나가던 우리는 이 내용이 사실임을 확인할 수 있었다. 다만, 플라스티키의 여정에 대한 언론 보도 중에 종종 우리가 해양 쓰레기 더미를 통과해서 지나갈 것이라는 내용이 있었지만, 그곳은 바람이 전혀 없기 때문에 현실적인 항로로 선택할 수 없었다. 대신 우리는 매일 오래전부터 떠돌고 있는 쓰레기들의 파편을 보았다. 플라스틱 페트병, 비닐봉지, 석유통, 정원용 모종판, 포장지 그리고 심지어 길이가 1미터나 되는 PVC 판이 깊고 푸른 바다 위를 떠돌아다니고 있었다. 문제의 환류로부터 몇 킬로미터나 떨어진 곳에서도 발견되는 쓰레기들이다. 우리를 둘러싸고 있는 바다 위를 떠돌아다니는 플라스틱 조각들은 도대체 몇십 억 개나 된단 말인가.

지구상 바다의 플라스틱 집적대를 모두 합치면 전체 육지 면적의 25퍼센트를 차지하게 된다. 이 사실에 대해 잠시 생각해보자. 우리가 미처 깨닫지 못하는 사이에 한 번 쓰고 버리는 플라

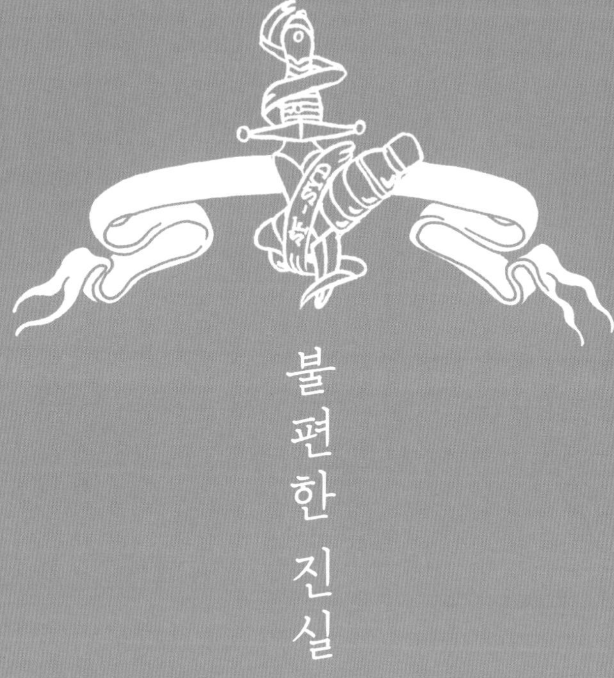

불편한 진실

하와이에서 발견된 죽은 바다거북이의 위장과 창자에서는
1000개가 넘는 플라스틱 조각들이 발견되었다.

스웨덴에서는 플라스틱 페트병의 80퍼센트가 재활용된다.
하지만 미국에서는 그 비율이 고작해야 15퍼센트에 불과하다.

미국에서는 플라스틱 용기를 재활용하는 것만으로도
75만 가구에 1년 동안 전기를 공급할 수 있다.

거대 태평양 쓰레기 더미 연구를 이끌고 있는 찰스 무어 선장. 그는 주로 바다에 얼마나 많은 플라스틱들이 있는지 그리고 해양 생태계에 어떤 영향을 미치는지에 관련된 내용들을 조사하고 있다.

'플라스틱 선장'과의 대화

찰스 무어는 아주 우연한 기회에 환경을 지키는 십자군으로 변신하게 된다. 가구 복원 전문가이자 아마추어 선원인 무어는 1997년 로스앤젤레스를 출발해 호놀룰루까지 가는 태평양 횡단 요트 레이스에 참가한 후 캘리포니아 롱비치로 돌아오면서 다른 돛단배들은 피하는 지역인 무풍지대를 통과하는 항로를 택한다. 그곳에서 무어는 충격적인 장면을 목격하게 된다. 바다 위를 떠다니는 샴푸용기며 고기잡이 그물 그리고 다른 플라스틱 쓰레기들이 며칠을 항해해도 사라지지 않았던 것이다. 이후 그는 알갈리타 해양연구재단을 세워 우리가 실감하지 못하고 있는 플라스틱 폐기물의 문제를 밝혀내는 데 주력하고 있다.

• 그냥 쓰레기들을 다 건져내면 되는 것 아닌가?

지역이 너무 넓다. 그리고 환류로 몰려드는 쓰레기의 양은 매년 엄청나게 불어나고 있다. 현재 프로젝트 카이세이(Project Kaisei)와 같은 비영리단체들이 쓰레기들을 건져낼 수 있는 가능성에 대해 연구를 진행하고 있다. 엄청난 노력을 기울여 한 달에 100톤의 쓰레기를 건져내면 그 한 달 동안 로스앤젤레스 수로를 통해서만 다시 30톤의 쓰레기가 태평양으로 흘러들어간다. 게다가 메콩 강이나 양쯔 강, 황하를 통해 흘러들어가는 쓰레기, 도쿄와 같은 대도시들이나 운항 중인 선박들이 뱉어내 환류로 흘러드는 쓰레기들은 카이세이 팀이 건져낼 수 있는 쓰레기 양의 10~100배는 가볍게 뛰어넘는다. 우리는 우선 그런 쓰레기의 흐름부터 막아내야 한다.

• 해양 플라스틱 쓰레기 문제는 얼마나 심각한가?

우리가 남긴 플라스틱의 흔적들은 이산화탄소 배출 문제보다 훨씬 더 심각하다. 그러나 플라스틱 문제는 이제야 비로소 사람들이 인식하기 시작했다. 해양 먹이사슬의 제일 밑바닥에는 아주 작은 샛비늘치 같은 물고기들이 있으며 이들은 어류 생물자원의 50퍼센트 이상을 차지하고 있다. 이들이 다른 모든 물고기들의 먹이가 되는 것이다. 우리는 이 5센티미터 남짓한 물고기 671마리를 견본으로 잡았는데, 이중 35퍼센트의 위장에 플라스틱 조각들이 들어 있었다. 어떤 물고기에선 84조각이나 발견되기도 했다. 샛비늘치는 낮이면 바다 깊은 곳에 숨어 있다가 밤이 되면 수면으로 올라와 먹이를 찾는다. 위장에 플라스틱이 들어가며 샛비늘치는 그 부력 때문에 다시 바다로 잠수하기 위해 사투를 벌여야만 한다. 만일 샛비늘치가 죽어버리면 우리는 바다의 다른 모든 물고기들이 먹이가 없어 죽게 되는 사태에 직면하게 될지도 모른다.

• 어쩌다 이런 상황까지 왔을까?

사람들은 일회용 제품을 사용하는 생활 방식에 중독되어 있다. 모든 것을 빨리 사용하고 버리는 소비지향적인 경제 시스템 안에 살고 있는 것이다. 쓰레기의 대부분은 포장재거나 내가 '빨리 처리되는 쓰레기'라고 부르는 것들로 이루어져 있다. 안의 내용물보다 겉포장이 부피나 무게가 수백 배나 더 나간다는 사실이 참 기이하지 않은가.

• 그렇다면 해결책은 무엇일까?

먼저 빗물 관리 시스템부터 확인할 필요가 있다. 기업체들로부터 경비를 지원받아 플라스틱 쓰레기들이 흘러들어가는 것을 막아야 한다. 또한 생산업체들의 책임도 더 확대되어야 한다. 기업들은 자신들이 생산한 제품이나 포장이 수명을 다한 뒤 제대로 수거되고 재활용될 수 있는 사회적 기반을 조성할 필요가 있다. 그러한 부담이 납세자들에게 지워져서는 안 된다. 페트병들에는 보증금 제도가 있어야만 한다. 플라스틱의 수명이 반영구적이라면, 자연 상태에서 빨리 분해되는 소재로 플라스틱을 만들어야 한다. 일회용 제품들도 분해가 되는 소재로 만들어야 하는 것이다.

플라스틱 쓰레기들은 바닷새들에게 비극적인 결과를 가져온다. 이 새의 위장은 플라스틱 병뚜껑이며 다른 쓰레기들로 가득 차 있다.

스틱으로 지구의 4분의 1을 망치고 있는 것이다. 분명 이것은 소비지향적인 우리 문화의 가장 비극적인 단면일 것이다.

인류는 바다를 떠돌아다니는 플라스틱 쓰레기 문제를 이제 막 제대로 이해하기 시작했다. 플리머스 대학의 해양생물학자 리처드 톰슨(Richard Thompson)은 훈련되지 않은 인간의 눈으로는 파악할 수 없을 정도로 작은 플라스틱 조각들의 전체적인 실체를 파악해왔다. 이른바 이 '마이크로 플라스틱'은 그 크기가 5밀리미터에서 20마이크론까지 다양한데, 마이크론은 지금 보고 있는 이 책의 마침표 크기의 30분의 1쯤이라고 생각하면 된다. 이런 작은 플라스틱 조각이 물줄기를 타고 떠다니다가 침전물이 되어 가라앉고, 결국 우리가 바라보는 해안의 일부가 된다. 플라스틱 조각들의 크기가 더 작아지면 톰슨의 실험장비도 그 실체를 파악하는 일이 불가능해지지만, 그는 그런 조각들이 분명히 존재하고 있다고 확신한다. 그렇다면 그 미세한 플라스틱 조각들은 어디서 오는 걸까? 일단은 산업현장에서 배의 선체를 청소할 때 사용되는 연마재용 플라스틱이나 피부를 매끄럽게 해준다는 세정 용품에 사용되는 미세구슬 등이 주요 원인이라고 보고 있다. 피부와 플라스틱이라니, 이런 경우가 있나! 그러나 좀 더 직접적인 원인은 원래는 크기가 컸던 플라스틱 조각들이 세월이 흐르면서 풍화작용에 의해 작은 조각으로 변하는 것이다.

플라스틱 폐기물들은 작은 조각으로 쪼개지지만 절대로 사라지지는 않는다. 어떤 유기체도 플라스틱을 가공 전 원래의 모습으로 분해해 돌려놓을 수 없다. 목질소라고도 부르는 리그닌(Lignin)은 나무 세포벽의 30퍼센트를 차지하는 식물골격 구성성분으로 플라스틱과 비슷한 고분자 물질이다. 그리고 그보다 더 복잡한 조직도 결국 미생물들에 의해 자연적으로 분해가 된다. 그러나 플라스틱은 자연 생태계에 완전히 새로운 물질이기 때문에 자연의 분해 효소들이 아직 플라스틱을 분해할 수 있을 정도로 진화되지 않았다.

플라스틱트로스

알바트로스는 새끼들을 먹이기 위해 몇백 킬로미터, 때로는 몇천 킬로미터를 날아다니기도 한다. 알바트로스가 찾는 먹잇감은 오징어나 수면 위를 떠돌아다니는 물고기 알이나 반짝거리는 모든 것이지만, 불행히도 이제 바다 위를 떠다니는 반짝거리는 물체는 대부분이 플라스틱이다! 그 때문에 새들은 영양가 넘치고 정상적인 먹잇감을 물고 둥지로 돌아가게 되는 것이 아니라, 결국 새끼들에게 플라스틱 병뚜껑이나 라이터, 낚시용 찌, 다른 여러 가지 일회용 플라스틱 제품의 쓰레기들을 먹이게 된다. **그렇다면 그 결과는?** 알바트로스의 새끼들은 위장에 플라스틱을 가득 채운 채 굶주림으로 죽어간다. 과학자들은 전 세계에서 매년 100만 마리의 해양 조류들과 10만 마리의 해양 포유류 및 바다 거북들이 플라스틱을 먹고 죽어가고 있다고 추정한다. 당신은 지금 당장 이런 일을 막을 수 있다!

"일회용 플라스틱 제품 사용을 거부하라!"

플라스틱 해안

바닷가 모래밭이 플라스틱 쓰레기들로 완전히 덮이게 되면 해안은 더 이상 해안이 아닌 다른 무언가가 되어버리는 것이 아닐까? 플라스틱 밭 같은 것? 최근까지 하와이 빅 아일랜드의 사우스포인트는 세계에서 가장 쓰레기가 많은 해안 중 하나로 악명이 높았다. 이 사우스포인트와 인접한 카밀로 비치는 거대 태평양 쓰레기 더미와 맞닿아 있어, 마치 거대한 국자로 퍼온 듯 플라스틱 찌꺼기와 고기잡이 그물, 신다 버린 샌들이며 라이터, 선글라스, 병뚜껑, 빨대, 볼펜과 음료수병 등 상상할 수 있는 플라스틱 시대의 모든 제품들이 발목까지 차올라올 정도로 가득 들어차 있다. 이와 똑같은 장면이 하와이의 다른 섬들에서도 되풀이되고 있으며 전 세계 수많은 곳에서 발견되고 있다.

카밀로 비치를 덮고 있는 플라스틱 더미의 모습이 달라지기 시작한 건 2003년, 하와이 야생기금이 주도한 해안 청소 작업이 본격적으로 이루어지면서부터다. 자원봉사자들은 쓰레기로 가득 채운 수백 자루의 부대를 나르고, 지게차들은 엄청난 양의 얽혀 있는 고기잡이 그물들을 치웠다. 이런 청소 작업은 현재까지 계속되고 있으며 최근에 실시한 작업으로 5톤이 넘는 플라스틱 쓰레기들을 치웠다고 한다. 현재 카밀로 비치는 예전보다는 깨끗해졌지만 해양 쓰레기 더미가 여전히 존재하고 있는 한 다시는 본래의 청정 해안으로 돌아갈 수 없을 것 같다.

그런데 새로운 연구에 따르면 태양과 소금기 있는 바닷물이 플라스틱의 변형에 영향을 미친다고 한다. 스티로폼 안에 들어 있는 플라스틱인 폴리스티렌, 공구 손잡이 등에 사용되는 단단한 플라스틱인 폴리카보네이트, 선박의 선체가 녹이 스는 걸 방지하기 위해 사용되는 에폭시 수지 등은 자연의 미생물들이 분해할 수 없다. 일본 니혼 대학의 사이토 가츠히코 박사에 의하면 일반적인 바다의 조건하에서 폴리카보네이트와 에폭시 수지의 경우에는 내분비계 교란 물질인 비스페놀 A(BPA)로, 폴리스티렌의 경우 BPA와 PS 올리고머(oligomer) 같은 물질로 분해되는데, 이 역시 내분비계를 교란시키는 환경호르몬의 일종일 뿐만 아니라 인체에 암을 유발하는 스티렌 모노머(styrene monomer, 단일체), 다이머(dimer, 2분자체), 그리고 트리머(trimer, 3분자체)이다. 폴리스티렌과 폴리카보네이트에 대해서는 앞서 소개한 플라스틱 종류 구별 도표를 참조하면 된다. 사이토 박사와 그의 연구팀은

20개국 200곳의 모래와 바닷물 견본을 채취해서 BPA 농도가 '심각하다'고 고려할 만한 수준인 0.01~50피피엠이라는 것을 밝혀냈다.

　바다로 흘러들어간 생수병의 PET, 우유 용기의 HDPE, 포장지의 LDPE, 토마토 케첩 용기의 폴리프로필렌 같은 플라스틱 성분들은 햇빛에 의해 천천히 분해된다. 태양의 광자 에너지가 고분자만의 긴 사슬형 구조를 파괴하는 것이다. 이런 경우, 플라스틱 제품은 점점 더 작은 조각으로 분해되지만 결코 더 단순한 복합체로 바뀌지는 않는다. 바람과 파도 그리고 비는 이러한 과정을 더 가속화시킨다. 플라스틱 조각이 장난감 비비탄 정도의 크기가 되면 인어의 눈물, 파도의 알약, 혹은 지방 덩어리(nurdle)라고 불린다. 이론적으로는 이렇게 크기가 줄어드는 과정이 분자 단위까지 계속될 수 있다. 따라서 플라스틱 분류표에 따른 1, 2, 3, 4, 5번의 모든 플라스틱 제품들은 소각해서 처리하는 것들을 제외하고는 어딘가에 계속해서 존재하게 되는 것이다.

　크기가 줄어든 플라스틱 제품들은 덩치가 큰 물건들보다 크기에 비해 표면적이 넓어진다. 우리는 그러한 사실을 기하학 시간에 이미 배웠다. 이제 유기화학과 생물학에 대해 생각해볼 차례다. 플라스틱은 다이옥신과 PCBs, DDE 그리고 바닷물에 의해 희석된 제초제나 살충제 같은 독성 화학 물질들을 빨아들이는 역할을 하게 된다. 이러한 물질들은 기름기가 있거나 지용성이며, 플라스틱은 기름기 있는 물질과 잘 맞는다. 지옥의 궁합이라고나 할까. 플라스틱의 크기가 작아질수록 이런 고약한 화학 물질들을 더 잘 흡수하게 되며 여과섭이(濾過攝餌, filter feeding), 즉 입을 벌려 한꺼번에 먹이를 삼키는 동물들의 배 속에 들어가 생태계의 먹이사슬에 더 쉽게 접근할 수 있게 되는 것이다. 도쿄 만의 폴리프로필렌 수지 덩어리를 검사해보니 거기에는 PCBs와 DDE가 주변 바닷물보다 10만~100만 배 더 많이 함유되어 있음이 밝혀졌다.

　'이런 일이 나랑 무슨 상관이지?'라는 생각은 이제 그만 버려야 한다. PCBs와 BPA 같은 물질들이 위험한 것은 바로 그것들이 에스트로겐 같은 호르몬을 흉내 내기 때문이다. 믿기 어려운 일이지만, 인간이 만들어낸 수천 가지의 화학 물질들은 생명체의 체내에서 생체 호르몬과의 혼동을 불러일으킨다. 그 생명체에는 당신과 나 같은 우리 인간들도 포함되어 있다. 콩 같은 식물들도 호르몬을 닮은 화학 물질들을 만들어내기는 한다. 생물체의 체내에서 이런 가짜 호르몬들은 세포 외벽의 수용용역(receptors)과 진짜 여성 호르몬과 남성 호르몬을 기다리고 있는 다른 생식기관에 들러붙는다. 세포에 붙은 이 불청객들은 진짜 호르몬의 접근을 막아 정상적인 활동에 혼란을 불러일으키거나 내분비 시스템에 의해 진행되는 자연적이고 정상적인 호르몬의 분비과정을 망친다.

플라스틱이 흡수한 이런 무서운 화학 물질들은 언제 생명체까지 이르게 되는 것일까? 최근까지 이 문제에 대한 답은 확실히 밝혀지지 않았다. 하지만 플리머스 대학의 리처드 톰슨과 동료 연구진들의 조사에 의하면 침전물을 먹는 갯지렁이들이 결국 오염된 마이크로 플라스틱을 삼키게 되며, 도쿄 대학의 동물학자 다카다 히데시게에 따르면 바닷새들이 PCB에 오염된 플라스틱 조각을 삼킨 물고기를 먹게 된다고 한다. 이렇게 해서 순환계까지 잔류성 유기오염 물질이 흘러 들어가게 된다.

이 작은 플라스틱 독약들은 이제 전체 먹이사슬까지 위협하고 있다. 홍합이나 조개, 굴 그리고 바닷가재, 새우, 생선을 먹는 우리 인간들도 무사할 수 없다는 이야기다! 우주의 자업자득 원칙이랄까. 오래전 우리가 사용한 살충제와 산업오염으로 인해 만들어진 쓰레기 더미와 독성 잔여물들은 이제 우리의 일부가 되어버렸다.

—

플라스틱은 우리의 적이 아니다. 플라스티키의 항해와 그 준비를 위한 세레텍스의 개발을 통해 우리는 플라스틱에 대한 더 나은 이해와 더 지혜로운 사용법을 보여주고자 노력하고 있다. 우리는 후원사인 휴렛패커드와 나이키 그리고 IWC와 함께 우리가 개발한 세레텍스를 실제로 제품의 생산 및 공급과정에 사용할 수 있는 방안을 찾도록 권하고 있다. 휴렛패커드는 자사가 생산하는 노트북 컴퓨터 포장재에 세레텍스를 이용하는 방안을 강구 중이다. 지난 한해 1500만 대의 노트북 컴퓨터가 판매되었다는 점을 감안하면 휴렛패커드의 시도는 재활용 페트 시장에 큰 영향을 미칠 수 있으리라 예상된다.

우리는 플라스틱의 사용을 줄이려고 노력하지만, 사실 플라스틱은 엄청난 잠재력을 지닌 기적의 소재이며 우리가 생각하는 것보다도 그 수명이 더 길다. 무게가 더 가벼운 차를 만들고 더 가벼운 제품을 출하함으로써 전체적인 연료의 사용을 줄이는 일은 결국 플라스틱 사용이 부정적인 상황을 극복하고 환경에 도움이 되는 설득력 있는 실례가 될 수 있다. 만일 우리가 더 지혜롭게 물건을 사용하고 폐기할 수 있다면, 저 바다의 플라스틱 쓰레기도 없앨 수 있을 것이다.

이것이 바로 해양 쓰레기 더미의 실체다. 바다 위 수킬로미터에 걸쳐 수없이 많은 플라스틱 폐기물들에서 떨어져나온 작은 플라스틱 조각들이 떠다니고 있다.

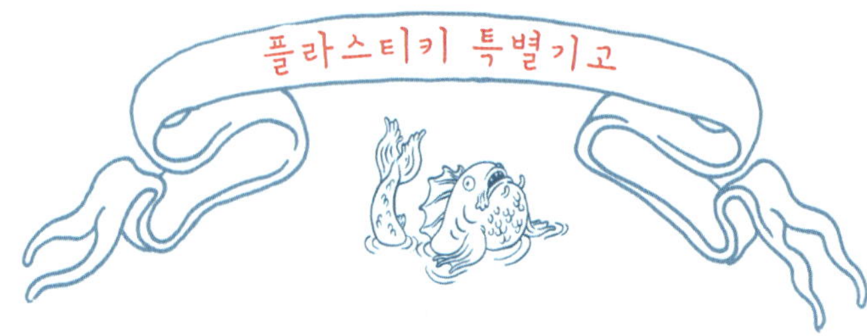

'세계 해양의 날'에 보내는 SOS 메시지
바다를 구하고 인류를 구하자

실비아 얼

50년 전 해양과학자로서 바다를 탐사하기 시작한 나는 바다에 대해 이전에 발견된 것보다 훨씬 더 많은 것들을 배울 수 있었다. 동시에 그만큼 많은 것들을 잃었다.

2주일 전 나는 미국 의회에서 멕시코 만의 기름 유출 사건으로 인한 생태학적 영향에 대해 증언했다. 나는 죽어가고 있는 동물들이 즐비한 기름으로 덮인 해안과 습지를 직접 둘러보았고, 그 바다 밑으로도 잠수를 해보았다. 그리고 엔지니어링 관련 회사를 설립하고 수년 동안 운영해본 경험자로서 석유 회사들과 함께 일해본 결과, 그런 기업들이 바다에서 복잡한 설비를 운용하며 개발하는 관련 작업에 대해 책임을 져야 한다는 사실도 잘 알고 있다. 그런 경험과 자격을 바탕으로 증언을 한 것이다.

1990년부터 1992년까지 국립해양기상청에서 수석 과학자로 일하면서 나는 시간의 대부분을 두 차례의 재앙과도 같은 기름 유출 사건 이후를 조사하는 데 쏟아부었다. 바로 알래스카에서 유조선 액슨 발데스호가 사고로 4만 톤이 넘는 원유를 유출했던 사건과, 이라크가 '생태학적 테러'의 일환으로 170만 톤의 원유를 걸프 만에 고의로 유출한 사건이었다.

이 사건들도 엄청난 재앙이었지만 2010년 멕시코 만에서 원유 시추개발선이 폭발하면서 바다 깊은 곳에서부터 원유가 유출되었던 사건과는 비교할 수 없다. 영하에 가까운 온도와 높은 압력이 심해에서의 원유 시추 작업을 효과적으로 관리할 수 있는 적정한 장비의 부족과 결합해 이른바 '미국의 지중해'에 가해진 타격을 더욱 심각하게 만들었다. 멕시코 만은 미국뿐만 아니라 주변 3개국의 보물이자 지구상에서 아홉 번째로 큰 대양이며 따라서 지구의 생명 유지 장치의 중요한 일부분이었던 것이다.

2009년 테드(TED) 상 수상자로서 나는 '세상을 바꿀 수 있을 만큼' 대단한 소원을 한 가지 빌 수 있는 기회를 부여받게 되었다. 내가 바라는 소원은 테드 커뮤니티의 전폭적인 지원과 도움으로 실제로 이루어질 수 있었다. 나의 소원? 내 소원은 촬영 작업과 탐험, 인터넷, 신형 잠수함 등 우리가 동원할 수 있는 모든 수단과 방법을 동원해 해양보호구역제도(Marine Protected Areas)의 전 세계적 네트워크를 지원할 수 있도록 대중적 관심을 불러일으키는 것이었다. 이 '희망의 지역'은 지구의 푸른 심장인 바다를 구하고 복원시킬 수 있을 정도의 면적이었다.

6월 8일은 국제연합(UN)이 공식 지정한 세계 해양의 날이다. 최근에 발생한 멕시코 만 원유 시추시설의 사고로 인해 역사상 그 어느 때보다도 바다의 중요성이 대두되었다. 그보다 더 중요한 것은 바로 이 지구의 푸른 심장을 함께 지켜나가고자 하는 사람들의 노력이 시작된 것이었다. 처음에는 바다 전체처럼 멕시코 만도 굉장히 넓고 자체 회복력이 있어 인간이 어떤 짓을 저질러도 전혀 해를 입힐 수 없을 것처럼 보였다. 우리는 바다의 재생 능력이 언제나 영원하리라고 생각했다. 저인망이 얼마나 넓든, 고기잡이 그물이 얼마나 길게 늘어져 있든 해양생물들을 낚아채는 낚시 바늘들이 얼마나 많이 흩어져 있든 혹은 각종 파이프라인들이며 시추 장비, 지하자원 탐사기 그리고 관련 설비들이 얼마나 많이, 얼마나 길게, 얼마나 깊게 설치되어 있든 아무 상관이 없을 거라고 말이다.

그러나 환경 파괴적인 어업 활동은 지난 50년 동안 상어와 다랑어, 청새치, 청어, 농어, 돔, 바다잉어, 거북, 새우, 게 그리고 다른 다양한 해양생물들에게 심각한 영향을 끼쳐왔다. 산호초의 절반은 이미 사라졌고 나머지 절반도 절망적인 상태이다. 바다 위에 존재하는 죽음의 지역들은 그간 잘 알려지지 않았으나 최근 급격하게 늘어나고 있다. 이산화탄소의 증가는 지구 온난화를 가속화하고 있으며 결과적으로 기후변화를 가져온다. 그리고 이러한 요인들로 인해 지구의 가장 높은 봉우리에서 저 깊은 바닷속 해구까지 자연 생태계가 심각한 영향을 받게 되는 것이다.

결국 우리 모두가 의지하고 있는 가장 기본적인 생존의 과정을 떠받치고 있는 것은 바로 바다의 생명체들이다. 물의 순환, 산소의 순환, 탄소의 순환 그리고 그 이상의 모든 것들이 바다로 인해 이루어지고 있다. 우리가 가는 모든 해안과 우리가 마시는 한 방울의 물까지 우리는 지구의 살아 있는 대양에 의지하고 있는 것이다.

그렇다면 이런 바다를 구하고 우리 스스로를 구하기 위해 어떤 일들을 할 수 있을까? 2010년 4월, 갈라파고스 제도의 테드 미션 블루 보이지의 일환으로 우리는 미션 블루 캠페인을 시작했다. 미션 블루 캠페인이란, 해양보호구역제도의 전 세계적 네트워크 조성을 목표로 각국 정부의 참여와 대중들의 지지를 이끌어내기 위한 사업이었다.

해양보호구역제도는 심각한 환경변화에 대한 자연적인 해결책을 제공하기 위해 해양 환경회복을 돕는 제도이다. 해양보호구역은 해양생물들에게 건강한 생물다양성을 유지하고 회복하기 위한 피난처를 제공하며, 대기 중의 이산화탄소를 흡수하는, 이른바 카본 싱크(carbon sinks) 역할을 한다. 그리고 대신 대기 중에 산소를 뿜어내는 것이다. 그러나 미션 블루 계획은 단지 필요한 해결책의 일부분에 지나지 않는다. 모든 사람들은 변화를 이끌어낼 수 있는 능력을 가지고 있다. 그 능력이 어떤 것이든 긍정적인 방향으로 사용해야만 효과를 볼 수 있다.

최근에 인터넷 화상전화를 통해 데이비드 드 로스차일드와 인터뷰를 하면서 우리는 세상 사람들이 모두 자신만의 플라스티키와 자신만의 미션 블루 캠페인을 시도할 수 있도록 해보자고 의기투합했다. 자, 이 글을 읽고 있는 당신의 해결책은 무엇인가?

• **실비아 얼(Sylvia Earle)은 해양학자이며 '미션 블루'의 책임자이다.**

주사위 게임의 강자인 동시에 찢어진 돛도 수선하고 플라스티키의 형편없이 좁고 부실한 부엌에서 마법을 부리기도 하는 맥스 조던은 무엇보다도 숙련된 다큐멘터리 제작자이다. 그는 내셔널지오그래픽 채널의 2부작 플라스티키 다큐멘터리 촬영을 위해 우리와 함께 배에 올랐다. 그가 제작한 다큐멘터리들 중 〈미국의 거친 경찰들(The Toughest Cop in America)〉, 〈중국으로 간 라스베이거스(Las Vegas Comes to China)〉, 그리고 〈아이가 27명인 부부(The Couple with 27 Children)〉 등은 영국과 프랑스, 미국의 TV를 통해 방영되었다.

Q 고향은 어디인가?

A 비에 젖은 회색 도시 런던. 캘리포니아가 고향이었으면 얼마나 좋아.

Q 바다에서의 촬영은 무엇이 다른가?

A 모든 것이 물에 젖어 있다는 점이다. 그리고 모든 게 이리저리 흔들리고 있는 상황에서 작은 뷰파인더를 바라보며 토하고 싶은 충동을 극복해야 한다는 점.

Q 플라스티키에서의 생활 중 가장 좋았던 때는?

A 촬영 안 하고 그냥 축 늘어져 있을 때.

Q 그러면 안 좋았던 때는?

A 화장실 청소 당번을 할 때. 나는 딱 한 번 청소하고 한 번도 화장실을 사용하지 않았다.

Q 요리 실력이 뛰어나다. 어디서 요리를 배웠는가?

A 14살 무렵에 엄마가 더 이상 아무 요리도 하지 않겠다고 하셨다. 그 이유는 묻지 마시라. 여하튼 엄마는 주방을 떠났고 밥상 차리는 것은 내 몫이 되었다.

Q 조용하고 흔들리지 않는 잠자리의 고마움을 느꼈는가?

A 사실 나는 밤마다 소리가 나고 이리저리 움직이는 잠자리가 아주 좋았다.

Q 바다에 있는 동안 가장 간절하게 생각한 것은?

A 다시는 바다에 오지 말아야겠다는 것.

Q 모든 사람들에게 한 달 동안 바다로 나가보라고 권유할 수 있을까?

A 물론이다. 영혼과 육체에 모두 다 좋은 일이다.

Q 안전띠를 하지 않고 있다가 바다에 떨어질 뻔한 적이 있었나?

A 그렇다. 하지만 그런 당혹스러운 상황이 벌어지지 않도록 최선을 다했다.

Q 오스트레일리아에 도착하지 못할 것이라는 의심을 해본 적 있나?

A 음, 언제나 그랬다.

Q 태평양에 대한 인상은?

A 거대하고 푸른 야생의 바다. 태평양이 무척이나 그립다.

5

태평양 항해는 경이로웠다.
뜨거운 열기와 소란스러움, 작은 생명체들.
그리고 맞이한 지구의 날.

결국, 바다는 지구 표면의 72퍼센트를 덮고 있다. 우리가 탄 플라스티키가 아직 그중 한 지점에조차 도달하지 못한 태평양 하나만 보더라도 지구상 전 대륙과 아대륙 그리고 셀 수 없이 많은 섬들을 다 합친 면적보다 더 넓은 것이다. 우리가 살고 있는 이곳은 바다로 뒤덮인 푸른 별이다.

내 마음은 물로 가득 차 있다. 깨어 있을 때나 자고 있을 때나 내 생각을 사로잡고 있는 것은 물이었다. 물은 어디에나 있는 듯하지만 물이 전혀 없는 곳도 있다. 나는 수심 3000미터가 넘는 바다 위를 떠돌고 있다. 해가 뜨나 해가 지나, 끝없이 펼쳐진 수평선만이 보일 뿐이다. 나는 천천히 소금물에 젖어든다. 온 숨구멍과 땀구멍으로 소금기가 배어든다. 그렇다. 온 천지가 물과 소금이다. 하지만 그보다 더 중요한 것은 나는 온몸이 바짝 메말라 있고 정말 헤엄이라도 치고 싶지만 그럴 수가 없다는 사실이다.

첫 번째 기착지인 라인 제도를 향해 나아가면서 비 한 방울 내리지 않는 날이 계속되었다. 그리고 준비해온 물도 점점 줄어들었다. 우리는 태평양 동부에 자리하고 있는 맑은 고기압 지대로 들어선 것이다. 기상 상태는 통상적으로 서쪽에서 동쪽으로 빠르게 이동하고 변화하는 법이지만 북반구의 봄철 기후는 전에 없이 강력한 엘니뇨 현상 탓인지 정상적인 모습이 아니었다. 이 거대하고 제멋대로인 기후대의 한가운데에 있는 무풍지대를 벗어나기 위해 우리는 플라스티키의 항로를 서쪽으로 선회하기 전 샌프란시스코에서 좀 더 남쪽으로 바꾸었다. 거대하고 높은 파도가 마치 우리를 추적하는 모양새로 남쪽과 서쪽으로 우리를 밀어냈다. 평온한 바다와 맑은 날씨에 대해 이렇듯 불평을 하는 건 마치 바다의 신의 노여움을 사서 불러들이는 것 같았지만 어쨌든 우리는 비가 절실히 필요했다.

우리가 위도 10도 선을 가로질러 남쪽으로 항해할 때는 대기와 바다의 온도가 거의 열대 기후 수준으로 올라갔다. 방수 장비와 두터운 겉옷 등은 이미 우리 주변에서 사라졌고 티셔츠와 반바지만이 남았다. 특히 두꺼운 옷들은 오스트레일리아의 겨울바람을 만나기 전까지는 다시 꺼내지도 않았다. 열대의 태양 아래서 우리의 반투명 플라스틱 돔 선실은 달아오른 사우나처럼 변했다. 차를 준비하거나 저녁밥을 짓는 단순한 일도 실내 온도를 엄청나게 끌어올리곤 했다.

낮 동안의 기온은 30도를 웃돌았고 바람은 거의 없었다. 이런 상황을 이겨내기 위해 우리는 태양을 피해 물속에 들어가 있거나 가능한 움직이지 않고 그대로 늘어져 있었다. 오전 11시가 되면 나는 뒷돛대가 만들어주는 그늘 아래로 피신했다. 오후 2시가 되면 이번에는 주돛대에 그늘이 생겼다. 그리고 오후 3시. 이제 내가 몸을 숨길 곳이라고는 선실 문 옆의 작은 삼각형 모양의 그늘밖에 없다는 사실을 나는 잘 알고 있었다.

노르웨이 핏줄이라는 축복을 받은 올라프는 이런 열기에도 별로 당황하는 법이 없었다. 사실 그는 오히려 태양을 좋아하는 편이었다. "나는 이런 열기와 태양이 좋아. 내게 꼭 필요한 비타민과 에너지를 준다니까." 올라프의 설명이었다. 그는 반바지만 입고 갑판 위를 어슬렁거렸다. 때로는 그것마저 벗어던질 때도 있었지만. 올라프는 자신의 스트립쇼를 혼자서만 즐기지 않았다. "이봐, 여기 이 멋쟁이를 좀 보라고. 나 홀딱 벗었어!" 그는 이렇게 소리치며 온몸을 씰룩거렸다. 알았어요, 알았다고요, 올라프.

한낮이 되면 가장 견디기 어려운 시간이 돌아왔다. 잔인한 태양 아래서 우리는 온몸이 땀에 흠뻑 젖어 허덕거렸다. 당장이라도 바다로 풍덩 뛰어들고 싶은 생각이 간절했다. 그

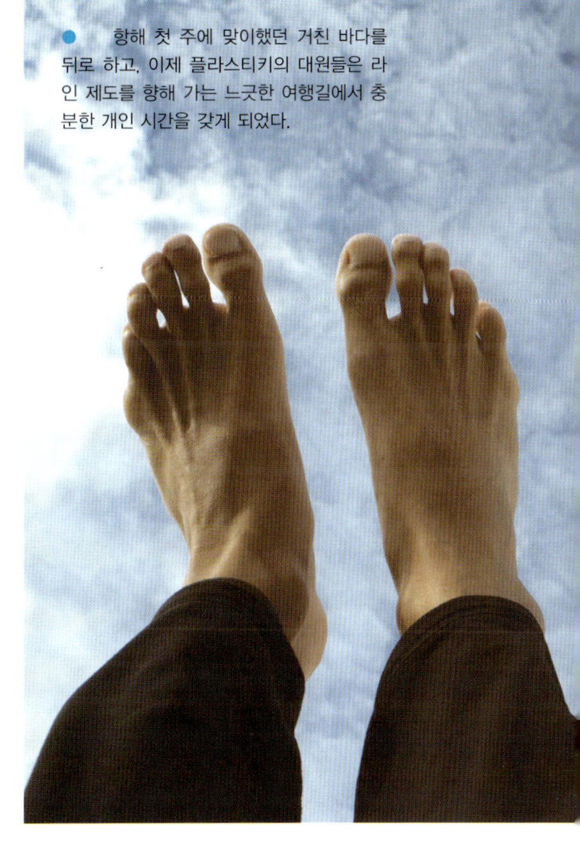

렇지만 우리의 선장님인 조는 수영은 안 된
다고 딱 잘라 말했다. 사고가 일어나거나 배
를 놓치게 될 가능성이 너무 크다는 것이었
다. 돛대에 돛이 펼쳐져 있고 바람이 있는 한
플라스티키는 계속해서 멈추지 못하고 움직
이는 상황이었다. 고작해야 전동 휠체어 수준
인 시속 2노트로 뒤뚱거리고 있는 이런 느린
배를 따라잡는 건 아주 손쉬운 일처럼 보였지
만, 실제로 그 속도는 수영에 경험이 많은 사
람이라도 쉽게 따라잡을 수 있을 만한 수준이
아니었다. 게다가 갑판 위로 다시 올라오는
일 자체도 만만하지 않았다. 플라스티키의 갑
판은 수면 위 아주 높은 곳에 위치해 있었고,
밑을 떠받치고 있는 플라스틱 페트병은 마치
벽돌처럼 쌓여 있어 잡고 올라올 곳이 마땅치
않았다. 헤엄을 치면 갑판으로 기어 올라올
힘을 다 써버리게 될 터였다. 그래서 우리는
근무를 서는 시간 내내 물로 뛰어들 꾀를 짜
내느라 바빴다.

@DREXPLORE 2010년 4월 13일 오전 12시 18분

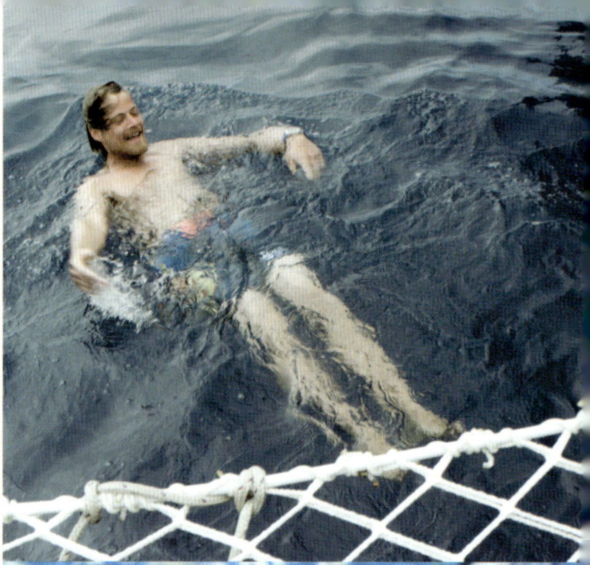

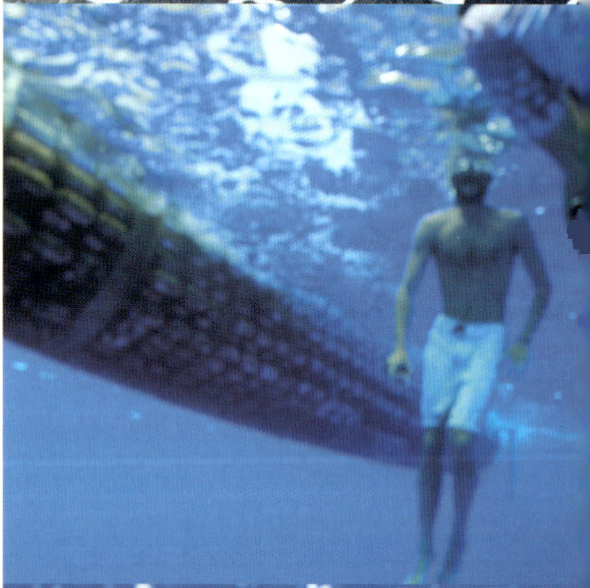

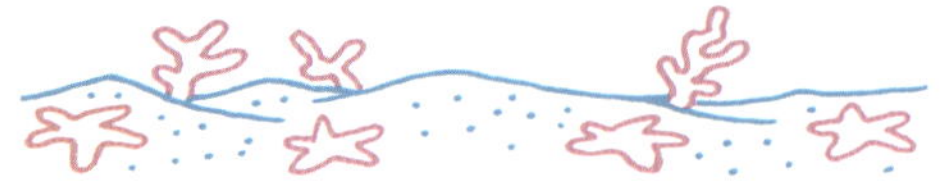

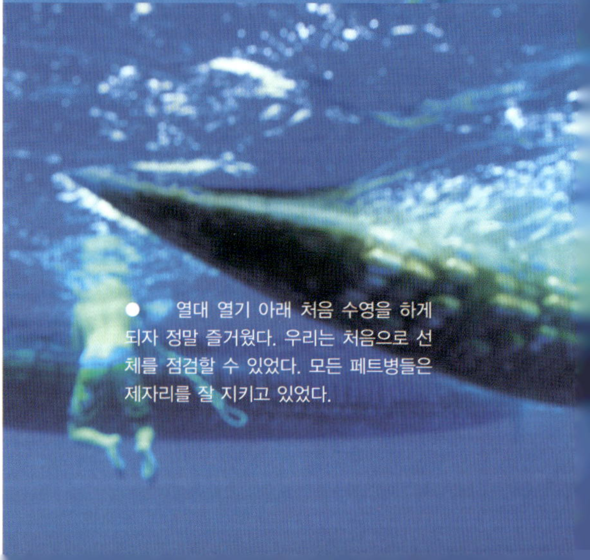

열대 열기 아래 처음 수영을 하게
되자 정말 즐거웠다. 우리는 처음으로 선
체를 점검할 수 있었다. 모든 페트병들은
제자리를 잘 지키고 있었다.

SCHAFFHAUSEN

"실수로 바다에 빠진 것처럼 해볼까. 그러면 데이비드 당신이 와서 나를 구해주는 거지." 올라프의 말이었다. "그러면 조도 별 수 없이 배를 세워야만 할걸."

"그렇게 하려면 플라스티키와 연결되어 있는 안전띠를 계속 매고 있어야 하는데, 그러다가 밧줄에 마찰이 일어나 문제가 생길 수도 있어요." 내가 올라프에게 지적했다.

"차라리 미스터 T가 돛대 위를 올라갈 때 사용하는 특수 벨트를 써보는 게 어떨까요. 저기 저 활대랑 연결된 자리에 있는 것 말이에요." 나도 꾀를 한번 내보았다.

"안 돼. 미스터 T는 자기가 쓰는 장비는 아주 조심해서 다룬다고." 베른의 말이었다.

"그러면 남는 그물을 가져다 배 뒤에다 붙들어 매죠. 사람 무게 정도는 견딜 수 있도록 튼튼하게요." 다시 내가 말을 꺼냈다. "그런 다음 뱃머리에서 물에 뛰어들어 선체 사이에서 헤엄을 치다가 뒤의 그물에 걸리게 하면 되잖아요."

"그러면 어떻게 그물을 풀고 나와 다시 배 위로 올라오지?" 올라프가 궁금한 듯 물었다.

"공기를 넣어 사용하는 매트리스 있잖아. 거기에 밧줄을 휘감아 손잡이를 만들고 그물에 걸리도록 하는 방법은 어떨까?" 이번에는 베른이 말했다.

이렇게 서로 꾀를 내다보면 몇 시간이 훌쩍 흘러가곤 했다. 우리는 바다로 뛰어들어 헤엄을 칠 수 있는 다양한 가능성들을 아주 자세히 검토해보았다. 솔직히 말해서 우리 모두는 거의 정신이 나가 있었다. 처음이자 마지막으로 바다에 뛰어든 게 이미 몇 주 전의 일이었다. 비록 아주 짧은 시간이었지만 태평양에 뛰어들어 받은 물세례는 지금까지 항해를 하면서 가장 멋진 시간이었다. 그 특별했던 날, 바다는 완벽할 정도로 잔잔했고 하늘에는 바람 한 점 없었다. 하늘과 바다가 하늘 위를 가로지르는 회색 비행기들의 자취 안에서 하나로 합쳐졌다. 끊임없이 소용돌이치며 페트병에 부딪혀 울리는 파도 소리는 플라스티키의 항해라는 영화를 장식하는 배경음악이었지만, 그것마저도 마치 무슨 축복처럼 멈춰버렸다. 공동 선장인 조와 미스터 T가 돛을 내리자마자 올라프는 꼬물거리며 옷을 홀떡 벗어 젖히고 바다로 뛰어들었다. 그의 환희에 찬 고함 소리가 모두의 귓가에 메아리쳤고 우리는 모두 함께 바다로 뛰어들어 웃으며 물장구를 쳐댔다.

"조, 배 위에 누가 있어요?" 맥스가 소리쳤다.

"아니요, 하지만 내가 지키고 있어요." 조가 대답했다.

가장 가까운 육지는 몇천 킬로미터나 떨어져 있고, 그 깊이를 알 수 없는 장엄하고 차갑고 푸

른 태평양에 몸을 담그고 있으려니 더 이상
바랄 수 없을 만큼 자유로운 기분이었다.

이런 바닷가 청소 행사에 참가해보면 어떨까. 캘리포니아 롱비치의 오션 블러바드와 그라나다 애비뉴에서는 매월 세 번째 토요일에 '30분 동안 바닷가 청소하기' 행사가 벌어진다. 이런 행사는 지역의 바닷가를 깨끗하게 정리하는 일일 뿐만 아니라 바닷가가 플라스틱 쓰레기들로 가득 차게 되는 일을 미연에 방지하는 일이기도 하다. 누가 알겠는가? 그곳에서 동료 플라스틱 전사를 만나게 될지. 살고 있는 지역에는 이런 행사가 없다고? 그렇다면 그런 행사를 직접 기획해보는 것도 한 가지 방법이다. 민간단체인 미국해양보전센터의 웹사이트에 들어가보면 이런 일들을 위한 다양한 방법들이 소개되어 있다. oceanconservancy.org 참조.

대원들의 일기 : 맥스 조던

전원을 켜고, 녹화 버튼을 누르고, 구성을 한다. 초점을 맞추고 다시 구성을 한다. 내 작은 사각형 세상에 온 걸 확인한다. 조의 물기 어린 푸른 눈동자가 LCD 화면에 분명하게 드러나기 시작한다. 회색 하늘을 배경으로 한 아름다운 모습이다. 거친 피부와 색 바랜 머리카락이 부드러운 바람에 흩날린다. 나는 그녀의 입술에 드러나는 생각을 느낄 수 있다. 슬쩍 떠보자. "무슨 일이에요, 조?"

"지금 우리는 가장 가까운 육지로부터 1500킬로미터 이상 떨어져 있어요." 조는 정말 행복해 보인다.

나는 생각한다. '정처 없이 떠도는 신세라. 그건 추락한 비행기 조종사가 어린 왕자를 만나는 장면이로군.'

"조, 그게 무슨 뜻이죠?"

"그건 누군가 우리를 구조하러 오려면 꽤 오랜 시간이 걸린다는 뜻이에요. 우리는 혼자라고요." 그 말을 들으니 정신이 번쩍 든다. 우리가 지금 완전하게 고립되어 있다는 말 아닌가. 저 바깥세상에서는 일종의 규칙이 있었다. 그렇지만 이곳엔 아무런 규칙도 없고 소비지향의 사회도 없다. 우리는 오늘 아무것도 살 필요가 없다. 우리는 지금 자유롭다.

"조, 당신이 주연이야." 나는 중얼거린다. 그리고 자유로운 모습을 보여주기 위해 화면을 이동한다. 물기 어린 촉촉한 회색의 배경 그리고 구름까지. 모두 너무나 낮게 있어 손만 뻗으면 닿을 것 같다.

플라스티키의 심각한 물 부족 문제가 계속되던 4월 10일, 결국 첫 번째 희생자가 나왔다. 천천히 조용하게 죽어가는 모습을 바라보는 일은 고통이었고 조는 특히 더 괴로워했다. 나는 이제 저 회전하는 둥근 통 안의 우리 텃밭에 종말을 고하는 바이다. 항해를 시작한 후 몇 주 동안 우리는 그 텃밭에서 근대와 케일, 시금치와 청경채 그리고 다른 푸성귀들을 얻을 수 있었다. 조는 잉카 생물권 시스템(Inka Biospheric System)과 협의하여 주돛대 위에 정교한 수경식 텃밭을 만들어 설치했다. 투명한 srPET 판 뒤 터무니없이 작은 공간에서 96가지 푸성귀가 자라났다. 특별히 주의 깊게 배열된 환기구는 통 안의 열기를 빼주고 그 꼭대기는 빗물을 받을 수 있도록 설계되었다. 다만 문제가 있다면 비가 아예 내리지 않는다는 점이었다.

수경식 텃밭은 적도의 태양이라는 목마른 괴수의 희생양이 되었다. 플라스티키의 이 작은 농장이 외진 빈민가나 황무지에 식량을 공급할 수 있는 잠재성에 대한 중요한 메시지를 전달한다는 점에는 아무도 이의가 없었다. 그러나 중대한 결정의 순간이 돌아왔다. 텃밭에 물을 줄 것인가, 아니면 우리가 물을 마실 것인가. 바다 위에서 신선한 음식을 공급받는 일은 대단한 즐거움이며 밥 먹을 때마다 우리가 간절히 고대하는 일이기도 했다. 그래서 우리는 이 텃밭을 살리기 위해 최선을 다했다. 잔인한 태양빛을 가리기도 하고 오줌과 섞은 물을 주기도 하며 나중에는 푸성귀의 절반을 덜어냈다. 하지만 텃밭은 여전히 많은 물을 필요로 했다.

조는 자신이 사랑하는 푸성귀들을 지키기 위해 당당하게 정면으로 맞섰다. 하지만 결국 전체의 의견을 수렴할 수밖에 없었다. 우리는 마침내 텃밭을 포기했다. 다만 라인 제도에 도착하면 열대의 작물들로 이 텃밭을 다시 살려보자는 희망은 남아 있었다.

@Jo_Royle 2010년 4월 10일 오전 10시 7분

거대한 컨테이너 화물선은 플라스티키가
바다에서 만난 유일한 생명체들 중 하나였다.

이제 라인 제도까지의 길은 얼마 남지 않았다. 11개의 야트막한 산호섬들이 약 25킬로미터에 걸쳐 북쪽에서 남쪽으로 늘어서 있었다. 그중 하나에 도착한다? 그건 그리 만만한 일은 아니었다. 우리의 본래 목표는 패닝 섬에 들려 필요한 보급품들을 다시 채우는 것이었다. 하지만 패닝 섬이 극심한 가뭄에 시달리고 있으며 물도 부족하다는 사실을 알게 되었다. 크리스마스 섬은 그 다음으로 염두에 둔 목적지였다. 라인 제도에서 가장 크고 인구도 많은 크리스마스 섬에는 국제 공항이 있으며 베른과 맥스 그리고 올라프를 돌려보내고 그들을 대신할 새 대원들을 맞이하기에 더없이 적당한 곳이었다. 새 대원들이란 영화 제작자 싱겔리 애그뉴와 촬영 담당 루카 바비니 그리고 환경운동가이자 내 좋은 친구인 그레이엄 힐이었다.

플라스티키의 항로를 태평양 한가운데에 콕 찍어놓은 점과 같은 육지로 향하게 하는 것은 조와 미스터 T에게도 큰 도전이었다. "가장 이상적인 방향인 120도에서 150도 사이의 바람이

데이비드와 조가 위성추적 장치가 부착된 '병 속에 든 메시지'를 물에 띄울 준비를 하고 있다. 예술가인 제이 리틀이 만들었으며 그 항로는 PLASTIKI. COM을 통해 확인할 수 있다.

뱃머리에서부터 불어오면 바람과 항로와의 격차가 15도 정도 생깁니다." 조가 말했다. 다시 말해서, 플라스티키는 게처럼 움직이고 있었다. 세 발자국 앞으로 나가면 한 발자국 옆으로 움직이는 것이다. 야외에서 가지고 노는 플라스틱 원반을 바람을 뚫고 던져 나무 한 그루를 휘감고 돌아 미리 준비해놓은 땅바닥의 동전 위로 딱 떨어지게 한다고 상상해보자. 그것이 바로 우리 2명의 선장들이 플라스티키를 가지고 해야 하는 일이었다. 거슬러 올라가면 2009년부터 지금까지 잘 알고 있는 일이지만, 우리는 플라스티키의 설계부터 세심한 주의를 기울여 조종 장치를 강화하고 배가 옆으로 움직이는 현상을 줄이기 위해 용골의 길이를 늘이고 소형 수하용골을 설치하며 앞 돛대의 밧줄을 2개가 아닌 하나로 합쳤어야만 했다. 다음번에는 그렇게 할 수 있을까. 알 수 없었다.

조와 미스터 T는 배의 항로를 조종하는 일의 어려움뿐만 아니라 열대 수렴대, 이른바 무풍지대를 피하는 일까지 계산에 넣어야만 했다. 바람이 거의 불지 않거나 아주 약한 이 지대는 보통은 적도를 기준으로 북쪽으로 5도, 남쪽으로 5도 사이에 위치하고 있었다. "지금은 이 열대 수렴대가 라인 제도 북쪽으로 조금씩 이동하고 있어요. 그런 다음 다시 적도 쪽으로 물러나게 되죠." 조의 설명이었다. "이렇게 열대 수렴대가 북쪽에 있게 되면 라인 제도로 가는 우리 항로에 바람 한 점 없게 됩니다. 그래서 무풍지대에 갇히게 되면 우리는 며칠 동안 오도 가도 못하게 되는 거예요."

베른은 이 소식을 듣고 침울해졌다 운명의 4월 23일이 다가올수록 그의 초조함과 걱정이 십분 이해가 됐다. 역시 크리스마스 섬에서 우리와 헤어지게 될 맥스는 마치 밀실공포증이라도 심하게 앓고 있는 사람처럼 갑판 위를 왔다갔다하고 있었다. 그는 하루라도 빨리 프랑스로 돌아가 아내와 어린 딸들을 만나고 싶어 했다. 올라프도 플라스티키를 떠날 예정이었지만 앞서 두 사람처럼 불안하거나 초조하지는 않은 눈치였다. 태평양을 느릿느릿 횡단하는 일은 그에게는 아주 익숙한 일이었다. 올라프는 1947년의 콘티키호 항해를 다시 시도한 2006년 탕가로아(Tangaroa) 탐험대의 일원으로서 평균 2.4노트의 속도로 태평양을 횡단한 바 있었다.

내 입장은 베른이나 맥스와는 사뭇 달랐다. 나로서는 육지에 도착하는 일은 큰 의미가 없었다. 물론 맑고 깨끗한 물로 목욕을 하거나 빨래를 하는 건 대환영이었지만 육지에 2주 안에 도착하든 혹은 3주 안에 도착하든 내게는 절실한 문제가 아니었다. 언제부터였는지는 모르겠지만 나는 이번 여정에서 평정 상태에 도달해 있었다. "사는 게 결국 다 그런 거지 뭐."라는 말은 내가 외우는 주문이 되었다. 매일 그리고 매 순간마다 나는 소소한 즐거움과 승리감에 빠져들었다. 잠에서 깨어나고 밥을 먹고 주변을 정리하는 일. 그리고 이메일을 확인하고 근무를 서는 매일의 일과가 내 생활의 중심이 되었다. 대원들로부터 "아직 도착 못 했어?"라는 질문을 받을 때마다 나는 컴퓨터로 통제하는 항법 시스템을 매 시간 확인하게 되었고 이러한 과정이 조금씩 사람을 미치게 만들 수도 있었던 것이다.

육지에 닿기 전까지, 그리고 우리 대원의 절반이 뒤바뀌기 전까지 대략 일주일쯤 남았을 때, 나는 올라프와 더 친해지지 못한 것이 후회가 되기 시작했다. 그는 내가 지금까지 만나본 사람들 중 가장 적극적으로 주변 사람들을 즐겁게 만들기 위해 노력하는 사람이었다. 그렇다면 이 책의 독자들은 다음과 같은 상식적인 질문을 던지겠지. 일반 가정의 거실만 한 공간에서 한 달이 넘는 시간을 같이 보낸 동료에 대해 자세히 알지 못하고 더 친해지지 못하는 게 가능한 일이냐고 말이다. 사실 나와 올라프는 샌프란시스코를 떠난 이후 각자 근무하거나 생활하는 영역이 달랐고 함께 있을 기회도 그리 많지 않았다. 앞서 설명했지만 우리의 근무 체계를 따라 대원들은 2개 조로 나뉘었다. 공동 선장인 조는 올라프와 맥스, 그리고 미스터 T는 나와 베른과 함께하는 시간이 많았던 것이다. 어쩌면 그건 단지 인간의 본성일지도 모르겠지만. 일단 그렇게 대원들이 나눠지다 보니 점차 다소 우스꽝스러운 동족의식 같은 것이 생겨나기 시작했다. 물의 분배를 놓고, 그리고 남은 레몬 커스터드나 딸기 잼을 누가 먹었는지, 어느 조가 뒷정리를 게을리 했는지 등을 놓고 다툼이 생겨났다.

조별로 완전히 다르게 진행되는 시간표에도 불구하고 우리는 매일 저녁마다 빠지지 않고 함께 식사했다. 우리는 플라스티키의 조종을 잠시 풍향계와 연결된 자동 조종장치에 연계시켜 놓고 비록 모두가 모이면 좁은 선실이지만 탁자 주변에 함께 모여 저녁을 먹었다. 날씨가 춥고 궂은 날엔 선실에 모였지만, 날씨가 허락하는 날이면 울퉁불퉁한 플라스틱 갑판 위에 이리저리 퍼져 있기도 했다. 그날의 당번을 맡아 '엄마' 역할을 하게 되는 대원이 준비하는 저녁을 함께 먹는 일은 놀랍고 즐거운 일이었다. 조처럼 몸에 좋은 쌀과 푸성귀 요리를 내놓는 사람도 있었고, 가끔은 올라프처럼 너무 익혀 곤죽이 된 파스타를 내놓는 사람도 있었다. 맥스는 모두가 좋아하는 당번이었다. 보통 맥스가 준비하는 저녁밥은 오븐에서 직접 구운 신선한 피타빵과 검은깨가 뿌려진 바삭한 생선 구이, 그리고 현미밥에 약하게 익힌 케일과 마늘 소스를 뿌린 것이었다. 맥스가 요리하는 날이면 설거지가 따로 필요 없을 정도였다. 모든 그릇이 씻은 듯이 깨끗했다.

저녁을 먹고 나면 오락 시간이었다. 플라스티키가 선택한 여흥거리는 일종의 주사위 놀이인 페루도(Perudo)였다. 고대 페루에서 시작된 이 놀이는 컵 안에 주사위를 넣고 흔들어 던져 나오는 숫자와 주사위 개수를 알아맞히는 것이었는데, 프랑스인 맥스는 이 놀이에 타고난 재주가 있었다. 그는 자신을 페루도 놀이의 달인으로 생각했다. "허를 찌르는 공격과 배팅을 하면 상대방이 당황하게 되고 상대방을 속일 수도 있거든." 이것이 맥스가 설명하는 자신의 전략이었다. 그는 자신의 적수들에 대한 판단을 이미 내린 후였다. "데이비드 드 로스차일드는 풀숲의 뱀처럼 속임수에 능해. 베른은 누구에게나 쉬운 먹잇감으로 영국인들을 액면 그대로 속이기도 하고 눈감아주기도 하는 전형적인 미국인. 올라프는 너무 생각이 많아. 머릿속으로 아름다운 구름이나 야한 생각만 하고 있거든. 미스터 T는 선글라스를 쓰고 게임을 해서 속을 잘 알 수가 없어. 주사위 놀이에 대한 압박이 심해지면 스스로 무너지는 경우가 많기는 하지만 말이야. 조는 고상하고 침착하게 놀이를 이끌어가지. 그녀가 하는 걸 보면 조용하지만 단호해. 그리고 엉성한 남자들에 비해 항상 우위를 점하고 있다고."

대원들의 일기 : 베른 몬

결국, 플라스티키 역시 보통 사람들이 모여 살고 있는 공동체와 다를 바 없었다. 가정이란 잠자는 곳이며 각 선체마다 가게가 하나씩 있었다. 도서관에 술집에 농장에, 맥스가 하는 식당까지. 그리고 우리 육지 출신 사람들이 필요로 하는 편의시설은 대부분 다 있었다. 그런 공동체 생활을 특별하게 만들어주는 것, 그리고 플라스티키를 타고 떠난 나의 여정을 특별한 기회로 만들어주는 것은 우리가 살고 있는 문명사회의 축소판 같은 그런 생활이 아니라 외부의 도움 없이

플라스티키의 대원들은 항상 저녁식사를 함께 한다. 보통은 그날의 요리 당번이 책임을 지고 될 수 있으면 맥스에게 맡긴다. 그리고 우리는 주사위 놀이로 하루를 마무리한다.

독자적으로 모든 것을 재활용하며 스스로 생활해나가고 있다는 점일 것이다. 어쩌면 세상에서 가장 작은 주거 환경일지도 몰랐다. 나는 이런 생활이 육지에서는 불가능할 거라고 생각했다.

어둡고 묵직한 구름이 하늘을 가득 채웠다.
남서쪽에서부터 거센 빗줄기가 플라스티키를 향해 다가오기 시작했다.
샤워할 시간이다!

플라스티키의 디자인에는 재미있고 기발한 면이 많은데, 그중 하나는 선실 안에 있으면 바깥쪽의 소리가 크게 증폭되어 들린다는 점이다. 방향타 손잡이를 잡고 앉아 있으면 주돛대나 그 주변에서 웅웅거리는 소리를 거의 알아차리지 못한다. 그러나 선실 안에 들어가 있으면 마치 레드

제플린의 드럼 담당 존 본햄이 '모비딕'을 홀로 연주하는 동안 그 베이스 드럼 안에 들어가 있는 듯한 그런 기분이 드는 것이다. 1월 24일 12시가 다 되어갈 무렵, 베른과 나는 선실 안에서 잠을 자고 있었는데 어디선가 엄청난 소동이 시작되었다. 누군가가 외치는 소리와 함께 갑판 위를 바삐 오가는 발소리도 들렸다. 분명 배가 침몰하고 있거나 누군가 바다로 빠진 것이 틀림없었다.

"이게 무슨 일이야?" 베른이 내게 물었다. "정말 무슨 일이 벌어졌으면 우리를 깨웠을 텐데, 안 그래?"

"이런 제길. 그래도 일단 나가보는 게 좋겠어요." 나는 투덜거리며 몸을 일으켰다.

베른과 내가 선실 밖으로 나와보니 기괴한 광경이 펼쳐져 있었다. 모든 대원들이 거의 벌거 벗은 채로 손에는 샴푸와 비누를 들고 갑판 위 곳곳으로 달려가 자리를 잡는 것이었다. 머리 위를 보니 그 이유를 알 수 있었다. 어둡고 묵직한 구름이 하늘을 가득 채우고 있었다. 남서쪽에서부터 거센 빗줄기가 플라스티키를 향해 다가오기 시작했던 것이다. 드디어 샤워할 시간이다!

대양을 가로지르는 이런 여정에서 소금기는 반드시 깊이 생각해봐야 할 문제다. 바닷물이 닿는 곳이면 어디든지 소금기가 스며들고 부식이 되었다. 물론 인간의 피부도 예외는 아니었다. 소금기는 손가락 끝을 파고들고 특히 사타구니나 겨드랑이, 다리 안쪽, 그리고 손가락과 발가락 사이 같은 예민하고 약한 부분에 상처를 입힌다. 조와 미스터 T는 '원숭이 궁둥이'가 될 위험성에 대해 우리에게 계속해서 경고했다. 원숭이 궁둥이란 바닷물에 젖은 바지를 입고 오랜 시간 앉아 있는 선원들이 겪는 고통 중 하나로, 본격적으로 증세가 시작되면 너무 아파서 제대로 앉는 게 불가능해진다. 그 고통을 덜기 위해 선원들은 벌거벗은 엉덩이를 뱃전 밖으로 내놓고 앉거나 혹은 통증으로 인한 열기를 식히려고 차가운 돛대에 엉덩이를 대고 있기도 했다.

배에는 깨끗한 물이 부족했고 하늘에서는 비 한 방울 떨어지지 않다보니, 우리는 양동이로 바닷물을 퍼 올려 이런 경우 사용할 수 있도록 협찬받은 키엘(Kiehl)의 친환경 샴푸나 비누로 몸을 씻을 수밖에 없었다. 차가운 물로 때나 땀은 씻어낼 수 있었지만 그러고 나면 여전히 끈적거리는 소금기가 온몸에 남아 있었다. 그래서 몸의 중요한 몇몇 부위를 닦아줄 아기용 물티슈가 요긴하게 사용되기도 했다. 물론 진짜 씻는 기분을 만끽하려면 빗물 목욕에 비할 것은 아무것도 없었다. 항해를 시작한 후 처음 몇 주 동안은 비가 내릴 듯한 구름만 보이면 모두들 우왕좌왕하며 어쩔 줄을 몰라했다. 내 수건 어디 있어, 수건! 내 비누는? 그럴 때 가장 명당은 바로 주돛대 근처였고 거기서 우리는 돛을 따라 빗물이 쏟아지기를 기다리곤 했다. 그렇게 온몸에 비누를 칠한 채 서 있으면 구름은 고작해야 몇 분 동안만 비를 뿌리고는 사라졌다. "아, 가지 마, 가지 마. 어? 어? 아이 씨." 거품으로 뒤덮인 여섯 인간이 그렇게나 실망하는 모습은 어디서도 볼 수 없는 장면이리라.

그런데 이번에는 비가 제대로 내렸다. 전형적인 열대성 폭우였다. 우리 중 몇 사람은 너무 흥분해 덩실덩실 춤을 추기도 했다. 나는 자리에 누워 온몸으로 쏟아지는 비를 맞았다. 머리를 감고 온몸 구석구석에 숨어 있는 소금기를 씻어냈다. 심지어 그동안 입고 있던 옷을 빨고 잘 헹구기까지 했다. 그렇게 씻고 나니 그 기분은 이루 말할 수 없을 정도였다. 33일 만에 처음으로 온몸을 씻을 수 있었던 것이다. 우리는 커다란 물통 3개를 빗물로 가득 채우고 지금까지 한번도 맛본 적 없는 다디단 빗물을 들이키고 또 들이켰다.

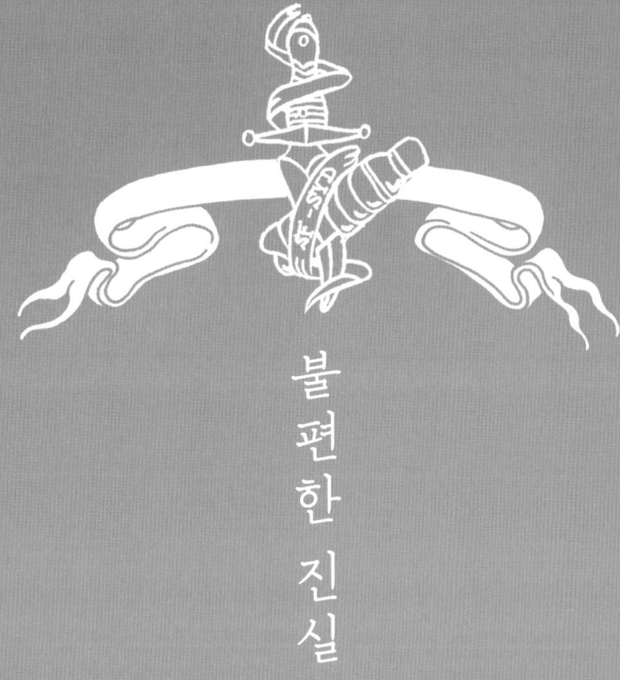

불
편
한

진
실

다랑어와 대구, 황새치와 청새치 등
대형 어류들의 개체 수는 예전보다 90퍼센트나 줄어들었다.

전 세계 수산자원의 63퍼센트는 이미 남획되어
다시 채울 기간이 필요하다.

사람들은 매년 평균 16.32킬로그램의 생선과
수산식품을 소비하고 있다.

● 플라스티키 항해의 경이로움 중 하나
는 다름 아닌 태평양 그 자체다. 태평양은 고
요하고 푸른 모습에서 거친 회색의 모습까지
다양한 얼굴을 우리에게 보여주었다.

바다에 나와 있으면 마음이 참 평온해진다. 매일 그저 배에서 필요한 일만 하거나 날씨에 따라 움직이면 되니까. 육지의 번잡스러움은 모두 잊어버리고 끊임없이 마음을 괴롭히던 것들도 잊는다. 오늘은 어떤 옷을 입어야 할까, 오늘 하루는 어떻게 보내나, 이것을 할까 아니면 저것을 할까 같은 고민은 버려도 된다. 반면에 배는 쉴 새 없이 움직이는 공간이다. 그렇게 바다 위를 항해하다 보면 수면 아래 플라스틱 페트병을 후려치는 물소리가 쉬지 않고 이어지고 파도 소리와 삭구를 뒤흔드는 바람 소리, 배 위의 각종 장비들이 삐걱거리며 떠는 소리, 그리고 풍력 발전기가 돌아가는 소리도 그치지 않고 계속된다. 소리뿐만 아니라 움직임도 멈추지 않는다. 지금 이렇게 글을 쓰고 있는 순간에도 내 몸이 파도에 따라 흔들리지 않도록 힘을 주고 있어야 한다. 우리는 마치 처음 걸음을 떼는 갓난아이처럼 그렇게 비틀거리며 걸어 다니기도 한다.

갑판 앞쪽에 친 천막 아래 잠들어 있다가
햇빛이 비쳐들기 시작하자 잠에서 깨어났다.
몸의 탈수 상태가 위험 수준까지 올라갔다!
@DREXPLORE 2010년 4월 14일 오후 3시 7분

4월 22일 지구의 날, 플라스티키는 여전히 목표로 한 육지로부터 수백 킬로미터 떨어져 있었고, 윌리엄 그리즐리 몬은 세상의 빛을 좀 더 일찍 보기로 결심했다. 그리고 베른은 간절히 고대하는 동시에 두려워했던 전화 한 통을 받았다. 그의 아내 멜린다의 양수가 터져서 지금 병원에 있다는 것이었다. 이제 베른이 아기의 탄생을 곁에서 직접 확인할 수 있는 방법은 없는 셈이었다. 그는 결국 전화로 아기의 탄생을 확인할 수밖에 없게 되었다. 동이 틀 무렵, 멜린다의 출산이 임박했고 베른은 컴퓨터 앞에 웅크리고 앉아 위성 전화기를 귀에 바싹 붙이고 있었다. "머리가 보인다고? 머리가 보인대!" 그가 소리를 질렀다. 베른은 거의 6500킬로미터나 떨어진 산부인과 분만실에서 벌어지고 있는 상황을 우리에게 실시간으로 전달해주었다. "이거야말로 총체적인 아이러니로군." 베른이 나와 올라프를 돌아보며 이렇게 말했다. "나는 여기 이렇게 망망대해 한복판에서 지구를 구

하겠다고 설치고 있는데 집사람은 지구의 날
에 아이를 낳다니."

　바로 그 순간, 나는 런던에 있는 어드벤
처 에콜로지의 통신 담당 책임자인 케이티 틸
레크로부터 긴급 이메일을 받았다. 바다의 플
라스틱 오염을 알리는 지구의 날 특집 방송을
위해 곧바로 알 자지라 방송과 생방송 전화
인터뷰를 해야 한다는 것이었다. 함께 출연하
는 사람은 알갈리타 해양연구재단의 찰스 무
어였다. 나는 케이티에게 지금은 베른에게서
전화기를 빼앗을 방도가 없다고 답했다. 인터
뷰는 부득불 인터넷 화상전화로 해야만 했다.
그런데 케이티가 화상전화로 바꾸라고 말하
기 전에 이번에는 멜린다의 친구가 병원을 설
득해 베른이 출산 장면을 화상전화로 볼 수
있도록 주선했다는 소식이 들려왔다.

　앞으로 3분 안에 생방송이 시작된다고
알려주는 알 자지라 방송 피디와 내가 이야
기를 나누고 있는데 베른이 이렇게 소리쳤
다. "지금 아기 머리가 나오고 있어!" 그는 거
의 울다시피 소리를 질렀고 흥분 상태는 점점
더 고조되어갔다. 방송국 기자와 내가 인터
뷰를 하는 동안 조는 내 앞에서 화상전화 프
로그램에 멜린다 친구의 번호를 입력하기 위
해 애쓰고 있었고 맥스는 그 장면을 촬영하는
중이었다. 올라프는 그야말로 흥미진진하다
는 표정으로 그 장면을 바라보고 있었다. 내

죽은 고래의 배 속

2010년 5월 시애틀 근처 바닷가에 시체로 떠오
른 길이 11미터짜리 고래를 죽인 건 쓰레기였다.
생물학자들은 고래가 쓰레기를 먹이로 착각하
고 삼켰는지, 아니면 먹이를 먹는 과정에서 우
연히 입안으로 밀려들어갔는지 확실히 밝혀내
지 못하고 있다. 여하튼 그들이 고래의 위장을
갈라보니 다음과 같은 것들이 발견되었다.

천 뭉치 5개

배관용 테이프 2뭉치

양말 한 짝

전선용 테이프 1미터

바지의 다리 한 짝

골프공 1개

타월 2장

낚싯줄

녹색 밧줄 40센티미터

주스 빈 병 1개

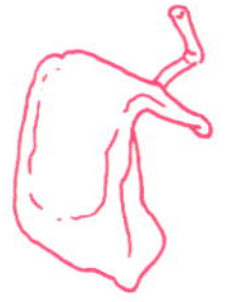

나일론 밧줄 1미터

플라스틱 통 1개

쇼핑백 2개

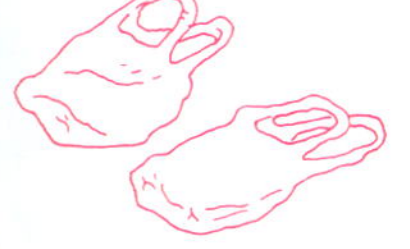

비닐봉지 잔해 30개

지구의 날은 우리 탐험에서 가장 중요
한 순간이었다. 각종 인터뷰를 통해 플라스티
키의 메시지를 전 세계에 알릴 수 있었고 베
른은 첫 아이의 탄생을 지켜봤다.

가 화상전화로 뭘 좀 이야기하려고 할 때 베른의 아내가 출산에 임박했는지 곧이어 베른이 소리를 질렀다. "우리 마누라가 애를 낳고 있어! 지금 당장 화상으로 연결할 거야!" 이 모든 일들이 뒷마당 창고만도 못한 좁은 공간에서 벌어졌다. "로스차일드 씨, 그러니까 이 플라스틱 문제에 대해서……." 알 자지라의 뉴스 앵커가 이렇게 물어왔다. 나는 인터뷰에 집중해보려고 노력했지만 결국 이렇게 말하고 말았다. "잠깐만요. 우리 대원 중 한 명이 지금 아기 아빠가 되려고 하거든요. 그래서 자리를 비켜줘야겠어요." 클릭. 갑자기 인터뷰가 중단된 상황을 찰스 무어와 방송국 측이 어떻게 받아들이고 있을지 나는 그저 상상만 할 뿐이었다.

오전 10시 18분, 멜린다가 드디어 아기를 출산했다. "사내아이야! 와! 사내아이라고! 사랑해 여보!" 베른이 소리를 질렀다. "우리 아들은 아빠가 옆에 없는 거 용서해줄 거야. 이 모험을 이해해줄 거라고!" 따뜻한 포옹과 진심에서 우러난 축하의 말이 작은 선실을 가득 채웠다. 우리는 베른 2세가 아빠처럼 우스꽝스러운 콧수염을 달고 태어나지 않은 것을 확인하고 기뻐했다. "이것 참 고역이로군. 이렇게 집사람 얼굴은 볼 수 있으면서 곁에 있을 순 없다니 말이야." 베른이 한탄했다. "최고의 농구선수가 경기하는 모습을 보는 거랑 비슷하군. 홀린 듯이 경기 장면을 보고 어떻게 인간이 저렇게까지 할 수 있을까 그냥 감탄만 하는 거지. 멜린다가 너무 잘 해내서 나는 뭐라고 할 말도 없었어. 그냥 무엇을 해야 하는지 잘 알고 그걸 해낸 거라고."

태평양 한가운데서 지구의 날에 탄생한 베른의 아기를 바라보는 이 흥분된 순간에도 시간이 느리게 흘러가는 것처럼 느껴졌다면 그건 분명 플라스티키의 속도가 1노트에도 미치지 못했기 때문이리라. 적도 북쪽 3도 위치에서 바람은 완전히 죽어 있었다. 우리는 분명 앞으로 나아가고는 있었으나 이렇게 가다간 크리스마스 섬을 거의 160킬로미터나 지나쳐 가게 될 형편이었다. 그렇다면 다음 기착지는 사모아 제도가 될 터였다.

오늘 우리는 시계를 한 시간 뒤로 돌려놓을지에 대한 문제를 놓고 회의를 했다.
그리고 그 회의는 정말 한 시간 가까이 계속되었다.

@Vern_Moen 2010년 4월 15일 오전 8시 30분

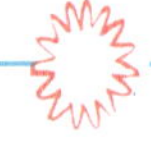

● 예정보다 늦어지고 있는 플라스티키 위에서 베른이 인터넷 화상전화를 이용해 지구의 날에 태어난 아들 윌리엄 몬을 만나고 있다.

플라스틱의 변신, 밧줄의 탄생

플라스틱 재활용의 재미있는 예를 살펴보자. 브라질 남부에서는 플라스틱 생수병과 음료수병이 고품질의 밧줄로 변신한다. 매달 700톤이 넘는 빈 병들이 아르테플라스의 생산 공장으로 실려와 형형색색으로 짜여진 100퍼센트 재활용 밧줄로 재탄생해 목장주나 선원, 등산가들에게 찬사를 받고 있다. 이 회사는 지역 경제에 400개의 일자리를 제공하게 되었으며, 재활용을 하는 덕분에 기존의 밧줄을 생산할 때보다 에너지를 70퍼센트나 덜 사용한다고 한다.

조와 미스터 T 그리고 나는 플라스티키를 자체의 힘으로 육지에 닿게 하고 싶었지만 일이 그렇게 술술 진행되지 않았다. 플라스티키는 자신만의 의지를 갖고 있었다. 다만 맥스와 올라프 그리고 베른에 대한 약속 때문이 아니어도 나는 거기가 어디든 바람이 우리를 육지로 데려다주기를 간절히 바랐다. 우리에게는 식량이 있었고 이제는 필요한 물도 보충한 상태였다. 그리고 크리스마스 섬에 미리 도착해 우리의 상륙을 몇 주 동안이나 준비하고 있는 탐험 총괄 감독 매튜 그레이와 계속해서 연락을 주고받고 있었다. "아, 매튜, 우리

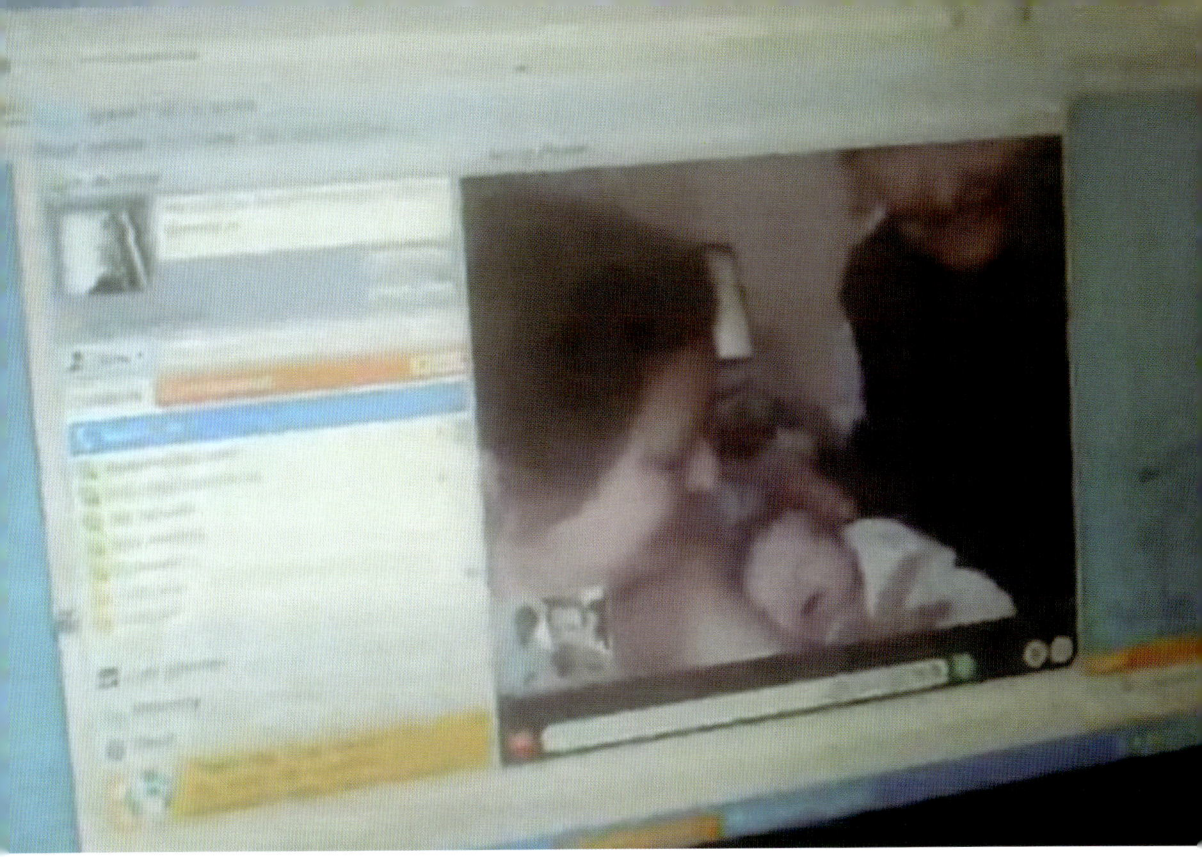

는 지금 예인선이 좀 필요한데요." 조가 이렇게 무전을 보냈다. "오케이. 이미 다 준비되어 있어." 매튜의 대답이었다.

시속 6노트로 달리고 있는 플라스티키 위에서 잠드는 건
마치 트럭들이 망가진 라디에이터를 덜거덕거리며
쉬지 않고 질주하는 고속도로 옆에서 잠을 자는 것과 비슷하다.
@Vern_Moen 2010년 4월 18일 오후 12시 42분

몇 시간쯤 뒤 수평선 너머로 검은색 연기가 솟아올랐다. 좀 더 가까이 다가오는 모습을 살펴보니 그 연기는 뭐라 말할 수 없을 만큼 기괴하게 녹이 슨 배 굴뚝에서 뿜어져나오고 있었다. 갑

판 위를 가득 덮고 있는 것은 햇빛에 탈색된 방수포였고 거대한 구명정들이 배의 양쪽에 매달려 위태롭게 대롱거리고 있었다. 어디를 보나 마약 밀수선 그 자체였다.

"매튜, 당신이에요? 무슨 일이에요?" 나는 무전으로 이렇게 물었다.

"무슨 일이긴. 당신들을 구하러 온 거지." 그가 대답했다. "이 배는 모아모아호야. 크리스마스 섬과 패닝 제도를 오가는 연락선이라고. 지금 당신들을 데리러 온 거야."

매튜는 모아모아호의 선장을 설득해 패닝 제도로 돌아가는 기존의 항로를 크게 우회해서 이곳까지 왔다고 했다. 본인 말로는 중요한 일이라고 설득을 했다지만, 현금이 오고갔다는 확인되지 않은 풍문에 대해서는 각자의 상상에 맡기겠다. 여하튼 중요한 건 연락선의 선장이 100명이 넘는 승객들에게 이렇게 항로를 변경한 사실을 미리 알려주지 않았다는 것이다. 모아모아호가 플라스티키를 예인할 준비를 하는 동안 우리는 승객 수십 명이 갑판 위로 몰려나와 있는 모습을 볼 수 있었다. 서투른 솜씨로 기타를 치고 있는 사람들도 있었고 손을 흔드는 사람들도 있었지만, 왜 집으로 곧장 가지 않고 저런 괴상한 플라스틱 쪼가리로 만든 배를 끌려고 하는지 이해할 수 없다는 표정의 사람들도 여럿 있었다.

크리스마스 섬으로 끌려가는 모습이 우리의 긴 여정에서 가장 초라한 순간은 아니었지만 그렇다고 유쾌한 기분도 아니었다. 12시간 동안 우리는 천천히 앞으로 나가는 모아모아호의 움직임에 따라 이리저리 흔들리며 끌려갔다. 연락선이 뿜어대는 디젤 엔진의 매연과 달려드는 파리 떼에도 한참을 시달렸다. 깨끗하고 물로만 가득 찬 환경에서 39일을 항해한 우리에게 문명의 모습이 그렇게 어색해 보일 줄은 미처 몰랐다.

데이비드 드 로스차일드가 주돛대의 큰 삼각돛을 펼치고 있다.

쓰고 버리는 일회용 사회의
씁쓸한 진실

이언 키어넌

나는 시드시 항 근처 바닷가에서 자랐다. 수정처럼 맑은 바닷속을 탐험하며 특이하고 아름다운 바다 생물들을 관찰하던 때가 아련하게 기억난다. 모래밭에서는 조개껍데기와 부목(浮木), 오징어 뼈와 말라붙은 해초 등을 볼 수 있었다. 그때는 바닷가에서 발견할 수 있는 쓰레기란 그런 것들뿐이었다.

수십 년의 세월이 흘러, 어린 시절의 그곳을 다시 찾아갔다. 시드니의 바닷가를 덮고 있는 그때와는 전혀 다른 쓰레기들을 치우기 위해서였다. 때는 1989년이었고 나는 최초의 '시드니 항 대청소의 날' 행사를 준비하고 있었다. 4만 명이 넘는 시드니 시민들이 모여 플라스틱과 폴리스티렌, 알루미늄 깡통과 유리병, 버려진 차와 쇼핑 카트 등 수백 톤이 넘는 쓰레기를 치웠다.

이 행사는 나중에 '오스트레일리아 대청소의 날'로 이어져 결국 세계 대청소 운동이 되었고 130개국의 수많은 단체와 기구들이 참여했다.

내 인생의 극적인 변화는 바로 쓰레기에서 시작되었다. 1980년대 후반 단독 세계 일주 항해를 하면서 목격한 장면들이 나를 영원히 바꿔놓은 것이다. 깊고 푸른 바다의 그 순전한 아름다움 대신 나는 수많은 쓰레기들로 가득한 바다를 가로질러야만 했다.

그곳에는 온갖 종류의 플라스틱 폐기물들이 다 있었다. 버려진 고기잡이 그물과 폴리스티렌 부표 등이 바다를 덮고 있었다. 이런 모습이 내가 항해하는 바다마다 반복되었다. 그리고 항구에 닿을 때마다 보게 되는 건 점점 늘어나는 일회용 쓰레기들이었다.

나는 그때 한 가지 결심을 했다. 뭔가 바꿔보겠다고, 인류의 소비지향적인 습관이 우리의 바다를 망치고 있다는 사실을 알리기 위해 구체적인 행동을 하겠다고 말이다. 바다의 쓰레기들은 그저 미관의 문제가 아니었다. 생존의 문제였던 것이다.

플라스틱 음료수병의 잔해들이 목에 걸린 거북이들이 숨이 막혀 죽어간다. 돌고래들은 버려진 낚시 그물에 몸이 얽혀 익사한다. 포유류인 돌고래는 물 밖으로 나와 숨을 쉬어야 하는데 그걸 할 수 없었던 것이다. 바닷새들 역시 낚싯줄에 날개가 얽혀 물에 빠지고 만다. 매년 70만 ~100만 마리에 달하는 바닷새들이 버려진 낚싯줄이나 비닐봉지 같은 해양 쓰레기들 때문에 죽어가고 있다. 그리고 10만 마리 이상의 해양 포유류들 역시 매년 같은 이유로 죽어간다.

해양 쓰레기의 원인은 크게 두 가지다. 먼저 육지에서 쓸려 오는 것으로, 사람들이 부주의하게 내다 버린 쓰레기가 바람이나 빗물 혹은 각종 수로를 따라 바다까지 이르게 된다. 다른 한 가지는 바다 자체와 관련된 쓰레기들로 이 역시 고약하기는 마찬가지이다. 여기에는 낚싯줄과 그물, 인근 연안의 원유나 천연가스 시추 관련 시설에서 배출되는 쓰레기와 정기적으로 운행되는 상선과 연락선 그리고 여객선 등에서 나오는 쓰레기 등이 포함된다. 물론 일반 관광객들이나 유람선 등으로 인한 쓰레기도 빠질 수 없다.

매년 바다 위를 떠가는 배들은 550만 점 이상의 쓰레기를 바다에 그냥 내버린다. 그렇지만 이렇게 바다를 더럽히는 것이 오직 배들의 잘못만은 아니다. 우리 모두가 이 문제에 책임이 있다. 우리의 바다는 마치 쓰레기 매립장 같은 취급을 받고 있다. 대략 매년 700만 톤 이상의 쓰레기가 전 세계의 바다로 흘러들어가고 있다.

이런 쓰레기의 대부분은 플라스틱이다. 플라스틱이 절대로 사라지지 않는다는 점을 생각하면 그리 놀라운 일도 아니다. 플라스틱은 그저 점점 더 작은 조각으로 쪼개지기만 할 뿐이다. 전체 해양 쓰레기의 80퍼센트를 차지하는 것이 바로 이 플라스틱 종류이며 쇼핑백만 해도 그중 10퍼센트를 차지한다. 이런 플라스틱 쓰레기가 작은 조각으로 쪼개지면 해양생물들이 그걸 삼키게 되고 결국 먹이사슬에 침투하게 되는 것이다.

해양생물들이 삼키지 않는 쓰레기들은 결국 바닷가로 흘러오게 된다. 얼마나 많은 쓰레기들이 바닷가로 몰려드는지 이해하고 싶다면 다음과 같은 사실을 떠올려보라. 오스트레일리아 북부 케이프 아른헴의 해양 쓰레기 실태 연구조사에서, 열흘 동안 약 8킬로미터에 걸친 바닷가에서 모든 쓰레기들을 수거해 분류하고 수를 세어보았다. 그 결과, 그 작은 공간에서 7561가지, 3880킬로그램에 달하는 쓰레기를 수거할 수 있었다.

그나마 좋은 소식 한 가지는 우리가 직접 나서서 이 엄청난 난제를 해결할 방법이 있다는 사실이다. 다음에 슈퍼마켓에 가서 물건을 살 때는 이미 비닐 포장지 안에 들어 있는 식빵을 또 다른 비닐봉지에 담지 않도록 하라. 비닐봉지나 쇼핑백을 사용하지 않는 것은 그다지 어렵지 않다. 대신 천으로 된 장바구니를 사용하자.

플라스틱 페트병과 유리병, 철이나 알루미늄 깡통은 언제나 재활용 쓰레기로 분리수거한다. 종류별로 쓰레기를 구분하고 한데 섞어 버리지 않도록 한다. 기름이나 화학 물질은 절대로 그냥 하수구에 버리지 않는다. 그런 물질들은 강을 오염시키고 결국에는 우리의 바다를 독으로 뒤덮는다.

살고 있는 지역의 환경단체 활동에 참여해 작은 변화를 만들어내며 만족감을 느껴보자. 그리고 길을 가다가 쓰레기를 발견하면 그냥 지나치지 말고 꼭 줍도록 하자. 쓰레기가 제 발로 걸어 쓰레기통으로 들어갈 수는 없는 노릇 아닌가. 만일 우리 각자가 우리의 몫을 다한다면 먼 훗날 우리의 자녀들은 아름다운 바닷가에서 조개껍데기를 모으며 마음껏 뛰어놀 수 있을 것이다.

• 이언 키어넌(Ian Kiernan)은 오스트레일리아 및 세계 '대청소의 날'을 기획하고 이끌고 있는 총 책임자이다.

탐험대원 소개 : 올라프 헤위에르달

모험과 탐험이라는 분야에서 헤위에르달이라는 이름은 왕족이나 다름없다. 토르 헤위에르달의 콘티키호 항해는 기존의 "산이 거기 있어 오른다."는 식의 탐험의 주류 개념을 완전히 뒤바꿔놓았다. 그 대신 분명한 목적이 있는 탐험의 방향을 제시한 것이다. 토르 헤위에르달은 또한 다음 세대 탐험가들에게 큰 영향을 미쳤다. 목수라는 본업 이외에도 기술자로 훈련을 쌓은 올라프 헤위에르달은 전설적인 할아버지의 발자취를 따르게 될 거라곤 꿈에도 생각하지 못했다. 그러한 생각의 변화는 2005년에 일어났다. 그는 전설로 남은 1947년 콘티키호의 항해를 완벽하게 재구성한 탕가로아 탐험대에 합류하지 않겠느냐는 제안을 받게 된다. 다만 이번에는 좀 더 보강된 이론이 뒷받침되었다. 콘티키호 항해 이후 토르 헤위에르달은 연구를 통해 고대의 항해자들이 여러 개의 돛과 하수용골의 도움을 받아 콘티키호보다 오히려 더 빠르고 정교한 뗏목을 타고 항해했다는 사실을 밝혀냈던 것이다. 올라프는 그 탐험에 뛰어들었고 할아버지의 왕관을 물려받게 되었다.

Q 토르 헤위에르달의 손자로 자라는 건 어떤 기분이었나?

A 남아메리카와 미국에서 헤위에르달이라는 이름은 정말 유명하다. 할아버지 같은 유명인사의 손자라는 건 언제나 특별한 기분이 들었다. 나는 이탈리아와 페루에서 지내고 있던 할아버지를 만났던 때를 기억한다. 모험 이야기를 들었고 노르웨이의 국왕에게 저녁 식사 초대를 받아 성을 방문하기도 했다. 어린 나에게 얼마나 특별한 일이었겠는가.

Q 탕가로아 탐험대에 참여하게 된 계기는?

A 남아메리카에서 토목공학에 대한 논문을 손보고 있을 때 기자이자 아마추어 고고학자인 토르게이 히그래프가 할아버지가 자신의 어린 시절 영웅이었다며 내게 메일을 보냈다. 우리 두 사람은 할아버지의 뗏목을 현대판으로 복원할 수 있는 기회를 잡게 되었다.

Q 콘티키호와 탕가로아호의 차이점이 있다면?

A 콘티키호는 노와 키로 조종을 했지만 우리는 할아버지가 생각만 했던 내용골과 위아래로 넣었다 뺐다 할 수 있는 하수용골로 조종을 했다. 목적지는 라로이아 산호초 섬으로 같았지만 우리는 좀 더 서쪽으로 방향을 잡을 수 있었다. 그렇게 해서 전체 항해 범위는 콘티키호 때보다 거의 3배가 늘어났지만 70일 안에 항해를 끝마칠 수 있었다. 콘티키호는 101일이 걸렸다. 또한 우리는 콘티키호와 달리 침몰하지 않고 라로이아 섬에 안전하게 도착했다.

Q 왜 플리스디키를 선택했나?

A 헤위에르달의 손자로서 내 이름이 탐험에 들어가게 되면 해프닝이 아닌 진지한 시도가 되어야만 했다. 플라스티키에서 내가 바랐던 건, 우리가 이 지구를 잘못 사용하고 있다는 사실을 사람들이 깨닫게 되는 것이었다. 그러지 않으면 다음 세대에게 물려줄 것이 없게 된다. 나는 이 특별한 모험이 다른 사람들로 하여금 좀 더 창의적인 시도를 할 수 있게 하는 영감이 되기를 바라고 있다.

Q 성공적인 탐험이 되려면 어떤 것이 필요한가?

A 대원들이 반드시 힘을 합쳐 일해야만 한다. 서로 친구가 되어야만 하고 코를 골거나 밥 먹을 때 요란하게 소리를 내도 안 되겠지. 그런 사소한 것들이 심각한 문제가 될 수도 있다.

PLASTIKI

거대하고 푸른 태평양을 떠도는 우리에게
시간은 하루의 진행을 측정하는 단위가 아니며
태양과 달, 바다의 모습도 그 기준이 될 수 없다.
플라스티키에서는 24시간 동안 모든 일이 한꺼번에 일어날 수 있고
아무 일도 안 일어날 수 있다.
그리고 그 두 가지가 동시에 일어날 수도 있는 것이다.

2010년 6월 25일

06:45 "굿모닝, 데이비드. 데이비드, 다 잤어? 이제 일어날 시간이라고." 누가 내 단잠을 깨우는 거지? 바싹 말라버린 입으로 내가 낼 수 있는 소리는 고작해야 짐승의 그것과 다를 바 없었다. 나는 정신력으로 내 몸뚱이를 잠자리에서 끌어내야만 했다. 3시간 휴식 후 3시간 근무라는 생활을 3개월여 동안 계속해왔다면 그런 생활에 육체가 적응했을 거라 생각하겠지만, 천만에. 전혀 그렇지 않았다! 나는 무릎에 난 상처들을 문지르며 자리에서 일어섰다. 이 좁은 공간에서 몸을 일으키려면 곡예사나 요가 전문가가 되어야 할 터.

—데이비드

06:50 교대할 동료들이 선실 안으로 들어서니 찻주전자에서 물 끓는 소리가 들려온다. 피곤에 찌든 그들의 얼굴에는 어떤 자부심 같은 것이 어려 있다. "아이고, 탐험대장님! 편안히 잘 쉬셨습니까." 매튜가 조금 과장스러운 어투로 말한다. 나는 그의 인사를 듣는 둥 마는 둥 마마이트 잼과 오래되어 눅눅한 토르티야 쪽으로 직행한다.

—데이비드

07:00 데이비드가 나 대신 방향타 손잡이를 이어받았다. 선실로 들어서니 누가 달걀을 삶아놓았다. 나는 나를 둘러싸고 있는 광막한 푸른 바다를 텅 빈 시선으로 바라보며 정신없이 달걀 두 개를 먹어 치웠다. 그리고 곧장 잠자리로 향했다. 매튜는 이미 자기 자리를 차지하고 있었다. 플라스티키가 파도에 크게 흔들린다. 지금까지 항해하면서 가장 거친 날씨다. 마치 끊임없는 적의 포격 속에 있는 것 같은 소리가 난다. 우리가 탄 배는 목재로 된·전함처럼 고통에 겨운 신음 소리

오후에 임무를 교대한 맥스 조던이
방향타를 잡고 있다.

Rotation	WATCH A	WATCH 1
1	Mr T, Luca, DDR	Jo, Graham, Singeli
2	Mr T, Luca, Singeli	Jo, Graham, DDR
3	Mr T, Graham, Singeli	Jo, Luca, DDR
4	Mr T, Graham, DDR	Jo, Luca, Singeli
5	MR T, Graham, Luca	Jo, Singeli, DDR
6	MR T, Luca, DDR	Jo, Graham, Singeli

Hour	Day 1	Day 2
0700 - 1100	A	1
1100 - 1500	1	A
1500 - 1800	A	1
1800 - 1900	ALL ON WATCH OUTSIDE FOR DINNER	
1900 - 2200	1	A
2200 - 0100	A	1
0100 - 0400	1	A
0400 - 0700	A	1

● 플라스티키의 일일 근무 일정표

를 뱉어낸다. 이쯤 되면 잠을 자겠다는 생각 자체가 터무니없어 보이기도.   —베른

07:10 아침식사를 만든다. 지난밤에 먹다 남은 쌀밥과 달걀 그리고 맛 좋은 말린 케일이다. 그 정도로도 충분하지만 잠시 생각한 끝에 그 위에 치즈를 뿌려 마무리하기로 한다. 선실에 놓인 의자 아래 있는 찬장으로 가다보면 초대받지 않은 손님들의 환대를 받게 된다. 바로 구더기들이다. 으아아아악! 비프 스튜병 하나가 박살이 난다. 병 안에는 여전히 고깃덩어리와 걸쭉한 소스가 남아 있었다. 박살이 난 유리병 위를 기어 유리 조각을 치우고 필요한 치즈를 찾을 생각을 하니 나도 모르게 몸이 떨려온다.

나는 치즈 생각을 재빨리 떨쳐버리고 찬장 문을 닫는다. 그리고 방금 있었던 일을 이야기하기 전에 우선 아침밥부터 차린다. 밥을 다 먹은 우리들은 곧 작업에 착수한다. 우선 끓는 물로 냄비부터 소독하고 남은 물로 100개가 넘는 병과 찬장, 갑판 위, 양동이 등을 씻어낸다. 1단계 : 끓인 비눗물로 씻고 닦아낸다. 그런 다음 칫솔로 가장자리를 박박 문질러 닦는 것이다. 끈적거리는 작은

생물들이 씻겨나간다.

―조

07:10 내 잠자리는 배의 우현 쪽 제일 위다. 비좁기는 하지만 다행히 길이는 충분하다. 덕분에 나는 몸을 쭉 펼 수 있다. '내' 잠자리라고는 했지만 사실은 그레이엄의 자리이기도 하다. 그가 나보다 오래 그 자리를 차지하고 있었으니까. 우리는 공평하게 자리를 함께 나누고 있으며 다행히 서로 차지하는 시간이 다르다. "자기, 아무래도 이부자리를 가능한 빨리 가는 게 좋지 않겠어?" 언젠가 그가 슬쩍 이렇게 말을 던진 적이 있다. 나는 아주 좋은 생각이라며 고개를 끄덕일 수밖에 없었다. 사실 잠자리 문제는 그 어떤 문제보다도 중요하다. 축축한 매트리스와 찜찜한 이부자리는 점점 원초적으로 변해가는 우리의 모습에서 중요한 역할을 하고 있으니.

―매튜

07:15 나는 눈을 감고 누워 있다. 좁고 불편한 잠자리, 눅눅한 공기, 이리저리 삐걱대며 흔들리는 선체는 항상 같은 장소를 떠올리게 한다. 20여 년 전 파리와 로마를 오가던 열차의 침대칸이다. 점점 진정되는 듯한 평온한 밤 기차 여행을 나는 여기 플라스티키에서 계속 반복하고 있는 것이다. 잠을 자기 위해 머릿속으로 양의 수를 세는 것보다는 낫지만 잠에서 깨어 내가 마주하는 곳은 이탈리아가 아니다.

나는 오늘 식사 당번이고 배가 평온했던 덕분에 밤새 푹 잘 수 있었다. 그러나 어쨌든 나는 새벽녘에 눈을 떴다. 어쩌면 지난밤은 거친 밤이었는지도 모르겠다. 그렇지만 소음이며 파도는 나에게 아무런 문제도 되지 않았다. 나는 갑판으로 나가 뱃전에 매달려 오색으로 반짝이는 바다를 바라본다.

―맥스

08:20 방향타를 잡은 지 1시간 20분. 나는 삼각돛의 뒷부분을 꿰매기 시작한다. 지난밤 돛이 찢어진 것이다. 이번이 벌써 네 번째다.

―미스터 T

08:50 만일 당신이 훈련용 장애물 코스를 설계해야 한다면, 플라스티키에서 큰 도움을 받을 수 있지 않을까. 요동치는 배 위의 물에 젖은 플라스틱 갑판을 지나 나는 권양기와 돛을 이리저리 연결하고 있는 쇠줄들을 피해 조심스럽게 발걸음을 옮겼다. 도르래에 느슨하게 가로로 걸쳐져 있는 밧줄 아래를 재빨리 지나쳐 여차하면 언제든 발가락을 다치게 할 수 있는 다양한 금속 장치

들을 뛰어넘었다. 그리고 선실 옆에 항상 어떤 식으로든 고정되어 있는 밧줄을 움켜쥔 후에야 비로소 안도의 한숨을 내쉴 수 있었다.

─그레이엄

09:35 물통 위에 앉아 면도를 시작한다. 나는 면도 후에 소금물로 씻어내는 그 톡 쏘는 느낌이 아주 좋다. 그 느낌은 내 정신을 일깨워준다. 뜨거운 태양 아래 거대한 바다는 아침의 모든 잡념을 다 삼켜버린다. 은빛으로 빛나는 둥근 수평선은 저 멀리 반짝이는 칼날 같다. 나는 다시 선실 안으로 들어가 카메라 배터리를 충전한다. 그리고 에인 랜드의 《파운틴헤드(The Fountainhead)》를 읽기 시작했다. 그 책을 고른 건 그냥 주변에 굴러다니는 게 눈에 띄었기 때문이다. 오늘 나는 플라스티키 근무에서 빠져나올 수 있었다. 다른 동료들의 바삐 움직이는 모습이 나를 편안하게 만들어준다. 우리는 이 망망대해 위에서 함께 견뎌나가고 있다. 정처 없이 헤매고 있는 참 기묘한 무리들이다.

─맥스

10:45 "오늘 날씨 어때?" "축축해." "뭐라고?" "축축하다고." "아." 그레이엄이 우리 잠자리를 바라보고 있다. 나는 그를 더 이상 귀찮게 하지 않고 차 한 잔을 마시기 위해 주방 쪽으로 발걸음을 돌린다. 그레이엄은 교대근무에 앞서 마시는 차를 기가 막히게 잘 끓인다. 그리고 컵들을 잘 정돈해 바로 차를 마실 수 있게 준비해놓는다. 나는 컵 하나를 집어 들고 냉큼 차 한 모금을 마신다. 그레이엄은 우리가 일어나기 최소 20분 전에 이렇게 차를 끓여놓는다. 그렇게 하면 적당히 식은 차를 쉽게 마실 수 있다는 것이 그의 설명이었다. 이 작고 비좁은 세계에서 이런 세심한 친절을 맛볼 수 있다니.

"축축하다."는 말은 방수옷이 필요하다는 뜻이고 갑판을 두드리는 파도 소리를 들어보니 과연 그 옷이 꼭 필요하다는 생각이 들었다. 우리가 입는 방수옷은 큼지막한 작업복 모양의 바지 한 벌과 플라스티키의 이름이 새겨진 웃옷으로 이루어져 있다. 이 방수옷은 말 그대로 항상 물에 젖어 있다. 안이든 겉이든 말이다. 물에 젖어 축축한 바지를 꿰어 입는 일은 누가 봐도 유쾌하진 않다. 그 바지는 일종의 교화시설 같아서 입기만 하면 따뜻했던 슬리핑백은 금방 잊고 거친 바다에 손쉽게 적응하도록 만들어준다. 근무 복장의 마지막은 구명조끼가 장식한다.

─매튜

10:50 취침 시간이 끝났다. 우리 몫의 근무 시간이 시작되었다. 만일 당신이 할머니의 옷장 안

에 오래된 과일들과 함께 갇혀본 적이 있다면, 그것이 바로 플라스티키 선실에서 흔히 맡을 수 있
는 냄새라고 보면 된다.
—베른

10:54 물 반병(물이 더 필요하지만 난 항상 그 사실을 잊곤 한다), 노래 25곡이 들어 있는 아이팟, 자리에 앉
자마자 들이닥친 두 번의 물보라. 그리고 나는 이제 6분만 지나면 4시간 동안 휴식할 수 있다. 그
시간에 잠을 자거나 책을 읽을 수 있겠지. 아직 뭘 해야 할지 결정하지 못했다. 그렇지만 어떤 일
을 하든 별로 재미는 없으리라. 나는 하루 중 이렇게 플라스티키의 방향타를 잡고 있는 시간이 제
일 좋다. 하루 종일 이렇게 있고 싶을 정도다. 오늘 아침은 구름이 활모양으로 완벽하게 줄을 지
어 천천히 움직이고 있다. 얼마나 천천히 움직이는지 길잡이로 삼아도 될 정도다. 완벽한 아침.
나는 심지어 낚시라도 해볼까 하는 생각까지 한다. 잠시 배 앞으로 가서 이런 정신 나간 생각이
사라지도록 머리라도 식혀야 하나. 지금 이 기분은 아침 출근 전쟁 시간의 지하철을 타고 있는 그
런 기분이다.
—데이비드

11:00 데이비드와 나는 방향타 손잡이를 잡는 위치를 바꿀 준비를 한다. 나는 방향타 위에 쳐
있는 그물을 가로질러 올라간다. 그러면서 이리저리 흔들리는 안전띠를 단단히 움켜쥔다. 나는 데
이비드의 뒤에 웅크리고 앉는다. 소금물이 눈으로 들어갔다. 나는 방향타의 압력을 느끼며 움직이
기 쉽게 내 쪽으로 끌어당긴다. "잡았어요?" 데이비드가 묻는다. "아, 그래 잡았어." 내가 대답한다.
플라스티키가 거칠게 요동친다. 파도는 우리 바로 아래쪽에서 천둥처럼 몰아친다. 유쾌한 기분
이 든다. 이런 유쾌한 기분이 내가 있는 곳을 더 나은 장소로 만들어준다. "자, 잘 들어. 이 길을 선
택한 건 너희들이니 나한테 징징거리지 말라고." 군에 있을 때 훈련 조교는 우리 훈련병들이 그를
지나 낮은 포복으로 진흙탕을 지나갈 때면 이런 말을 반복하기를 좋아했다. 맞는 말이었다. 지금
우리가 처해 있는 이런 말도 안 되는 상황은 우리가 자원한 결과지 누구의 탓도 아닌 것이다.
주변에 온통 높은 파도가 몰아친다. 꼭대기부터 사방으로 물을 뿌려대는 강력한 물마루가 부풀
어 오르더니 우리를 향해 으르렁거리며 달려든다. 그 높이가 플라스티키를 넘어설 듯하다. 그렇
지만 우리는 그 물마루 꼭대기를 타고 어렵지 않게 올라가 옆으로 미끄러지며 파도 뒤편으로 내
려간다. 나는 다시 방향타 뒤에 자리를 잡고 앉는다. 지난번 당번 이후 잊고 있었던 바다와의 친
밀함을 다시 되살리는 데 약간의 시간이 걸린다. 방향타를 잡을 때마다 그 기분은 매번 조금씩 다

르다. 방향타에 느껴지는 압력이, 닥쳐오는 파도의 크기와 규모 그리고 바람의 세기가 다 다른 것이다. 나는 매번 의식의 또 다른 구역으로 빠져드는 기분을 느낀다. 인간과 바다의 근본적인 화학 작용이랄까.

―매튜

11:35 대부분의 달걀 껍데기에 검은색 곰팡이가 두텁게 자리를 잡았다. 그렇다고 곰팡이가 자라지 않은 달걀이 문제가 없다고는 장담할 수 없다. 대원들의 중론은 모험은 하지 말자는 것이었다. 오늘의 식사 당번은 맥스다. 그러니 오늘은 잔치가 벌어지겠구나! 부족한 달걀의 영양분은 그래놀라 한 접시로 때워야 하겠지만.

―데이비드

12:20 최소 1시간 이상 방향타를 잡고 있으려면 무엇보다도 중요한 게 자리의 편안함일 것이다. 그 편안함을 누리기 위해서는 두 가지 방법이 있다. 바로 범퍼(bumper)나 백(bag)이다. 범퍼는 발포 고무로 만들어 좀 더 단단하고 물이 새지 않으며 여러 개를 쌓아 올릴 수 있었다. 그 느낌은 마치 사무실의 의자 같았다. 백은 더 크고 헐렁했으며 모양을 마음대로 만들 수 있었다. 이 두 가지는 바다 위 게으름뱅이의 친구였다. 나는 처음에는 백을 썼지만 나중에는 범퍼를 선택했다. 범퍼에서는 물에 젖어 축축한 양말 냄새가 났다. 깃털로 만든 섬유는 공처럼 돌돌 뭉쳐지더니 등 아래에서 이리저리 굴러다녔다. 처음의 '방수' 기능은 얼마 지나지 않아 한계가 온 모양이었다. 감자튀김과 골프공으로 속을 채운 밀전병 쌈이 물에 축축하게 젖은 느낌, 그게 바로 범퍼였다.

―베른

12:25 조가 방금 내게 뉴칼레도니아에 잠시 들를 필요가 있다고 말했다. 하지만 왜? 나는 그게 정말 좋은 생각인지 확신할 수 없었다. 조는 나의 질문도, 직설적인 요청도 전혀 귀담아 듣지 않았다. "파도가 밀려오네요." 그녀는 지극히 선원다운 한 마디를 던졌을 뿐이다. 나는 이미 1시간 하고도 25분 전에 미스터 T를 따라 곧장 잠자리에 들었어야 했다. 미스터 T를 보니 마치 기분 좋은 개처럼 보였다. 입은 크게 벌어져 있었고 그 사이로 혀가 삐죽 튀어나와 있었다.

―데이비드

13:30 나는 하루 중 대부분의 시간을 책을 읽으며 보내고 있다. 내 시간은 에인 랜드의 책이 만들어준 박자를 따라 흐른다. 주변에서는 컴퓨터가 웅웅거리고 자판을 두드리는 소리가 쉼 없

이 들려온다. 선실은 마치 육지의 회사 사무실 같은 분위기다. 우리는 하나로 묶여 있고 우리를 둘러싸고 있는 저 바다를 잠시 잊고 있는 위험도 함께 겪고 있는 것이다. 우리는 마치 나방처럼 불빛이 깜빡거리는 스크린만 뚫어져라 바라보고 있었다. 그러나 이런 고립되고 독자적인 행동들은 우리의 공동체 정신을 해칠 수 있다. 나는 인터넷으로 내 이메일을 확인한다. 나도 우리 모두에게 해를 끼치고 있는 것이 아닐까.

–맥스

13:35　왜 나만 이렇게 젖었냐고? 그거야 방금 내가 있는 쪽 창문으로 파도가 몰아쳤기 때문이지! 거기에 신경을 쓰느라 나는 잠도 거의 자지 못할 지경이다. 그만 자리에서 일어나 이 문제를 해결해야 할까. 소금물은 잘 마르지도 않는데. 하지만 다음 교대근무까지는 아직 1시간 25분이나 남았다. 그러니 다시 잠을 자도록 노력해봐야지. 플라스티키의 삐걱거림과 움직임 그리고 쿵쿵거리는 소리가 모두 다 내 잠을 방해하고 있다.

–데이비드

13:45　선실 온도가 섭씨 36도를 넘는다. 덕분에 편히 잠들 수가 없다. 결국 비번일 때 할 일은 '책 읽는 것'뿐이다.

–미스터 T

14:20　조와 나는 플라스티키를 떠받치고 있는 플라스틱 페트병들을 손보는 일에 대해서 의논했다. 병을 연결하고 있는 부분 여러 곳이 손상을 입어 수리가 필요했다. 그 일을 위해서 나는 똑바로 누워 뱃전으로 머리를 내밀고 두 손을 자유롭게 할 필요가 있었다. 그리고 베른이 내 발을 붙잡아주는 것이다. 이 방법을 조에게 설명하자 그녀는 이렇게 말했다. "좋아요. 그렇지만 구명조끼 입는 거 잊지 말아요."

"베른!" "넵!" 그가 콧수염을 손질하며 대답했다. 베른은 근사한 콧수염을 기르고 있었는데 수염 양 끄트머리를 마치 19세기 미국의 텍사스 석유 사업가들처럼 가지런히 다듬었다. "내가 배를 살펴보는 동안 내 발 좀 붙잡아줄 수 있겠어?" 그는 잠시 생각하더니 이내 알겠다는 듯 고개를 끄덕였다. 우리는 원숭이처럼 자세를 낮추고 뭐든 걸리는 대로 잡을 준비를 한 후 플라스티키 앞쪽으로 향했다. 나는 바다 쪽으로 몸을 굽혔다. 그러자 첫 번째 파도가 내 머리를 후려쳤다. 나는 콧속에 들어찬 소금물을 털어내려고 애썼다. 뒤에서 베른이 낄낄거리는 소리가 들려왔다. 나는 줄 2개를 묶고 마지막 하나를 손봤다. 그렇게 계속 물속에서 작업을 하고 있는데 "어, 어!" 하는 소리가 들리더니 몸이 갑판 위로 끌어올려졌다. 그 순간 거대한 파도가 우리를 덮쳤다. 우리는 갑판 위로 함께 나동그라졌다. 베른과 나는 깜짝 놀라 서로를 바라봤다. 그리고 마침 때를 맞춰 두 사람이 입고 있던 구명조끼가 자동으로 부풀어 올랐다. 우리는 웃음을 터뜨렸다. 마치 2마리 거대한 오렌지색 딱정벌레가 자기 발이 어디에 있나 두리번거리며 버둥대고 있는 것 같았다.　　　－매튜

14:45　근무를 서다 보면 시간은 또 다른 모습으로 다가온다. 마치 다른 굵직한 문제들이 아닌 아주 사소한 것들에만 신경을 써야 할 것 같은 그런 기분이 드는 것이다. 깊고 푸른 바다는 그……그……푸른빛으로 계속해서 나를 놀라게 한다. 지붕에 설치된 깔때기로 빗물을 모아 선실 안의 물통으로 흘러내리게 하는 그 색다른 모습에서 느껴지는 소박한 즐거움은 또 어떤가. 태양과 바람을 이겨내는 데 온 힘과 정신을 집중할 때 느껴지는 그 차분하면서도 맑은 기분이란. 석유를 태우지도 않고 빈 깡통을 바다에 던져버리는 일도 없다. 비록 그렇게 하는 것이 이번 여행의 목적이기는 해도 말이다.　　　－그레이엄

15:24　방향타를 잡으니 바람이 불기 시작한다. 소나기를 뿌릴 것 같은 구름이 몰려오고 있다. 한바탕 즐거운 일이 기다리고 있겠구나. 바다가 춤을 출 준비를 하고 있으니 정신을 바짝 차려야겠다. 방향타는 마치 감자가 가득 찬 자루인 양 아주 묵직하다. 시속 5.6노트가 20노트 이상처럼 느껴진다. 파도는 이제 플라스티키의 선체 아래에서 요동치고 있다. 쾅! 쾅! 쾅! 지금 내 몸 안에서 솟구쳐 오르는 게 흥분해서 분출되는 아드레날린인지 아까 삼킨 사탕이 녹은 설탕물인지 나도 잘 모르겠다. 나는 지금 배 위의 선원이 아니라 마치 황소 등 위에 앉아 있는 로데오 선수 같은 기분이다. 플라스티키가 한껏 솟아올랐다가 마치 가을 낙엽처럼 밑으로 곤두박질친다. "정신차려요, 데이비드!" 조가 고함을 내지른다. "뉴칼레도니아로 가려면 242 방향을 유지해야만 해요!"　　　－데이비드

15:56　"조! 데이비드! 돛이 찢겨나갔어!" 아니, 무슨 종이로 돛을 만들었단 말인가? 파도가 다시 밀려온다. 바람을 따라 배를 몰아야겠다.　　　－데이비드

16:20　"자세를 낮추고 잘 들어! 돛을 바꿔 달아야겠어." 미스터 T가 고함을 지른다. "베른, 데이비드를 도와. 데이비드, 폭풍우용 삼각돛을 가지고 나랑 조가 있는 앞쪽으로 와. 신발은 꼭 신고,

● 　우리는 종종 바다 한가운데에 떠 있
는 플라스티키를 확인해야 했다. 플라스틱
페트병들은 자리를 잘 잡고 있었고 그 주변
에는 해양생물들이 살고 있었다.

아이팟은 던져놓으라고. 바람에 휘말리지 않으려면 모두들 가능한 한 빨리 움직여야 해." 이렇게 뱃머리 쪽으로 가야 할 때면 나는 항상 외줄을 타는 곡예사가 된 기분이다.　　　　　　　　　　　　　　　　　　　　　　　　　　　　　　　—데이비드

16:30　"잡아! 꽉 잡아요! 돛이 물에 젖으면 안 돼." 조가 소리친다. 커다란 파도가 막 우리를 덮친다. 어떻게 해야 저 바닷물을 피할 수 있을까. 그런데 미스터 T는 아무렇지도 않은 모양이다. "아니, 물에 젖는 게 아무렇지도 않아요? 그렇게 물이 튀는데?" 그리고 돌아온 대답. "숙명이야. 그냥 숙명이라고, 친구."　　　　　　　　　　　　　　　　　　　　　　　　　　　　—데이비드

16:45　보통의 돛단배라면 찢어진 돛을 끌어내리고 새 돛으로 바꿔 다는 일이 그다지 대단한 작업은 아닐 것이다. 하지만 플라스티키 위에서는 발바닥에 불이라도 붙은 듯 재빨리 움직여야만 한다. 우리에게 주어진 몇 분 내에 일을 끝내지 않으면 우리는 돛이 없는 그 짧은 시간 동안 바람에 휘말려 옴짝달싹 못하게 될 터였다. 그렇게 되면 다시 제자리를 찾는 것도 큰 문제였다. 샌프란시스코에서 크리스마스 섬까지 가는 동안 플라스티키를 제 항로로 돌려놓는 데 5시간이나 걸린 적도 있다! 플라스티키의 뱃머리는 너무 좁아서 한번에 찢어진 돛을 내리고 새 돛을 다는 일은 여간 어려운 작업이 아니었다. 재빨리 작업을 마치고 그 즉시 항로를 유지해야만 했다.　—조

17:00　항해를 하며 새롭게 '운동 시간'을 정해보았다. 그래봐야 고작 30분 정도의 시간이었지만. 아주 좁은 공간 위에서 요란을 떠는 모습을 한번 상상해보라. 그레이엄과 맥스와 나는 뱃머리로 가 운동을 시작했다. 배가 쉬지 않고 흔들리고 파도가 몰아치는 상황에서 결코 쉬운 일이 아니었다. 그렇지만 건강한 신체를 위한 우리의 노력이 그럭저럭 결실을 맺어가는 것 같다. 우리는 팔굽혀펴기, 앉았다 일어서기, 발전용 자전거 타기, 턱걸이, 깡통 굴리기 등 다양한 운동을 했다. 힘이여 솟아라!　　　　　　　　　　　　　　　　　　　　　　　　　　　　　　—베른

17:30　그레이엄이 자기 머리털의 적지 않은 부분을 깎아버리기로 결심했다. 이발용 가위가 마침 내게 있어서, 나는 자연스럽게 이발사 역을 떠맡게 되었다. 우리가 세운 계획은 정확하게 머리털의 절반을 잘라내자는 것이었다. 거기에는 그의 수염도 포함되어 있어서 한 30분가량은 다들 즐거워하는 작업이 될 것 같았다. 갑판 위로 바람이 불어오자 바람 불어오는 방향으로 그레이엄

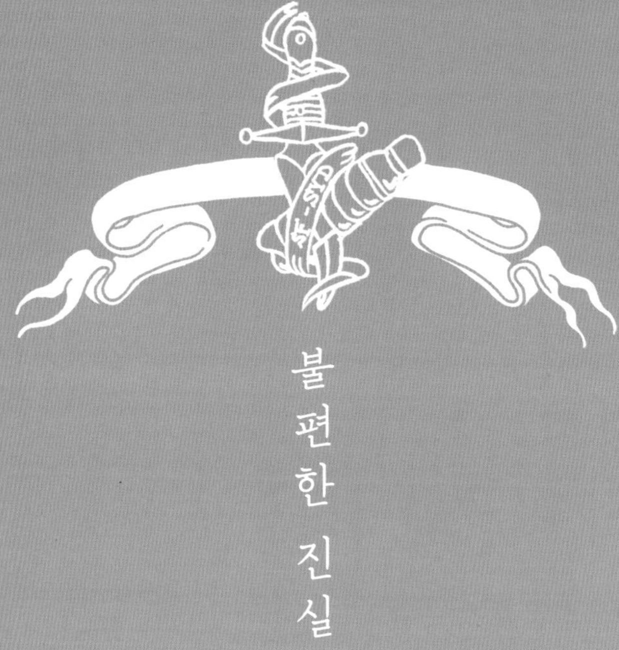

불
편
한

진
실

지구에서 만들어지는 산소의 70퍼센트는 바다에서 나온다.

매년 불법적인 주낙 낚시로 인해 10만 마리 이상의 알바트로스를 포함한
30만 마리 이상의 바닷새들이 죽는다.

지구상에서 산호초 지대가 마지막으로 대규모 타격을 입었던 때는
지금으로부터 11만 년 전이다.

플라스티키의 일상생활은 이제 돛과 장비를 관리하고 손보는 일로 발전해갔다. 다큐멘터리용 촬영을 하고 주사위 놀이로 각자의 지혜를 겨루며, 지루한 당직근무를 묵묵히 서고 있는 플라스티키 대원들의 모습.

을 앉힌 후 곧 작업에 들어갔다. 묵직한 머리털이 바람에 날려 갔다. 결과는 이상야릇했다. 무슨 중세의 수도사 비슷한 대머리 남자가 갑판 위에 서 있는 것이 아닌가. 마치 내가 무슨 뇌수술이라도 집도한 듯한 기분이었다.

—매튜

18:00 저녁밥 먹을 시간이다. 오늘의 메뉴는 양고기 찜으로, 특별히 오랜 시간 끓일 수 있는 찜통으로 요리를 한 것이다. 현미밥과 케일도 곁들여 냈다. 배불리 먹은 선원은 행복하다. 단, 육체뿐만 아니라 정신도 풍족해야 한다. 나는 잔뜩 퍼먹고 잠자리에 들었다. 오늘 밤 첫 근무가 몇 시간 남지 않았다.

—맥스

18:15 맥스가 오늘도 놀라운 결과물을 보여주었다. 그렇다고 해서 저녁밥 먹는 일이 어떤 특별한 행사처럼 느껴져서는 안 되겠지만. 태양이 지고 있다. 아련하게 피어오르는 구름 사이로 하늘이 불타고 있다. 짙고 푸른 바다를 배경으로 별들이 하나둘씩 그 모습을 드러낸다. 그렇지만 우리는 바쁘다. 너무 바빠서 자리에 앉아 그런 모습을 감상하고 있을 여유가 없다. 계속해서 근무시간이 돌아온다. 집어삼키듯 저녁밥을 먹어 치우고 나니 어둠이 내려왔고 방향타 손잡이를 건네받았다. 이제 플라스티키는 낮을 지나 밤으로 들어선다. 우리는 맛있는 저녁밥을 지어준 맥스에게 모두 고마워한다. 그렇지만 그것 역시 하루 일과 중 하나이다. 여러 시간의 근무가 역시 하루 일과의 일부분인 것처럼

—매튜

18:35 "오늘 밤은 모두 구명조끼를 착용하세요! 특히 야간근무 나가는 사람들은 안전장비를 모두 갖추도록 하고요." 조의 명령이다. 난 오늘 공식적으로 근무가 없지만 마치 나한테 하는 소리처럼 들렸다. 오늘이 무슨 요일인지도 잘 모르겠건만 이렇게 또 하루가 흘러간다. 나쁘지 않다. 나는 이런 기분을 나중에 육지까지 가져가고 싶다. 지금 당장은 잘 준비를 하고 있다. 쾅! 또다시 파도가 플라스티키의 옆구리를 후려친다. 내 발 아래의 갑판이 위로 솟구쳐 오른다. 나는 다른 사람들도 나와 같은 기분을 느끼고 있는지 궁금하다. 자, 플라스티키. 힘내라고. 아직 갈 길이 멀어. —데이비드

20:30 "데이비드, 데이비드! 깨워서 미안해. 지금 기자한테 전화가 왔어. BBC 얼스터 방송이라나?"

—데이비드

● 잘 자요. 플라스티키.
20노트의 바람. 그리고 하나
둘씩 나타나는 별들.

20:50 다시 방향타를 잡는다. 나는 범퍼를 2배로 높이 쌓아 올린다. 오늘 밤은 파도가 유난스럽게 높아 우리는 필요한 장비들을 다 갖춰 입었다. 몸은 단단히 고정되어 있고 신경은 곤두서지만 동시에 아주 흥분된다.

—베른

21:36 쾅, 철썩, 쾅, 철썩. 또다시 파도가 몰려와 선실 지붕을 덮친다. 우리는 지금 배 여기저기에 파도의 집중 포화를 받고 있다. 나는 어둠 속을 더듬어 선실 창문을 확인해보았다. 창문은 단단하게 잠겨 있다. 왠지 모르게 안심이 되는 기분이다. 창문을 통해 보니 조의 발찌와 안전띠에 걸려 있는 발이 보인다. 조 옆에는 매튜가 있다. 쾅! 파도가 몰아쳐 두 사람을 삼켜버린다. 정말 굉장하다. 나는 두 사람이 배를 단단히 붙들고 있기를 바랐다.

—데이비드

21:57 방금 엄청난 파도가 맥스의 등을 후려쳤다. 불쌍한 맥스는 잠옷으로 갈아입고 막 이를 닦고 있던 참이었다. 우리가 지금까지 본 것 중에서 가장 거친 바다의 모습, 아니 최소한 가장 거친 파도라고 해도 과언이 아니다. 이리저리 기운 폭풍우용 삼각돛은 마치 해적의 그것처럼 보인다. 항로를 제대로 유지하려면 110퍼센트의 집중력이 필요하다.

—데이비드

22:45 멋진 밤이다. 시속 20노트의 바람. 별들은 우리 바로 앞에서 하나둘씩 반짝거리며 다시 모습을 드러내고 있다. 방향타를 잡기에 더할 나위 없이 좋은 조건이다. 플라스티키는 6노트의 속도로 쾌속질주를 하고 있다.

—미스터 T

2010년 6월 26일

01:00 플라스티키는 여전히 쾌속질주 중이다. 평균 속도가 시속 5노트가 넘는다. 지금까지 항해를 하면서 만난 최고의 24시간이다.

—조

02:30 야간근무. 마음이 복잡하고 심란하다. 책을 읽고, 방향타를 잡고, 간식을 먹고. 미스터 T

가 감춰놓은 초콜릿을 찾아냈다. 쉿! 내가 먹어 치웠다는 걸 절대 말하면 안 돼.　　　　　　　　—베른

03:15　오늘은 긍정적인 면에서 한껏 힘을 쓴 날이었다. 나는 조와 베른에게 방향타를 맡기고 정말 감사하는 마음으로 선실로 돌아왔다. 책을 조금 읽고 그대로 있었다. 그러다가 플라스티키에는 할 일이 참 많다는 사실을 깨닫게 되었다. 우리의 시간은 특별한 일들로 채워져 있는 것이 아니다. 플라스티키 위에서의 생활은 모두 전력을 쏟아 부어야 하는 일들뿐이다. 나는 3개월 만에 맞이한 이 거친 바다를 견뎌내고 있는 모든 동료들에게 감사의 마음을 전한다.　　—매튜

03:50　지금 마음속에 떠오르는 단어는 딱 하나. '힘들다'라는 말. 새벽 4시에 일어나는 일이 힘든 것은 아니다. 사실 그 시간이면 나는 마음의 평화를 느끼니까. 그저 내게 남은 힘이 어느 정도인지가 문제인 것이다. 미스터 T는 평범한 배를 타고 있는 듯한 모습이다. 엄청난 양의 초콜릿이 그의 입속에서 사라진다. 그는 덫을 벗어난 토끼처럼 자리에서 벌떡 일어선다. 그가 나를 방향타 앞으로 이끈다. 미스터 T의 표정은 아주 단호해 보인다. "커피 한 잔 만들어주겠어?" 그가 말한다.　　—데이비드

04:15　바람은 여전히 20노트 정도로 아주 거세다. 하지만 플라스티키에게는 좋은 바람이다. 그런데 삼각돛의 솔기 부분이 뜯겨 나갔다. 우리는 30분가량 걸려 찢어진 돛을 끌어내리고 바로 어제 꿰매어 고쳐놓은 돛을 접는다.　　—미스터 T

06:30　해가 뜬다. 이번 항해를 하며 지금까지 본 것 중 가장 멋진 일출이다. 나는 저 구름을 뚫고 신비스러우면서도 매혹적인 한 줄기 빛이 내려오기를 기대하고 있다. 이 바다 위, 플라스티키를 타고 보내는 하루는 우리를 얼마나 행복하고 또 겸손하게 만드는가.　　— 데이비드

'희망'과 '절망'을 동시에 보여주는
플라스틱의 메시지

폴 호킨

플라스티키의 항해는 단지 대양을 탐험하는 것 이상의 의미를 지닌다. 역사상 가장 유명한 우의 소설로 꼽히는 존 버니언의 《천로역정(The Pilgrim's Progress)》과 제임스 캐머런의 영화 〈아바타(Avatar)〉에 버금갈 만한 살아 있는 상징인 것이다. 비유나 상징의 목적은 단순한 이야기를 넘어 그 속에 숨어 있는 뜻을 전달하는 것이다. 이 경우에 항해 그 자체는 표면적인 이야기라고 볼 수 있다. 데이비드 드 로스차일드의 여정은 표면 그대로의 의미뿐만 아니라 상징적이고 정신적인 의미를 내포하고 있다.

일단 플라스티키의 표면적인 의미도 특별하며 광대하다. 우리가 만들어내는 폐기물들은 그 세부적인 내용을 살펴보면 애초부터 논리가 맞지 않는다. 여기저기 널려 있는 플라스틱병이며 비닐봉지들은 전혀 사라지지 않은 채 산더미처럼 늘어만 간다. 매년 전 세계에서 만들어지는 비닐봉지들은 그 수가 조 단위에 이르며, 플라스틱 용기들도 수천억 개에 달할 것이다. 그중 10퍼센트 정도가 바다로 흘러가지만 그 양은 10년마다 2배씩 늘어나고 있다. 그래서 어떻게 되느냐고? 우리는 그 결과에 대해 정확하게 알지 못한다. 이로 인해 해양생물들이 죽어가고 있다는 사실은 알지만 플라스틱 폐기물로 인한 장기적인 영향에 대해서는 아직 알려진 바가 없다. 삼산화

안티몬(antimony trioxide)과 합성수지의 원료가 되는 비스페놀 A(bisphenol A)가 가장 심각한 문제가 된다는 것 정도만 알 뿐이다. 플라스틱은 완전 분해가 되어 사라지는 대신 햇빛에 의해 점점 더 작은 조각으로 쪼개진다. 그러다가 결국 알지 못하는 사이에 물고기나 해양 포유류의 위장 속으로 들어간다. 플라스틱은 세상에서 없어지거나 바다 깊은 곳으로 가라앉지 않고 앞으로도 오랜 시간 그렇게 바다 위를 떠돌며 남아 있을 것이다.

각종 쓰레기와 폐기물들을 이용해 항해를 견뎌낼 수 있는 배를 건조하고, 그 배를 타고 플라스틱 쓰레기로 오염된 태평양을 건너가는 일은 두 가지를 생생하게 보여준다. 바로 생명에 도움이 되는 쓰레기와 생명에 해를 끼치는 쓰레기다. 쓰레기나 폐기물이 생명체에 의해 만들어지느냐 아니면 산업 시스템에 의해 만들어지느냐에 따라 이것은 삶과 죽음의 문제가 될 수 있다. 우리 인간은 지구의 입장에서 보면 비교적 새로운 생명체에 불과하고 우리가 만들어내는 쓰레기 역시 지구에게는 생소한 것들이다. 인간의 산업 시스템이 만들어내는 쓰레기와 폐기물들은 지구상의 생명체들이 전에는 한 번도 보지 못한 것들이다. 화학 물질이나 인공적인 화합물들은 강력한 힘과 공정을 통해 결합되어 있어 쉽사리 분해되지 않는다. 이렇게 버려지는 것들은 우리가 누리고 있는 생활의 어두운 부분이며 언젠가 미래에 우리의 바다와 땅 그리고 우리의 육체를 휘저으며 찾아올 산업사회의 원치 않는 망령들이다.

플라스틱병에 든 음료수는 마셔버리면 그만이지만 그 병은 수백 년이 지나도 사라지지 않는다. 상업용 카펫의 수명은 8년 정도지만 그 안에 들어 있는 PVC는 쓰레기 매립지에서 3만 년 이상 묻혀 있게 된다. 원자력 발전소에서 배출되는 플루토늄 폐기물은 안전해지기까지 25만 년이라는 시간이 걸리지만, 인간 문명의 역사가 고작해야 7000년이라는 사실을 한번 생각해보자.

우리를 둘러싸고 있는 자연 생태계는 지구상에 살고 있는 70억 인구가 배출하는 쓰레기보다 더 많은 쓰레기를 만들어내고 있다. 그렇지만 자연의 쓰레기는 모두 썩어 분해되며 바다와 육지의 깊은 어둠 속을 가득 메우고 있는 미생물들의 풍부한 먹잇감이 된다. 인간이 섭취하는 식량은 바로 이런 자연의 분해 작용에 의해 만들어진다. 영양가 많은 쓰레기가 잠시 세상에 존재했다가 사라짐으로써 생명은 더욱 번성하게 되는 것이다. 생명은 태어나고 사라지고 다른 생명을 위한 양분이 된다. 그것은 좋은 일이다. 자연이 만들어내는 쓰레기는 생태계 안에서 결코 어떤 문제도 일으키기 않는다. 또한 임신한 여성에게 침투해 기형아를 만들어내지도 않으며, 녹슬어 가는 드럼통에 담아 동굴 깊숙이 묻어두어야 하는 독성 물질도 아니다. 자연의 쓰레기는 생명의 순환을 완성하는 마지막 고리이다.

우리는 우리가 만들어내는 쓰레기에 대해 책임을 져야 한다. 물론 플라스틱 페트병으로 플라스티키와 같은 배를 만들자는 이야기는 아니다. 다시 말하지만 플라스티키는 인간에게 던져진 일종의 상징이다. 일반적인 도덕은 지구상의 모든 생명체와 인간의 육신이 산업과 얽히는 것을 금기시하고 있다. 그렇다고 해서 우리에게 세상의 쓰레기 더미를 파헤쳐 일상생활에 유용한 것들을 만들어내라는 의미는 아닐 것이다. 우리는 이른바 문명 생활이라는 것의 개념을 처음부터 재정립해야 한다. 진정한 문명은 환경에 영향을 덜 미치는 녹색화학(green chemistry)을 사용해 인공적인 조작이 덜 들어간 화합물을 만들어내고, 비폭력적인 산업주의를 지향한다. 중금속과 고열, 고압력 그리고 원자력을 이용한 기술은 지양한다. 그렇게 해서 우리가 만들어내는 모든 것들은 쓰레기 매립장이 필요 없는 좀 더 가치 있는 것으로 변해간다. 더 이상 지금처럼 미친 듯이 쓰고 파묻어버리는 일은 일어나지 않는 것이다.

우리가 부지불식간에, 그러나 확실하게 저지르고 있는 일은 사실상 자연과 인간의 전쟁이다. 그리고 그 전장은 바로 우리를 둘러싸고 있는 환경인 것이다. 거대 태평양 쓰레기 더미는 존 버니언이 묘사했던 '절망의 구렁텅이'의 현대판 모습이다. 지금도 바다 위를 떠돌고 있는 수천 수만 개의 버려진 플라스틱 페트병들은 바다에 버려지는 플라스틱 쓰레기와 폐기물들이 실상은 얼마나 대담무쌍한 행동의 결과인지, 그리고 인간이든 플라스틱이든 그 어떤 것도 그런 식으로 폐기되어서는 안 된다는 사실을 보여주고 있는 것이다. 만일 인간이 진정 이 생태계의 한 부분으로 살기를 원한다면 그렇게 해서는 안 된다. 플라스티키의 여정은 희망과 절망이라는 상반된 모습을 동시에 보여주고 있다. 우리 인간이 이 소중하고 신성한 생태계와 생명을 공유하고 이어나가기 위해서는 어떤 일을 해야 하고 또 어떤 일을 해서는 안 되는지 알려주고 있는 것이다.

• 폴 호킨(Paul Hawken)은 기업가이자 환경운동가 그리고 《상업의 생태학(The Ecology of Commerce)》, 《자연의 자본주의(Natural Capitalism)》, 《축복받은 불안(Blessed Unrest)》의 저자이기도 하다.

탐험대원 소개 : 베른 몬

자신의 작품을 위해 희생을 감수한 이야기를 들어보자. 베른 몬은 플라스티키 항해를 화면에 담기 위해 첫 아이의 탄생을 곁에서 지켜주지 못했다. 그 희생의 결과물은 독립영화로 제작되어 2011년 봄 대중에게 공개되었다. 베른은 다큐멘터리 전문 촬영회사 롱비치 필름 컴퍼니를 운영하며 콜드 워 키즈(Cold War Kids), 데드 웨더(Dead weather), 그리고 브로큰 벨즈(Broken Bells) 같은 그룹들의 뮤직비디오도 촬영했다. 플라스티키 다큐멘터리에서 베른 몬은 제작자이자 감독, 촬영감독이자 편집자였다.

Q 바다 위의 생활 중 가장 놀라웠던 점은 무엇인가?

A 세상과 단절된 느낌이다. 나는 고래며 물고기, 돌고래와 바다를 오가는 다른 선박들의 모습을 보게 되기를 기대했는데, 항해의 첫 구간 동안 정말 바다와 하늘 말고는 아무것도 보지 못했다. 고약한 냄새를 피우는 5명의 동료들을 제외하고는 말이다.

Q 아들의 탄생을 곁에서 지켜보지 못했다. 덕분에 계속해서 기저귀 담당이 된 것은 아닌지.

A '기저귀 담당'이라. 그 말은 내 잘못을 사죄하기 위해 내가 해야만 하는 일들을 완곡하게 표현한 것이 아닐까. 기저귀 담당이 결국 집안의 잡다한 모든 일들을 맡아 하는 당번으로 바뀌어갔다. 모두 어쩔 수 없이 의무적으로 감당해야만 하는 일들이었다.

Q 배를 함께 타고 가며 촬영을 하면서 겪었던 특별한 어려움에는 어떤 것들이 있나?

A 한마디로 말해 "들고 있는 카메라를 바다에 떨어뜨리지 말자."였다. 그리고 장비의 부식이나 소금물, 전기장치, 도움을 얻을 수 없다는 점, 태양광 충전 문제 등도 있었지. 즉, 뭐든 한번 망가지면 그걸로 끝이었다는 이야기다. 나는 모든 상황에 대한 준비가 되어 있어야 했지만 그 준비란 가로세로 1미터의 공간 안에서 이루어져야만 했다.

Q 촬영에 이렇게 깊숙이 관여해본 적이 있었나?

A 이번 작업은 특히 어려운 점이 많았다. 나는 감독 겸 선원 역할을 동시에 해야 했으니까. 거대한 폭풍우가 몰아치는 날이면 조는 내게 다가와 이렇게 말했다. "베른, 가서 미스터 T가 돛 정리하는 일을 좀 도와주세요." 그러면 나는 또 이렇게 대답했다. "안 돼요. 지금 그 장면을 촬영해야 한다고요." 결국 둘 사이에는 어떤 '협상'이 이루어질 수밖에 없었다. 즉, 조의 판단에 나까지 뱃일에 참여하지 않으면 정말 우리가 위험하다고 생각되는 상황일 때, 나는 촬영을 접고 선원이 되는 걸로 말이다.

Q 플라스티키의 생활 중 가장 마음에 들었던 섬은?

A 새벽 4시부터 동이 트는 7시까지 당직근무를 서고 7시 15분에 잠자리에 드는 것.

Q 그러면 가장 불편했던 점은?

A 잠에서 깨는 일.

Q 편안한 잠자리에 대한 생각이 좀 달라졌는가?

A 그 '편안한' 밤의 잠자리에 대해서는 개념이 좀 달라져야 할 것 같다. 집으로 돌아온 다음 날 아침, 나는 집사람에게 이렇게 말했다. "이런, 우리 아들놈이 정말 자고 있네?" 집사람은 나를 잠에서 깨우려면 주먹질이 필요하다는 사실을 금방 깨닫게 되었다.

크리스마스 섬을 떠난 플라스티키는
지구에서 가장 특별한 장소를 지났다.
적도를 지나는 순간 우리 대원들은
모두 바다의 신에게, 그리고 지구에게 감사를 전했다.

레졸루션호와 디스커버리호 2척의 배에 나눠 탄 쿡 선장과 선원들은 사람이 살지 않는 뜨거운 불모의 섬을 발견한다. 그동안 태평양을 탐험하면서 정기적으로 마주쳤던 열대의 풍요로운 낙원들과는 아주 다른 섬이었다. 그러나 이 산호섬에 가까워지면서 내가 보인 첫 반응은 쿡 선장과는 정반대였다. 다만 섬은 예전이나 지금이나 뜨거운 열기로 가득했다.

오늘날의 크리스마스 섬은 웃음과 친절이 떠나지 않는 사람들로 가득 찬 아름답고 번화한 곳이었다. 우리가 도착한 4월 27일, 섬에서 가장 큰 마을인 런던의 부둣가에는 섬사람들이 모두 몰려나와 있었다. 아니, 사람들이 하도 많아서 그냥 그렇게 보였던 것뿐일까? 어쨌든 39일 동안이나 매일 똑같은 5명의 얼굴만 바라보고 산 나로서는 그 문화적 충격이 보통은 아니었다.

처음 맞닥뜨린 환영행사는 플라스티키를 예인하기 위해 매튜가 몰고 나온 연락선 모아모아호를 기다리고 있는 200여 명의 승객들이었다. 그들의 짐 꾸러미와 잔뜩 쌓여 있는 과일 더미도 우리를 반겼다. 매튜와 환경보호 웹사이트 트리허거의 창립자인 그레이엄 힐이 우리를 맞이했다. 두 사람은 다음 여정 동안 우리와 함께하게 될 터였다. 섬의 공무원들도 여러 명 나와 있었다. 사람들과 모두 악수를 나눈 뒤 우리는 안내를 따라 옆에 마련된 작은 천막으로 향했다. 천막 주변에는 사람들이 몰려 있었다.

섬에 첫 발을 내딛고 보니 왠지 초현실적인 기분이 들었다. 플라스티키의 뱃머리와 배꼬리에 매달린 그물에 기대 몸을 곧추세우고 있는 기술에 통달하고, 뒤뚱거리는 갑판 위에서 언제든 발가락을 위협하는 밧줄이며 권양기, 삭구 그리고 여러 통들을 요리조리 피하는 요령을 익힌 뒤라

플라스티키의 모든 대원들은 근무를 서며 방향타를 잡아야 한다. 크리스마스 섬에서 합류한 그레이엄 힐이 적도를 향해 항로를 잡고 있다.

그런지 나는 움직이지 않는 육지가 낯설었다. 나는 내가 비틀거리거나 휘청거리지는 않았다고 생각했지만 내 몸 안의 균형을 잡아주는 기관이나 근육들이 더 이상 할 일이 없다는 사실은 느끼고 있었다.

천막에 도착한 플라스티키 대원들은 난감한 상황에 직면하게 되었다. 우리를 따뜻하게 맞아준 섬사람들이 음료수를 가져다줬는데, 그 음료수라는 것이 바로 플라스틱 빨대를 꽂은 야자수 열매와 플라스틱병에 든 생수였던 것이다. 우리는 '흠흠' 하고 헛기침을 하다가 모두 야자수 열매를 집어 들고는 빨대를 빼버렸다. "빨대가 필요 없으세요?" 섬의 공무원이 놀란 듯 이렇게 물었다. 우리가 야자수 즙을 마시는 동안 5살쯤 되어 보이는 여자아이들이 전통 복장을 입고 나와 잠시 춤을 보여주었다. 환상적이었다. 나는 크리스마스 섬을 방문하게 되어 기쁘고 감사하다는 내용으로 짧게 답례인사를 했다. 내가 간절히 원하는 건 나만의 널찍한 공간이었지만 사람들은 우리 주위를 떠나지 않았고 나는 그들에게 최대한 친절한 태도를 유지하기 위해 애썼다. 그러다 결국 나는 거기 모인 사람들과 그 소란스러움, 지독한 담배 냄새와 향내 그리고 축축한 땅기운에 완전히 녹초가 되어버렸다.

에어컨이 시원하게 나오는 차를 차고 캡틴 쿡 호텔로 향하는 동안 나는 두 가지 사실에 충격을 받았다. 먼저, 이렇게 풍부한 자연의 아름다움에 둘러싸여 있으면서도 어떻게 인간의 선의가 이처럼 자연과 철저하게 단절되어 있을 수 있는지, 그리고 이렇게 세상과 분리된 공간에서 고요하게 있는 것이 얼마나 멋진 일인지였다.

그러고 보면 플라스티키는 얼마나 시끄러운 곳이었는가. 배 위에서 조용한 순간이란 단 한 번도 없었다. 파도가 한 번 출렁일 때마다 플라스티키도 요란한 소리와 신음을 내뿜으며 이리저리 요동치고 삐걱거렸다. 그리고 수많은 플라스틱 페트병 사이를 빠져나가는 물소리도 있었다. 플라스티키가 속력을 낼수록 '쏴아' 하는 물소리는 더 커져만 갔고 흔들림도 더 뚜렷해졌다. 마치 취주악대가 동굴 속을 행진하며 연주하는 것 같았다. 나는 항해를 시작하면 신체적으로 뱃멀미나 소금물로 인한 상처가 가장 큰 문젯거리가 될 거라고 예상했지만 막상 뚜껑을 열어 보니 그런 문제들은 24시간 계속되는 소음에 비할 바가 아니었다. 단 며칠이라도 그런 소음들과 이별하는 것은 내 정신건강에도 아주 좋을 터였다.

크리스마스 섬, 혹은 키리티마티(Kiritimati)라고도 하는 이 섬은 비록 환경적 위협으로부터 완전히 자유롭지는 못해도, 아마 이 지구상에서 주요 산업 국가들과 가장 멀리 떨어져 있는 섬일 것

● 크리스마스 섬에 도착한 플라스티카 는 따뜻한 환영을 받았다. 특별히 아이들은 우리를 더 크게 환대해주었다. 크리스마스 섬에서 재활용은 일상이었지만 바닷가에서 는 여전히 플라스틱 쓰레기를 볼 수 있었다.

이다. 이 지역 11개 산호섬 중 하나인 크리스마스 섬은 해수면으로부터 불과 몇 미터 위에 위치해 있어, 해수면의 높이가 계속 상승하게 되면 당연히 큰 피해를 입게 되는 곳이다. 그리고 마이크로네시아나 폴리네시아의 다른 많은 섬들과 마찬가지로, 키리티마티에도 1950년대 후반 태평양에서 실시되었던 영국의 수소폭탄 실험의 잔재가 남아 있다.

나는 섬을 돌아보며 수백 명이 넘는 중고등학교 학생들과 이야기를 나눴고, 지역의 환경단체나 농업단체와 만남을 가졌으며, 뉴질랜드와 일본에서 후원하는 조류 보호구역과 야생동물 보호단체를 방문했다. 물론 이런 나라들은 이 같은 활동을 펼치는 대가로 이 해역의 조업권을 가져갔지만 말이다. 어쨌든 이런 만남들을 통해 플라스틱의 사용을 줄이고 재활용품의 사용은 늘리자는 우리의 뜻을 긍정적으로 전달할 수 있었다. 우리는 플라스티키로부터 강한 인상과 큰 충격을 받은 사람들을 많이 만났으며 우리 역시 전하고자 하는 뜻을 어떻게 하면 더 널리, 더 영향력 있게 알릴 수 있을까 고민하게 되었다. 콘티키호의 대항해 이야기는 이곳에서 여전히 인기가 대단했으며 실제로 학교 수업 내용에도 들어가 있었다. 당연히 토르 헤위에르달의 손자인 올라프 헤위에르달은 대스타일 수밖에 없었다. 사람들이 보여준 뜨거운 관심과 환대 그리고 아이들이 불러준 노래는 우리 모두에게 아주 특별한 경험이었다.

크리스마스 섬에 머무는 동안 우리가 신경을 써야 했던 또 다른 일은 바로 모터보트에 이끌려 런던 항으로 들어와 정박해 있는 플라스티키의 손상된 부분을 수리하는 것이었다. 우리를 맞이한 섬의 안내인은 산호초의 위험에 대해 모르는 것이 없다고 큰소리를 치더니만 깊이 1미터도 안 되는 바다 위에 멈춰서 있는 플라스티키를 끌어내리려고 했다. 다행히 손상 부위는 그리 크지 않아 페트병 몇 개가 떨어져나가고 방향타가 조금 파손된 정도였지만 그래도 다 수리하려면 꽤 많은 시간이 소요될 터였다. 게다가 수리를 하는 동안 모기 떼며 뜨거운 날씨와도 사투를 벌여야 했

다. 39일에 걸친 5787킬로미터의 항해 동안 아무 이상 없이 견뎌왔던 플라스티키는 안전한 항구를 불과 몇백 미터 남겨두고 상처를 입고 말았다.

다음 항해를 위해 플라스티키를 다시 정비하는 일은 만만치 않은 작업이었다. 우리는 배 위에 실린 짐들을 모두 끌어내려 더러워진 부분을 닦아내고 선체의 헐거워진 부분들을 확인해 다시 단단히 조였다. 그리고 거대한 물주머니를 다시 채우고 선실과 주방 구석구석을 닦아냈다. 필요한 식량을 사들이고 돛을 수리했으며 돛대에는 기름칠을 했다. 그런데 섬의 상인들과 해결해야 하는 문제, 예컨대 취사용 프로판 가스나 물을 사들이는 일은 우리가 생각한 것보다 최소 2배 이상의 시간이 걸렸다. 크리스마스 섬에는 크리스마스 섬만의 시간이 따로 있었다.

이러한 와중에도 베른과 맥스 그리고 올라프와 헤어지는 건 아쉬운 일이었다. 베른은 크리스마스 섬에 도착하자마자 공항으로 달려가 하와이 호놀룰루행 비행기를 잡아탔다. 맥스도 같은 비행기를 탔지만 그의 최종 목적지는 파리였다. 그곳에서 아내와 딸과 함께 시간을 보내려는 것

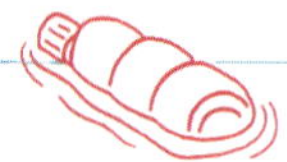

격려의 편지들

수많은 후원자들과 친구들이 플라스티키의 항해를 응원해주었다. 그렇지만 바다에 대한 자신들의 소망과 염원을 적어 보내준 어린아이들보다 더 소중한 사람들은 없었다. 인도에서부터 이란 그리고 오스트레일리아에 이르기까지 아이들이 보내준 응원의 편지들은 우리 대원들에게 큰 힘이 되었다.

시애틀의 맥기브라 초등학교 아이들이 바다를 구하겠다는 자신들의 약속을 담아 그림과 함께 보내준 편지들.

이었다. 올라프는 고향인 노르웨이로 돌아가기 전에 며칠 더 크리스마스 섬에 머물며 환상적인 산호초 주위를 헤엄치고, 스쿠버 다이빙을 즐기고, 섬의 술집도 순례할 계획이었다. 나는 이 세 사람과 헤어지는 것이 슬펐다. 하지만 동시에 그들을 대신할 새로운 동료들을 맞이하게 되어 가슴이 두근거리기도 했다. 그레이엄 힐은 내 오랜 친구이자 환경 전문 웹사이트 트리허거의 창립자였으며 열정이 넘치는 매력 만점의 동료였다. 그는 우리가 도착하기 이미 몇 주 전에 크리스마스 섬에 와서 매튜 그레이를 도와 우리의 새로운 여정을 준비하고 있었다. 오랫동안 우리의 사진작가 노릇을 해준 루카 바비니와 새로운 촬영 담당 싱겔리 애그뉴는 우리가 출발하기 전까지 이곳에 도착할 예정이었다.

5월 9일 오후, 새로운 보급품을 잔뜩 실은 플라스티키는 크리스마스 섬의 항구를 빠져나왔다. 우리는 주돛을 높이 올리고 무역풍을 탔다. 야자수가 늘어서 있는 바닷가가 저 멀리 사라지는 모습을 보며 나는 다시 플라스티키를 타고 바다로 나가게 된 것에 흥분하기 시작했다. 40여 마리쯤 돼 보이는 유쾌한 돌고래 떼가 1시간 반 이상 우리를 따라왔다. 뱃머리 앞에서 뛰어오르고 배 밑으로 헤엄치는 모습을 보니 이 민감한 동물들은 이런 기묘한 소리를 내는 배를 처음 본 것이 틀림없었다. 우리는 샌프란시스코를 떠날 때도 이와 비슷하게 돌고래 떼의 호위를 받았다. 고대 그리스의 선원들은 배 근처에서 돌고래가 뛰어노는 모습이 보이면 아주 좋은 징조라 여겼다고 한다. 그리고 나도 그렇게 생각한다.

우리는 항해의 첫 단계를 마무리하고 피지 제도로 항로를 잡았다. 조는 여러 섬들이 흩어져 있는 폴리네시아 제도의 바다를 통과해 지나가는 데 22일이 걸릴 것으로 계산했다. 대원들의 사기는 한껏 고조되었다. 새로운 대원들도 합류하고 이야깃거리도 잔뜩 생겼으며 밤의 날씨도 평온해졌다. 항해를 하기에 완벽한 조건이었다.

마침내 다시 항해를 하게 되었다. 다음 목적지인 또 다른 열대의 섬을 향해 나가는 기분이 참 좋았다. 계획은 피지 제도였지만 우리의 플라스티키는 단순한 배가 아니라 스스로 살아 움직이니까 항해 속도나 최종 목적지에 대해서는 그리 큰 기대를 하지 않는 편이 더 낫지 않을까! 나는 플라스티키가 키리티마티에 더 머물고 싶어 한다는 느낌을 받았다. 우리가 출발하는 날,

그동안 잠잠하던 바람이 갑자기 거세게 몰아치기 시작했다. 강한 맞바람과 산호초 사이를 뚫고 섬을 빠져나가기 위해 우리는 배 위에서 갖은 노력을 다해야 했다. 그 모습은 오래전 범선을 몰던 선원들의 모습과 조금 닮아 있었다.

별이 반짝이는 열대의 밤하늘 아래 그레이엄과 싱겔리와 함께 보내는 바다 위에서의 첫날밤은 아주 멋졌다. 두 사람은 이제 실제로 바다 생활을 시작하게 되어 흥분한 듯 보였다.

"셋, 둘, 하나, 제로. 와아아아아아아아아!"

플라스티키의 GPS LCD 모니터가 위도 00°00.000'를 가리키며 반짝거렸다. 우리는 방금 적도를 지난 것이다. 지구의 북반구를 뒤에 두고 드디어 남반구로 들어섰다. 물론 그 보이지 않는 경계선을 통과했다고 해서 실제로 달라지는 것은 아무것도 없었다. 저녁이 되자 태양은 여전히 수평선 너머로 빨리 사라졌다. 동쪽에서 반짝이며 나타난 오늘 저녁의 첫 별들은 지난밤과 마찬가지였다. 그렇지만 플라스티키의 대원 모두는 이 순간의 중요성을 깊이 느끼고 있었다.

"전통적으로 적도 통과는 모든 선원들에게 감사의 마음을 갖게 해주었어요. 특히 바다의 신 넵튠에게 말이죠." 조는 일찌감치 그 사실을 우리에게 설명해주었다. 그녀는 세 차례나 적도를 횡단한 경험이 있는 노련한 뱃사람이었다. "여러분 모두는 지금 특별한 장소에 있는 거예요. 북반구의 모든 에너지가 남반구와 만나는 곳이죠. 그러니 어머니 지구에게 감사하도록 합시다. 지구는 아무 조건 없이 우리에게 모든 것을 베풀어주잖아요. 우리는 그동안 항해를 하며 바다에 저질렀던 잘못에 대해 용서를 구해야 하고요."

마침내 적도를 통과하는 순간이 다가오자 우리는 배 위에 각자 자리를 잡고 개인적인 기도를 올렸다. 우리는 바다의 신 넵튠을 돕기 위한 항해를 하고 있었고 그 사실이 더욱 특별한 의미로 다가왔다. 나는 안전한 항해에 대해 감사하고 이 플라스티키의 항해가 바다에 깊은 영향을 미칠 정도의 교훈을 남겨주었으면 좋겠다는 희망을 담은 글을 적었다. 그리고 글을 쓴 종이를 조심스럽게 접어 바다로 던졌다. 조는 돌을, 루카는 머릿수건을 던졌다. 미스터 T는 럼주 한 방울을, 그레이엄은 비타민 알약 하나를, 그리고 싱겔리는 초콜릿 한 조각을 각각 던졌다.

우리는 미지근해진 샴페인 한 병을 따고 맛있는 저녁을 먹으며 적도 횡단을 자축했다. 이런 즐거운 시간의 와중에 나는 우리가 적도 횡단의 전통의식을 아직 다 마치지 않았다는 생각이 퍼뜩 떠올랐다. 그레이엄도 같은 생각이셨던 모양이다. 나는 몇몇 친구들로부터 처음 적도를 횡단하는 사람들의 신고식에 대한 이야기를 전해 들은 적이 있었다. 조와 미스터 T가 낄낄대고 웃으며 서로를 마주보는 모습을 보니, 내일 아침 일찍 무슨 일이 벌어지리라는 불길한 예감이 엄습했다.

@Ghill 2010년 5월 12일 오후 2시 6분

"일어나라, 이 신출내기들아. 어서 잠에서 깨어나!" 미스터 T가 냄비를 두드리며 선실로 난입해 이렇게 소리를 질러댔다. 가만히 보니 조가 바다의 신 넵튠 역을, 그리고 미스터 T는 넵튠의 심복인 바다의 저승사자 데비 존슨 역을 떠맡은 모양이었다. 도무지 성별이 의심스러운 미스터 T 데비 존슨은 터키석 빛깔의 청록색 천을 치마 삼아 두르고 야자수 껍데기로 만든 브래지어를 걸치고 있었다. 머리에 덮어 쓴 오렌지 껍질에 조개껍데기로 만든 장신구까지, 가관이었다. 나를 포함한 4명의 신참자들, 즉 처음 적도를 횡단하는 사람들은 눈가리개를 한 채 다 같이 묶여 갑판 위에 나란히 섰다. "바다의 신 넵튠의 복수니라!"라는 말이 들려왔다. 우리는 전통 깊은 의식의 일부가 되어 참여하게 된 것이다. 전 세계의 선원들은 넵튠의 궁전으로 끌려가 적도를 건너는 고참 선원의 반열에 오르기 위해 용서를 구하고 신고식을 치러야 했다.

"너희 신출내기 선원들이여, 너희들의 선장이 바다에 저지른 죄를 고백하고 용서를 구하라고 했겠지만 나, 바다의 제왕 넵튠은 너희 풋내기들의 나약함이 마음에 들지 않는다. 이 약해빠진 놈들아!" 종이로 만든 기묘한 왕관과 수염으로 무장한 조가 우렁찬 목소리로 외쳤다. "네놈들이 진짜 뱃사람이 되는 축복을 받으려면 먼저 거쳐야 할 관문이 있느니라. 그래야 나의 용서도 받게 되지. 데비 존슨이여, 저들에게 무엇이 필요한가?"

"마침 주방에서 가져온 국물이 있나이다." 데비 존슨이 큰 소리로 대답했다. 어제 그 뜨거운 날 미스터 T가 한 양동이 가득 끓이고 있던 것의 정체가 바로 이것이었단 말인가. 이윽고 우리 머리 위로 국자로 퍼올린 구역질 나는 국물세례가 쏟아졌다.

"악, 이게 도대체 뭐야?" 내가 툴툴거렸다.

"그 입 다물라고 했다!" 미스터 T가 대꾸했다. 그러는 자신도 구역질이 나는 걸 간신히 참고 있는 모양이었다.

"7대양의 주인이자 군주인 나 바다의 제왕 넵튠이 이제 너희를 용서하노라." 조가 다시 말했다.

그 뒤로 이어진 날들을 살펴보면 넵튠의 노여움이 정말 가라앉았는지 확인하기는 어려웠다. 어느 찬란한 저녁, 부드러운 하늘과 완벽하게 조화를 이룬 바람은 보기 드물게 플라스티키가 돛을 활짝 펴고 바다 위를 달릴 수 있도록 해주었다. 그러다가 갑자기 사방이 고요해지더니 돛이 축 늘어져 깨어날 생각을 하지 않는 것이었다. 또 어떤 날에는 특히 밤만 되면 엄청난 천둥과 폭우가 몰아치기도 했다. 억수 같은 비와 함께 내가 살면서 한 번도 보지 못한 번갯불이 내리꽂혔다. 비는 몇 시간이고 쉬지 않고 쏟아부었고, 그 위력이 얼마나 대단한지 마치 거대한 트럭에서 물풍선이 마구 떨어져 내리는 것만 같았다.

그런 폭풍우의 와중에 나는 플라스티키의 알루미늄 돛대를 올려다보았다. 수직으로 서 있는 거대한 금속의 돛대를 바라보며 나는 분명 번갯불이 저 돛대 위로 떨어져 나를 덮치게 될 거라고 생각했다. 천만다행이도 번갯불은 다른 희생물을 찾은 모양이었다. 적도를 횡단해 남반구에 들어서며 우리가 깨달은 한 가지 사실은 해양생물들이 확 늘었다는 것이다. 바다를 보면 작은 물고기 떼가 득실거렸고 우리는 가끔 고개를 숙여 물 아래 친구와 눈을 마주치곤 했다. 거대한 오징어였다. 여기저기 오징어가 없는 곳이 없었다. 북반구의 황량한 바다를 보고 난 뒤라 그런지 이 바다의 모든 생물들이 다 친근하게 느껴졌다.

**뜨거운 열기와 부족한 수면이 우리의 정신적·육체적 상태를
좀먹어 들어가기 시작했다.
온몸의 피부가 갈라지거나 금이 갔다.
소금물 때문에 생긴 상처는 좀처럼 아물지 않았다.**

한계에 도달한 지구

"에스키모에게 얼음을 판다." 영업이란 무엇인가를 보여주는 대표적인 표현이다. 결국 이 세상 사람들은 기업의 설득에 넘어가 수돗물보다 수천 배는 비싼 생수를 사서 마시게 되었다. 지구정책연구소의 책임자이자 《플랜 B 4.0(Plan B 4.0)》의 저자인 레스터 브라운(Lester Brown)에 따르면 이렇게 누군가에게 조종당하는 우리의 욕망은 결국 지구의 생태계가 채워줄 수 있는 한계를 초과하고 있다.

• 사람들은 물건을 구입하는 행위가 환경에 어떤 영향을 미치는지 전혀 알지 못한다. 실제로 어떤 연관성이 있는가?

우리가 생각하지 못하는 것 중 하나가 바로 외적 비용이다. 석탄을 예로 들면, 우리는 석탄을 채굴하는 비용과 채굴된 석탄을 발전소까지 운반하는 비용, 그리고 전기를 생산하는 비용까지 지불하게 된다. 그렇지만 석탄으로 인한 대기오염으로 유발되는 호흡기 질환 등에 대한 비용은 치르지 않으며 당연히 기후 변화에 대한 비용도 내지 않는다. 간접비용에 대해 책임을 지지 않는 것은 우리 경제의 어떤 징후이다. 내가 원하는 정책 수단은 시장으로 하여금 환경에 대한 진실을 밝히게 하고 세금 제도에 대한 재검토를 하도록 하는 것이다. 소득세는 낮추고 대신 부족한 부분을 탄소세로 메워야 한다.

• 개인이 사용하는 전자제품 기술 변화의 속도와 그로 인해 발생하는 폐기물의 문제는 어느 정도 심각한가?

개인이 사용하고 바꾸는 전자제품은 폐기물의 상당 부분을 차지하고 있다. 개인용 컴퓨터의 경우 몇몇 국가에서는 수거하고 분해해서 부품들을 재활용할 수 있도록 제조하게 한다. 휴대전화 제조업체인 노키아의 경우 불과 몇 초면 분해할 수 있는 휴대전화를 개발했다. 우리에게 필요한 건 바로 그런 모습이다.

• 지구는 수십억 명의 인구가 미국이나 유럽 수준으로 소비하고 생활하게 되는 것을 감당할 수 있을까?

현재 화석연료를 기반으로 하는 자동차 중심의 소비지향 경제는 어느 누구에게도 대안이 될 수 없다. 중국을 예로 들면, 지난 200여 년간 지속되어온 서구식 산업 시스템을 맹목적으로 받아들이는 대신 이런 생각을 좀 했으면 좋겠다. 21세기의 산업은 어떤 형태가 될까? 풍력이나 태양열 그리고 지열을 통한 발전으로 전력을 생산해야 하지 않을까? 지금은 지하자원과 물 부족에 대해 정말 민감하게 의식하고 대처해야 할 때가 아닐까?

• 현재 지구가 감당할 수 있는 수준의 한계점에 도달하고 있다는 뜻인가?

어쩌면 1980년대에 이미 그 한계점에 도달했는지도 모른다. 글로벌 생태 발자국 네트워크 회장인 매티스 웨커너겔(Mathis Wackernagel)의 계산 방식에 따르면 우리는 이미 그 한계를 30퍼센트 정도 초과했다.

• 잘못된 점을 바로잡아야 하는데 시간적 여유가 얼마나 있을까?

분명한 것은, 지금의 이 산업구조를 유지하다 보면 우리는 멸망할 수밖에 없다는 사실이다. 문제는 그때가 언제인가 하는 것이다. 어쩌면 멸망의 시기가 이미 시작되었지만 우리가 미처 깨닫지 못하고 있는지도 모른다. 마야나 수메르, 이스터 섬의 운명처럼 말이다. 세계은행은 대략 1억7500만 명의 인도인들이 과도한 지하수 남용으로 경작한 곡물을 소비하고 있다고 추정한다. 지하수가 고갈되는 수준까지 사용하고 있는 나라는 인도 말고도 많다. 우리는 인위적으로 식량 생산을 늘리고 있는 것이다.

MONITOR

● 크리스마스 섬을 떠난 뒤의 플라스 티키 대원들. 왼쪽부터 싱겔리 애그뉴, 루카 바비니, 데이비드 드 로스차일드, 그레이엄 힐, 데이비드 톰슨 그리고 조 로일.

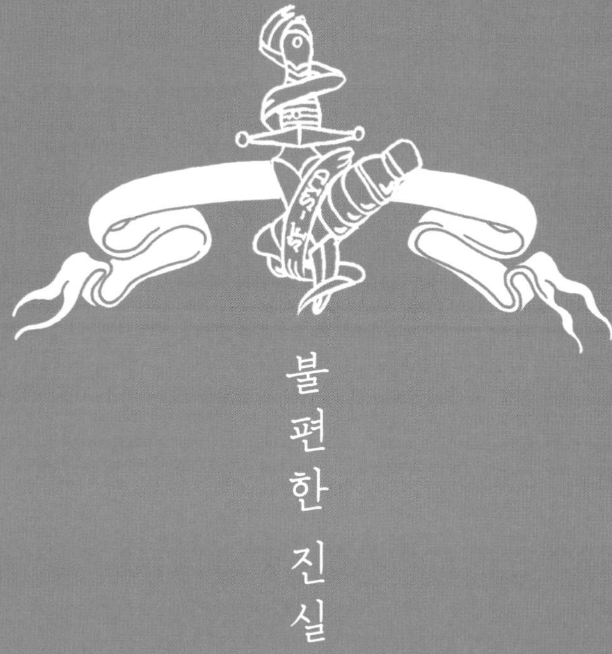

불편한 진실

3분마다 8500만 개 이상의 플라스틱병이 사용되고 있다.

병에 담아 파는 생수는 수돗물보다 1900배 더 비싸다.

영국에서 시음회를 실시해본 결과, 사람들은 20개 제조사의 생수가 아닌
런던의 수돗물을 선택했다. 그리고 뉴욕의 수돗물은
생수 명가 에비앙과 폴란드 스프링을 제쳤다.

폭풍우가 지나가고 나자 바람이 잦아들고 기온이 올라갔다. 어느 날 우리는 평균 시속 2.5노트의 속도로 달리고 있었는데, 다음 날은 1.2노트로 떨어졌다. 심지어는 바다에 던져놓은 구명용 부표가 플라스티키보다 더 앞서 흘러가기도 했다. 우리는 거의 멈춰 서 있는 거나 다름없다는 뜻이었다. 가볍게 흘러가는 부표는 마치 우리에게 "나를 좀 봐. 내가 너희들보다 더 빨리 움직일 수 있어."라고 말하는 것 같았다.

낮이면 선실은 사우나실처럼 변했다. 그럴 때면 선실 안에서는 단 몇 분도 버틸 수 없어서 모두들 밖으로 뛰쳐나오곤 했다. 그러나 바깥 사정도 그보다 나을 것이 없었다. 열대의 태양 아래 갑판은 불판처럼 달아올랐고 건드리기만 해도 손을 델 것만 같았다. 우리는 햇빛을 피할 요량으로 가림막을 정성 들여 만들었다. 밤이면 근무조가 아닌 대원들은 잠자리를 선실 밖에 준비해 뱃머리 근처 그물로 감싸놓은 짐들을 따라 흔들리며 잠을 자보려고 애썼다. 플라스티키에 준비된 구명정은 우리가 즐겨 이용하는 잠자리였다. 우리는 항상 그 자리를 차지하려고 앞다퉈 달려가곤 했다.

뜨거운 열기와 부족한 수면이 우리의 정신적·육체적 상태를 좀먹어 들어가기 시작했다. 온몸의 피부가 갈라지거나 금이 갔다. 소금물 때문에 생긴 상처는 좀처럼 아물지 않았다. 그레이엄은 손의 피부가 다 벗겨져나갔다. 마치 우리 모두의 육체적 능력을 시험하는 시간 같았다. 특히나 편안한 육지 생활을 하다 중간에 합류하게 된 싱겔리와 루카에게는 더욱더 그러했을 것이다. 최소한 그레이엄은 크리스마스 섬에서 몇 주 동안 머물며 뜨겁고 습한 열대기후에 익숙해질 기회라도 있었다.

우리를 견디게 해준 것은 우리의 이탈리아 친구인 루카가 만들어주는 향기 짙은 한 잔의 커피였다. 그는 우리 모두에게 최고의 이탈리아식 커피를 쉬지 않고 대령했다. 그 커피 덕분에 우리는 마치 캔버스 위를 종회무진하는 유명 화가와 같은 정열을 되살릴 수 있었다.

"마음속 모험이 완전히 다른 국면에 들어섰다!" 조는 우리가 처한 난관을 이렇게 정의 내렸다.

그럼에도 불구하고 플라스티키 탐험대의 사기는 놀라울 정도로 드높았다. 모든 대원들이 즐겁게 근무에 임했고 대화도 활발하게 나누었으며 다른 동료들의 개인적인 시간과 공간에 대한 욕구도 서로 존중해주었다. 크리스마스 섬에 도착하기 전의 항해보다 훨씬 더 편안한 분위기가 감돌았다. 나는 그 모든 이유를 잘 선별한 대원들과 항해의 첫 구간이 몹시 험난했던 탓이라고 생각했다. 크리스마스 섬을 떠나온 이후로 우리는 플라스티키에서 해야 하는 모든 임무에 익숙해졌다. 얼마 지나지 않아 새로운 동료들에게 무슨 일을 해야 하는지 그리고 어떻게 행동해야 하는지 다시 설명해줘야 하긴 했지만, 어쨌든 우리는 어느새 지루한 고참 선원처럼 되어갔다. 새로운 일이 하나도 없었다!

탐험에 참여할 동료를 선택하는 작업은 실제로는 과학이라기보다 직관에 의한 것이다. 사람들은 열정적이면서도 자신만의 특별한 기술이 있는 동료들을 원한다. 그리고 거기에는 태도나 대화하는 모습도 포함된다. 지나치게 자존감이 강한 사람은 함께하기 어렵다. 내가 생각하는 원칙은 이런 거다. 만일 육지에서 다른 사람들과의 관계가 원활하지 못한 사람이라면, 그는 분명 탐험에도 적합하지 못하다.

사회과학자들은 작은 무리를 이룬 사람들이 문명사회로부터 고립된 채 좁은 공간에 강제로 수용되어 온갖 위험이 도사리고 있는 극단의 환경에 던져졌을 때, 그들의 정신이 어떤 역할을 하는지에 크게 매료되었다. 과학자들의 주의를 끈 것은 장기간 우주에서 생활하는 우주인들이나 길고 어두운 겨울을 견뎌내는 극지방 기지 대원들의 생활이었다. 플라스티키의 생활환경은 여러 가지 면에서 그 모습과 크게 다르지 않았다.

일반적인 예상대로, 과학자들이 발견한 사실은 관계에서 오는 긴장감이 사람들이 받는 스트레스의 가장 중요한 원인이라는 것이었다. 거기에, 주어진 환경이나 사람들로부터 빠져나갈 수 없는 상황까지 결합된다면? 그러면 어떤 사람들은 견딜 수 없는 긴장감에 폭력적으로 돌변하기도 한다. 아주 사소한 자극이나 말 한 마디에 그만 폭발하고 마는 것이다. 좀 더 일반적인 경우를 살펴보면 사람들의 무리가 다시 더 작은 무리로 갈라져 그 안에서 악의가 돋아나기도 한다.

깊은 고립감은 스트레스를 주지만 동시에 긍정적인 측면도 있다. 일상생활의 정신없는 자극에서 멀리 떨어져 시끄러운 전화기, 이리저리 짖어대는 개, 그리고 웅웅거리는 컴퓨터와 작별할 수 있다. 어떤 개인적인 돌파구를 마련할 수 있는 기회가 되는 것이다. 감각의 분산이 줄어들게 되면 깊은 안식과 새로운 꿈을 경험할 수 있으며 과식과 과음, 담배 같은 습관도 이겨낼 능력이 생겨난다. 그래서 나는 내 동생과 내기했다. 만일 내가 항해 도중 한 방울의 술도 입에 대지 않는다면 동생이 시드니에서 얼음에 묻어둔 맥주를 들고 나를 기다리기로 한 것이다. 나는 내기에서 이겨 시원한 맥주 한 잔을 들이킬 수 있었다!

다행히도 이번 항해의 두 번째 구간에 동행하게 된 우리 대원들은 어떤 개인적인 갈등이나 다툼도 보여주지 않았다. 아마도 싱겔리의 합류가 그런 분위기를 만들어주지 않았나 싶다. 연구에 따르면 어색한 환경에서의 인간의 행동을 관찰하면, 남자와 여자로 이루어진 그룹이 좀 더 부드럽게 움직인다는 것이었다. 우리가 근무 교대조를 다시 짤 때도 분명히 그런 점이 작용했다. 우리는 3시간 근무 3시간 휴식 체계를 유지했지만 약간의 변화를 주었다. 한번 정해진 조를 계속 유지하는 대신 매일 근무를 기준으로 조원들의 구성을 바꾼 것이다.

우리는 처음 항해 구간에서 교훈을 얻었다. 예를 들어, 미스터 T와 올라프는 서로 거의 대화를 나누지 않아서 기존 체계의 문제점을 보여주었다. 나는 어색한 관계를 풀어보려고 애썼지만 소용이 없었다. 그런데 흥미롭게도, 두 사람은 크리스마스 섬에 상륙하자마자 갑자기 찰떡궁합을 과시하며 내내 붙어 다녔다.

예상치 못한 바람이 불어주어 플라스티키는 시속 6노트의 속력을 냈다.
바람에 머리를 흩날리며 파도를 헤치고 달려라, 달려!
@Jo_Royle 2010년 5월 21일 오후 8시

대원들의 일기 : 루카 바비니

우리는 청록색의 바다를 항해한다. 달도 없는 고요한 밤이다. 사방에서 몰아치는 파도와 매서운 바람으로 힘겨웠던 하루를 마치고 바다는 이제 조용해졌다. 마치 하늘에 걸린 거대한 추의 한쪽 끝에 매달려 있는 기분이다. 하늘의 은하수는 너무나 가까이 보여 손만 뻗으면 닿을 것 같다. 은하계의 흐름이 시작되고 천수를 다한 별들이 세상에서 사라질 시간을 기다리고 있다. 별똥별이 하도 많이 떨어져 미처 소원을 빌 시간이 없을 정도다.

태평양이라는 거대한 푸른 사막을 건너는 동안 우리는 어떤 방문객이든 따뜻하게 환영해주었다. 바다 위 장거리를 날아다니는 군함새가 잠시 플라스티키의 돛대 위에서 쉬어 가는 일도 여러 차례 있었다. 날개를 퍼덕거리며 내려앉는 군함새의 모습은 우리 모두의 눈길을 끌었다. 그러다 그냥 가버리기라도 하면 우리는 조금 실망하기도 했다. 흔히 길잡이 고래라고도 하는 검은 돌

● 태평양은 예측이 불가능하다. 눈 깜짝할 사이에 하늘은 짙은 먹구름으로 뒤덮인다.

고래 무리가 나타나기라도 하면 모두들 크게 기뻐하며 흥분했다. 대양을 가로지르는 거대한 화물선이 우리 앞에 보여도 우리는 같은 반응을 보였다. 나는 항해법상의 위법 행위를 무릅쓰고 VHF 통신기를 사용해 그들과 대화 나누는 일을 낙으로 삼기도 했다.

"여보세요, 여기는 플라스티키." 나는 저 멀리 떠 있는 거대한 유조선을 향해 이렇게 외쳤다. "우리가 보입니까?"

"네, 잘 보입니다." 대답이 들려왔다.

"어디로 가는 길입니까?"

"일본으로 가는 중입니다."

"일본까지는 얼마나 걸릴 것 같습니까?"

"13일 안에 도착할 것 같습니다."

"혹시 그쪽 배에 아이스크림 남는 것 좀 있을까요?"

"아, 이런. 미안합니다."

대부분의 항해사들은 대답을 아예 하지 않거나 영어를 사용하지 않았다. 어떤 인도인 항해사와는 좀 더 실제적인 대화를 시도해보았다.

"우리는 지금 플라스틱 페트병으로 만든 배를 타고 항해 중입니다. 사람들이 바다에 내버리는 플라스틱 쓰레기의 양을 줄여보자는 취지이죠." 나는 이렇게 우리의 항해를 설명했다.

"아, 그것 참 멋진 일이군요."

"플라스틱으로 인한 오염이 바다의 생물들을 죽이고 먹이사슬까지 침투하고 있어요."

"아, 그런데 지금 저녁 먹으러 갈 시간이라서요."

"바다에 버려지는 플라스틱 폐기물의 양이 얼마나 되는지 알고 있나요?"

"아, 아니요. 그렇지만 그 문제는 저녁 먹으면서 한번 생각해보도록 하죠. 사실은 지금 당장 가봐야 해서요."

우리가 피지 제도를 향해 남서쪽으로 향하는 동안, 플라스티키가 우리가 원하는 것보다 훨씬 더 남쪽으로 흘러가고 있다는 사실이 분명해졌다. 다시 한번 우리가 타고 있는 배가 정면이 아닌 옆쪽으로 밀리기 시작한 것이다. 오랜 시간 배를 조종하며 깨닫게 된 사실은 플라스티키가 최적의 바람 방향을 따르기에 부족할뿐더러 바람의 속도에도 대단히 까다롭게 반응한다는 점이었다. 대략 시속 12노트의 바람에서 플라스티키는 아주 잘 움직였다. 그러나 바람의 속도가 12노트 이하가 되면 우리 배는 마치 해파리처럼 바다 위를 떠돌았다. 일반적인 기후조건이라면 이런 더딘 바람은 별다른 문제가 되지 않는다. 곧 무역풍이 계속해서 강하게 불어주기 때문이다. 그렇지만 이미 예고되었듯, 2010년은 엘니뇨 현상이 비정상적으로 강했고, 따라서 태평양에 부는 바람의 흐름도 큰 영향을 받았다. 바람이 계속 시속 12노트만 되었어도 우리는 아주 운이 좋다고 생각할 수 있었을 것이다.

"지금 날씨를 확인해봤는데요, 앞으로 6일 동안은 계속 같은 날씨가 이어진다는 예보예요." 조의 보고였다. 바로 앞에는 사모아 제도의 우폴루 섬이 버티고 있었다. 조는 자료를 살펴보며 우리가 섬의 동편으로 지나가게 될지 서편으로 지나가게 될지를 가늠하고 있었다. 우폴루 섬으로 향하기 48시간 전, 나는 조를 보고 이렇게 말했다. "그냥 사모아 제도로 가면 안 될까요? 꼭 피지 제도로 갈 필요는 없잖아요?"

사모아 제도에 들리는 문제로 대원들의 의견이 둘로 갈라졌다. 피지 제도에 몇 주간 머물며 정부 관계자들을 만나고 보급 문제를 책임져온 매튜는 내 의견에 반대했다. 그렇게 되면 그는 자기 일을 처음부터 다시 시작해야 하는 것이었다. 그리고 오스트레일리아로 향하는 항해의 마지막 구간은 분명 우리의 가장 힘든 도전이 될 터였고 20~35일 이상이 걸릴 수도 있었다. 한편 찬성하는 측은 사모아 제도에 들려 모든 것을 재정비해 오스트레일리아로 향하는 마지막 여정에 최선을 다하자는 의견이었다. 우리는 북쪽으로 항로를 잡아 뉴칼레도니아를 거쳐 그 섬을 남극에서 몰려오는 냉혹한 겨울 기후를 막아주는 방패로 삼을 것인지, 혹은 남쪽으로 방향을 돌려 탁

트인 망망대해를 지나 좀 더 빠른 길로 갈 것인지 선택해야만 했다. 대신 그렇게 하면 우리는 뉴칼레도니아의 남쪽에 갇히게 될 수도 있었다.

"사모아로 가도록 하죠." 조가 결론을 지었다.

크리스마스 섬을 떠나온 뒤 12일이 지난 시점이었다. 지금까지 우리는 대략 3000킬로미터를 항해했고 목적지까지는 1200킬로미터가 넘게 남아 있었다. 사모아의 거대하고 푸른 대지가 우리 앞에 불쑥 솟아오를 때까지 말이다. 플라스티키도 곧장 그곳으로 달려가고 싶어 하는 것처럼 보였다. 플라스티키가 원한다면 우리는 그대로 따를 수밖에. 사모아 제도에서 우리는 플라스티키와 이번 항해, 그리고 우리 모두를 파멸로 몰아넣을 뻔했던 치명적인 구조상의 결함을 발견하게 된다.

재활용의 역설

2010년 남아공 월드컵에서는 9개국 출전팀이 플라스틱 페트병을 재활용해 만든 나이키 유니폼을 착용했다. 각 유니폼에는 8개의 페트병이 사용되었는데, 빈 페트병을 녹여 부드럽고 가벼운, 그리고 바람이 잘 통하는 폴리에스테르 섬유를 뽑아낸 것이다. 이런 방식으로 선수와 팬들을 위해 유니폼을 제작하게 되면 그냥 원료를 사용하는 것보다 에너지를 30퍼센트나 덜 소모하게 된다는 것이 제조사인 나이키의 설명이다. 그리고 일본과 타이완의 쓰레기 매립장에 묻혀 있는 페트병 1300만 개를 재활용할 수 있게 된다고도 했다. 이거야말로 누이 좋고 매부 좋은 일이 아닌가? 하지만 전부 다 그렇지는 않다. 그렇게 만든 유니폼은 최종적으로 재활용되지 못하므로, 이렇게 페트병을 재활용해 만든 섬유는 이른바 '가치하향형 재활용(downcycling)'의 대표적인 사례다. 매립장에서 구출해온 플라스틱이 유니폼이 되었지만, 그 유니폼이 다 닳고 해지면 결국 다시 매립장으로 돌아가게 되는 것이다.

● 날씨가 좋은 날이면 플라스티키는 6~7 노트의 속력을 냈다. 모든 대원들의 가슴속에 는 항해의 아름다움과 이상이 넘쳐흘렀다.

IWC
SCHAFFHAUSEN

섬, 플라스틱으로
죽어가는 바다를 위한 자연의 차단막

마커스 에릭슨

나는 미시시피 주 웨이브랜드의 바닷가에 서서 어릴 때 메기나 청색 게를 잡던 물줄기를 바라보았다. 내 양아버지는 어부셨다. 나는 아내에게 "저쪽에 집들이 있었어."라고 말해주었다. 양아버지와 집은 이제 둘 다 사라지고 없었다. 주변은 허리케인 카트리나로 초토화된 상태였다.

바닷가를 따라 걸으니 걸프 석유회사에서 유출된 번쩍거리는 적갈색 기름찌꺼기가 보였다. 각양각색의 플라스틱과 폴리스티렌에서 쪼개져나온 조각들, 그리고 분해된 플라스틱이 뭉쳐 둥글게 된 것들이 물가를 따라 사방을 채우고 있었다. 전에는 이렇지 않았다. 나는 지난 25년 동안 이곳을 그다지 많이 찾지 않았다. 그리고 이제 근본적인 변화의 모습을 지켜보게 된 것이다.

이것은 두 가지 종류의 기름 유출 이야기이다. 전 세계 아열대 바다 5곳의 환류를 떠다니는 플라스틱 폐기물들과 걸프 석유회사가 저지른 두 차례의 원유 유출 참사 말이다.

석유 1배럴당 8퍼센트는 플라스틱을 만드는 데 사용된다. 4퍼센트는 직접적인 원료이며 4퍼센트는 생산과정에 필요한 연료다. 플라스틱은 자연적으로 분해되지 않으며 사실상 영원히 존재하게 된다. 우리는 결국 석유를 이용해 내다 버릴 물건을 만들고 있는 것이다.

플라스틱이 우리의 바다에 유입되기 시작한 지 50여 년이 흘렀다. '5개의 거대 환류 프로젝트

(The 5 Gyres Project)'는 최근 북대서양 환류와 인도양 환류까지 연구 범위를 넓혀가고 있다.

나는 알갈리타 해양연구재단의 찰스 무어 선장과 함께 북대서양 환류에 대해 두 차례에 걸쳐 연구했다. 세계의 대양들과 그 안에 살고 있는 해양생물들은 점점 작은 조각으로 분해되어가는 플라스틱으로 가득 차 있다. 플라스틱은 바닷가에서 바닷가로 쉴 새 없이 몰려들지만, 어떻게 보면 지표면의 3분의 2를 차지하고 있는 바다라는 축구 경기장에 모래 한 숟가락을 뿌리는 것과 비슷하다.

바다의 환류로 직접 찾아간다고 해서 우리가 그 주변을 깨끗이 청소할 수는 없다. "태평양 환류를 청소하려고 애쓴다면 어떤 나라든 파산에 이르게 될 것이며, 그 과정에서 다른 해양생물까지 죽이게 될 것이다." 찰스 무어가 최근에 한 말이다.

바다의 쓰레기 문제는 로스앤젤레스의 자동차 매연 문제와 아주 비슷하다. 넓은 지역으로 소량의 분진들이 퍼진다. 어떤 이들은 구름으로부터의 공기오염을 막기 위해 고층건물 꼭대기에 일종의 여과기를 설치하자고 제안하기도 했다. 그렇지만 그런 제안은 사람들의 비웃음만 샀다. 사람들은 스모그를 눈으로 확인했고, 이미 뿜어져나온 스모그를 어떻게 해보려는 것은 비실용적인 방법이라는 사실을 깨달았다. 그래서 그 원인을 파고들어 더 나은 엔진과 배기 가스의 유해성분을 막아주는 촉매 컨버터를 개발했다. 그 방법은 적중했고 스모그는 줄어들었다.

배를 타고 직접 쓰레기가 모여 있는 환류를 찾아가는 일은 저 바다에 미국 텍사스 주 크기만한 쓰레기 섬이 있다는 사실에 대한 대중의 오해만 불러올 뿐이다. 그곳에 가서 얽혀 있는 그물이나 양동이, 병뚜껑 등을 찾아낸다고 한들, 실제로 쓰레기 섬을 발견할 수는 없으며 그저 플라스틱 쓰레기라는 실체만 보게 되는 셈이다.

우리는 오대양의 환류를 찾아가 플라스틱 쓰레기를 치울 수 없다. 그렇지만 쓰레기가 우리에게 직접 찾아오기를 기다릴 수는 있다. 하와이와 오아후, 버뮤다와 아조레스, 갈라파고스, 그리고 모리셔스 제도는 환류가 흘러가는 길에 설치되어 있는 자연의 그물망이다.

때가 되면 5개 환류는 온갖 쓰레기들을 섬들의 해안으로 밀어내게 된다. 비용이 적게 들거나 거의 들지 않고, 탄소 발자국도 적으며 그 과정에서 해양생물의 희생도 전혀 없다. 플라스틱은 우리가 더 이상 쓰레기를 바다에 내버리지 않는 한 환류를 떠나게 될 것이다.

장기적인 해결방법은 결과가 아닌 원인을 제거하는 것이다. 이를 위해서는 세 가지 단계가 필요하다. 먼저, '시작부터 신경을 쓴다.' 제조사들이 녹색화학 기술을 사용하여 원료를 바꾸게 되면 환경에 대한 안 좋은 영향도 줄어든다. 메타볼릭스(Metabolix) 사에서 개발한 PHA 같은 새로운 바이오플라스틱은 보기에는 물론이거니와 느낌이나 실제 기능도 일반 플라스틱과 똑같지만 해양 미생물에 의해 분해된다.

둘째, '요람에서 요람으로.' 상품을 만들어내는 제조사들은 모든 상품을 회수하는 계획을 수립하여 처음부터 끝까지 모두 책임을 지도록 한다. 제조사의 책임을 상품의 탄생과 사용, 마지막 정리까지 확장시키면 폐기물이라는 개념 자체가 사라지게 된다. 요람에서 요람으로는 또한 소비자 역시 더 현명한 선택을 통해 쓰레기의 배출을 줄이도록 하는 개념이다. 물건을 사기 전에 먼저 그 물건과 포장의 전체적인 수명과 처리를 생각하는 것이다.

셋째, '제대로 일할 수 있는 환경을 제공한다.' 법을 만드는 기관은 일반 사람들이 제대로 일할 수 있도록 혁신적인 법안을 제공해야 한다. 많은 회사들은 대체 원료와 새로운 디자인을 사용하고 싶어 한다. 그렇다면 입법 활동을 통해 기존 시장에서 그런 일이 가능하도록 환경을 조성해 주어야 하는 것이다.

환류에서 여러 섬들의 해안으로 몰려든 플라스틱 폐기물들을 치우는 일은 중요한 과제이다. 그러나 우리는 바다로 흘러가는 쓰레기의 흐름부터 바꿔놓아야만 한다. 육지의 모든 것이 씻겨 내려가며, 사람들이 생계를 의지하고 있는 우리의 바다는 우리에게 이러한 변화를 요구할 만한 권한이 있다.

• 마커스 에릭슨(Marcus Eriksen)은 환경운동가이자 '5개의 거대 환류 프로젝트'의 공동 창립자이다.

어떤 모험길이든 좋은 동료는 꼭 필요하다. 그리고 그레이엄 힐보다 더 매력적이고 활력 넘치는 동료는 없었다. 건축을 전공하고 스스로를 '디자인 사업가'로 자처하는 그레이엄은 자신의 사업을 시작하며 스케이트보드 옷 생산, 웹사이트 개발, 그리고 그리스풍의 커피잔을 기념품으로 생산하는 등 다양한 방면에서 활약했다. 그는 또한 환경 전문 웹사이트 트리허거를 만들어 사람들의 뜨거운 호응을 얻고 있다. 그레이엄 힐은 현재 디스커버리 커뮤니케이션즈와 함께 24시간 케이블 방송국인 '플래닛 그린(Planet Green)'을 준비 중이다. 그는 부분적인 채식을 실천하고 있으며 열정적인 카이트보더이기도 하다.

Q 왜 유람선 휴가를 마다하고 플라스티키에 올랐나?
A 플라스티키는 밝은 빨간색, 유람선은 칙칙한 베이지색. 플라스티키에는 대의명분이 있고, 유람선은 없고. 플라스티키는 천연 무공해, 유람선은 기름을 때면서 달리니까.

Q 카이트보드를 타면 플라스티키보다 더 빠르게 오스트레일리아로 갈 수 있지 않을까?
A 바람 한 점 없는 곳에서 움직이지 못하고 둥둥 떠 있는 이런 배와 비교하다니! 당연히 내 카이트보드가 훨씬 더 빠르겠지.

Q 항해 경험은 많은가?
여기저기 조금씩. 카이트보더 경험이 훨씬 더 많다.

Q 환경에 관심을 갖게 된 계기는 무엇인가?
A 부모님이 히피여서?

Q 환경 문제와 관련해서 특히 예민하게 반응하는 부분이 있는가?
A 플라스틱 페트병에 든 생수와 환경 문제 행사에 등장하는 고급 요리. 주변의 작은 일부터 고쳐나가지 않는다면 어떻게 큰일을 이룰 수 있겠는가?

Q 우리가 사는 지구를 지키기 위해 누구나 할 수 있는 일이 있다면?
A 자신이 만드는 탄소 발자국이 어떤 것들로 구성되는지 이해하고, 그중 가장 중요한 부분을 줄이는 데 초점을 맞추는 것이다.

Q 삶의 좌우명이 있다면?
A 그런 거 없다.

Q 플라스티키에서 가장 좋았던 부분은?
A 거대한 파도를 넘나드는 쾌감. 그리고 저녁식사.

Q 바다의 어떤 점이 좋은가?
A 거대하고 신비한 야생의 공간 위에 올라서서 사방을 둘러보고 물속으로 풍덩 뛰어드는 걸 아주 좋아한다. 그리고 헤엄을 치고 깊이 잠수하는 일도.

Q 요즘은 어떤 책을 읽고 있는가?
A 바다 위에서 책을 많이 읽었지만 요즘 읽는 건 도스토예프스키의 《카라마조프가의 형제들》이다. 고전 소설을 더 많이 읽으려고 한다.

Q 플라스티키 이후 계획은?
A 뉴욕으로 돌아가서 작지만 나만의 초록 혁신을 시작할 것이다.

8
거대한 푸른 사막, 바다의 눈물

지구 바다의 순전한 진실. 바다는 현재 엄청나게 큰 피해를 입고 있다.
바다에서의 남획은 전체적인 어업자원의 고갈을 불러오고 있으며
CO_2의 과잉은 바다의 기본적 화학 구성을 변화시키고 있다.
또한 지구 온난화 현상은 산호초들을 말살하고 있다.

플라스티키의 대원들은 절망감에 휩싸였다. 우리는 바다를 위협하는 문제들에 대한 경각심을 높이는 임무를 맡고 있었다. 그러나 점점 커져만 가는 대재난으로부터 수천 킬로미터나 떨어져 있었던 것이다.

그로부터 3개월 후 통제 불능의 대재난이 간신히 수습되고 나니 무려 7억8000만 리터에 달하는 원유가 멕시코 만에 남았고, 이는 미국 역사상 최대 규모의 기름 유출 사고로 기록되었다. 이 유출 사고의 규모를 생각해보면 그로 인해 곧바로 죽음을 맞이한 해양생물들의 문제는 아주 사소한 것으로, 그리고 바다로 이어진 해안가나 물줄기의 오염도 상대적으로 대수롭지 않은 것으로 간주됐다.

심지어 생태적 재난이라는 측면에서 보더라도 상황에 대한 우리의 잘못된 인식은 놀라울 정도였다. 플라스티키 위에 앉아 단편적으로 들려오는 소식들을 접해보면, 때로 언론들은 이 사고로 인한 석유 회사의 주가 문제를 생태계에 미치는 영향 문제보다 더 비중 있게 다루기도 했다. 또한 이러한 재난 소식이 전해지는 동안 북미 지역에서 매년 발생하는 자동차나 사업장에서의 부주의로 인한 기름 누출, 그리고 지하 저장 탱크에서의 기름 누출이 1989년 알래스카 프린스 윌리엄 사운드 섬에서 발생한 엑손 발데스 석유회사의 기름 유출 사건 때보다 규모 면에서 몇 배는 더 심각하다는 사실도 거의 알려지지 않았다. 물론 아프리카 나이지리아에 있는 유전 시설들의 위법적인 행태로 인한 끔찍한 사고들도 마찬가지였다.

나는 이런 모든 문제의 뿌리가 바다의 그 거대한 크기와 신비감 때문이라고 생각한다. 4개월

무분별한 남획과 파괴적인 행위
들로 인간의 생존에 필요한 해양생물들
이 죽어가고 있다. 어떤 물고기들은 말
그대로 완전히 멸종했고 그 직전까지
도달한 생물들도 많다.

여 동안 항해했지만 태평양이 얼마나 거대한 바다인지 내 머리로는 아직도 감이 잡히지 않는다. 나는 또한 거대한 대양의 장대함과 그 잔인한 본성을 눈으로 목격하기도 했다. 바다는 내 머릿속을 온통 사로잡았고 내 모든 상상력에 스며들었다. 그리고 나라는 존재의 모든 세포 조직 하나하나에 달라붙어 서로 하나가 되었다. 그러면서도 나는 여전히 바다에 대한 경계심을 늦추지 않았다. 나는 바다라는 존재의 미묘하고도 다양한 모습을 읽는 법을 배웠다. 하지만 나의 그런 이해는 고대 폴리네시아 뱃사람들의 그것에는 미치지 못할지도 모른다. 폴리네시아 사람들은 해류의 흐름과 파도의 모양, 움직임 그리고 바람의 방향을 직관적으로 알아차렸다고 한다. 바다의 모습이 어떻게 변할지 정확하게 파악하고 있었다는 이야기다. 그러나 나는 그저 그런 모습에 대한 존경과 이해를 할 수 있을 정도로만 알고 있을 뿐이다.

바다 위에서의 생활은 몸무게가 500킬로그램이나 나가는 고릴라와 같은 우리 안에서 지내는 것과 비슷하다. 고릴라의 기분은 예측이 불가능하며 평화롭고 조용한 모습에서 거칠고 두려운 모습으로 순식간에 뒤바뀌기도 한다. 바다는 이 고릴라와 같아서 우리를 해칠 의도가 없으면서도 미친 듯이 광포하게 돌변하며 그저 손가락을 한 번 튕기는 것만으로도 우리를 박살낼 수 있는 것이다. 생존을 위해 우리는 이런 바다에 대해 먼저 깨닫고 생각하며 재빠르게 반응해야만 했다. 엄밀하게 말해 우리 인간들은 바다와 인간 사이의 이런 관계를 무시해온 것이다. 우리는 바다의 자애로움이 무한한 것이라고 마음대로 상상했고, 그래서 바다를 회복시키려는 노력 없이 계속해서 바다와 함께 지낼 수 있다고 생각했다. 그러나 현실은 정반대였다.

낚싯대의 줄 풀리는 소리에 모두들 깜짝 놀랐다. 샌프란시스코를 떠난 지 2주일, 우리는 플라스티키의 뒤에 번쩍번쩍하는 미끼를 던져놓았지만 아무것도 걸려들지 않았다. 도대체 물고기들은 다 어디로 간 거야? 우리는 크든 작든 물고기는 단 한 마리도 보지 못했다.

맥스가 낚싯대를 낚아채고 힘껏 잡아당길 때 이미 낚싯줄은 거의 다 풀려나간 상태였다. 낚싯대가 초승달처럼 휘어졌다. "무슨 드럼통이 걸린 것 같아!" 맥스가 이렇게 소리를 질렀다.

"힘이 빠지면 나랑 교대하자고." 올라프도 조금 흥미가 생긴 듯 말했다. 그의 손에는 일주일 내내 깎아 만든 나무로 된 곤봉이 들려 있었다.

"상어가 걸린 게 아니라면 좋겠는데." 맥스가 말했다.

잠시 시간이 걸리기는 했지만 물고기는 결국 싸움을 포기했다. 맥스와 올라프가 힘을 합쳐 은색과 푸른색, 노란색이 뒤섞인 반짝이는 물고기 한 마리를 플라스티키 위로 끌어올렸다. 올라프는 자신이 지금까지 잡아본 물고기 중 가장 큰 놈이라고 말했다.

사흘 동안 우리는 아침, 점심, 저녁 모두 이런저런 생선 요리로 배가 터질 때까지 잔치를 벌였다. 물고기는 맛있었지만 나는 우리의 이런 모습에서 묘한 이중성을 느꼈다. 나는 텅 비어버린 바다가 보여주는 무서운 상황에 대해 생각하지 않을 수 없었다. 바다의 크기를 생각해보면 바다가 주는 혜택이 무한정일 거라는 착각에 빠지기 쉽다. 곧 또 다른 물고기가 낚시에 걸려들 거라고 생각하면서 말이다.

콘티키호 항해기를 읽으며 내가 받은 충격 중 하나가 바로 콘티키호의 대원들이 101일간 태평양을 항해하면서 당시 매일같이 마주했던 바다의 풍요로움이었다. 훔볼트 해류를 지나 라로이아 산호초에 난파할 때까지 콘티키호는 크고 작은 바다 생물들과 만나지 않은 날이 없었다. 대장이었던 토르 헤위에르달은 주변을 지나가는 만새기 떼가 너무 많아서 사방을 둘러보아도 온통 물고기 천지였다고 기록했다. 고래 떼가 콘티키호를 들이받을 듯한 속도로 돌진해오기도 했지만 충돌 바로 직전에 슬쩍 콘티키호를 비껴 지나가기도 했다. 상어들도 많아서 대원들은 수영을 하다가 놀라기도 했고 장난 삼아 길이가 2미터에 가까운 상어의 꼬리를 잡아당기기도 했다. 매일 물고기가 밥상에 올랐고, 오징어를 미끼 삼아 바닷물에 던져놓기만 하면 몇 분 지나지 않아 가다랑어나 만새기가 걸려들었다고 한다.

밤이면 저 깊은 바다의 주민들이 콘티키호가 신기한 듯 다가왔다. 강렬한 형광색을 띤 거대한 고래상어가 많을 때는 한번에 3마리나 찾아와 초라하고 작은 뗏목 아래를 미끄러지듯 지나갔고 그러면 몇 시간 동안이나 기괴한 진동이 이어지기도 했다. 야간 근무자는 이따금 배꼬리에서 방향타를 잡고 있다가 뗏목에 매달린 등잔 불빛에 반사된 움직임 없는 야구공만 한 눈알을 보고 깜짝 놀라기도 했다. 아마도 거대한 오징어의 눈이었으리라. 아침이 오면 그날 첫 당번이 잠에서 깨어 오징어 미끼가 달린 낚싯줄을 드리우고 간밤에 대나무로 덮은 콘티키호의 갑판 위로 날아든 날치들을 아침밥으로 튀겼다. 바다는 풍요롭고 너그러웠다.

그러나 플라스티키를 탄 우리는 비극적이게도 그와는 정반대였다. 물고기로 가득 찬 세상은 커녕, 우리가 만난 것은 거대한 푸른 사막이었다. 바다의 야생생물과 마주친 경우는 다섯손가락으로 겨우 꼽을 정도였다. 크리스마스 섬 근처에서는 길잡이 돌고래가 플라스티키를 쫓아왔고 군함새 한두 마리가 돛대 위에 내려앉으려 한 적도 있었다. 매일 낚싯대를 드리웠지만 우리는 항해기간 전부를 통틀어 겨우 물고기 3마리를 낚아 올렸을 뿐이다. 황새치, 가다랑어 그리고 만새기가 각각 한 마리씩이었다. 태즈먼 해에 들어서자 그렇게 해양생물들을 만나지 못한 우리의 눈앞에 거대한 고래 똥이 떠다니는 것이 보였다. 고래의 똥이라니! 최소한 저기 어딘가에는 고래가 있다는 뜻이 아닌가!

그렇다면 지난 53년 동안 그 많던 해양생물들은 다 어디로 갔단 말인가? 어쩌면 해양생물들은 변한 것이 없지만 플라스티키의 1만2500개 플라스틱 페트병들이 만들어내는 음파가 퍼져 모두들 겁을 집어먹고 어디론가 숨어버린 것일지도 모른다. 그러나 나는 이내 그런 생각을 떨쳐버렸다. 돌고래나 다른 고래 종류는 알려진 것처럼 아주 예민한 청력을 지니고 있지만 플라스티키에서 나는 소리에 영향을 받는 것처럼 전혀 보이지 않았기 때문이다.

나는 우리가 만난 생명체 없는 바다에 대한 설명 중 하나로 크리스마스 섬과 사모아 제도 사이를 항해하던 어느 날 밤에 생긴 일을 들고 싶다. 당시 조는 레이더를 살펴보며 플라스티키 근처에 다른 배 3척이 있는 것을 확인했다. 모두 주낙 낚시 어선이었다. 조는 그중 한 척의 선장과 무전기로 이야기를 나눴는데 그는 지금 3000개의 낚싯바늘이 달린 줄을 끌고 있다고 했다. 목표는 참다랑어. 이 커다랗고 빠르며 아름다운 유선형의 물고기는 심각한 위험에 처해 있었다. 그날 밤의 작업을 통해 선장은 100마리 이상의 참다랑어를 잡을 것으로 기대하고 있었다. 태평양과 대서양에서 참다랑어는 멸종에 이를 정도로 남획되고 있다. 그리고 신께서는 이 3000개의 낚싯바늘이 다른 생물들을 피해 갈 수 있도록 도와야 할 것이다. 알바트로스의 경우, 매년 10만 마리 이상이 주낙의 낚싯바늘에 걸려 희생되고 있다. 어부들은 목표했던 참다랑어가 아닌 다른 것들이 걸려 올라오면 그 시체를 무자비하게 바다로 다시 던져버린다.

이쪽 산업의 기준에서 본다면 우리가 접촉했던 어선은 상대적으로 소규모에 불과하다. 3000개의 낚싯바늘이라 한들, 기업형 조업을 하는 어선에 비하면 새 발의 피인 것이다. 대형 어선의 경우 주낙의 길이만 물경 95킬로미터가 넘는다. 여기에 다시 사방으로 수천 미터에 달하는

상어 지느러미 수프에 대해

- 냉혹한 살인자를 좋아할 수는 없는 노릇이지만 상어의 경우는 조금 다르다. 아시아 지역의 경제가 발전함에 따라 매년 7300만 마리에서 1억 마리 달하는 이 포식자들은 사람들의 구미에 맞춘 상어 지느러미 수프가 되기 위해 희생당했다.

- 중국과 홍콩 그리고 타이완과 그 밖의 여러 지역에서 상어 지느러미 수프는 한때 상류층을 상징하는 고급 음식이었지만 이제는 이 지역에서 증가하고 있는 중산층도 원하는 그런 요리가 되었다. 신흥 부유층들은 결혼식이나 다른 축하 자리에서 한 그릇에 150달러나 하는 상어 지느러미 수프를 대접하기도 한다.

- 상어 지느러미의 가격은 500그램에 500달러 정도다. 이 때문에 전 세계 어부들이 상어 사냥에 달려들게 되었다. 어부들이 상어를 잡아 살아 있는 상어에서 지느러미만 잘라내고 몸통은 그냥 산 채로 바다에 버리는 건 흔한 일이다. 지느러미가 잘려나간 상어는 헤엄을 칠 수 없고 따라서 상어는 고통 속에서 천천히 죽어가며 바닷속으로 가라앉는다.

- 인간의 허영심을 채우기 위해서 바다 먹이사슬의 꼭대기에 자리한 상어가 죽어가고 그로 인해 상어와 관련된 해양 생태계도 파괴되고 있다. 우리가 아프리카 초원에서 사자나 치타의 씨를 말린다면 그 결과가 어떻게 될지 한번 상상해보라. 상어의 개체 수는 지난 30년 동안 70퍼센트 가까이 줄어들었다. 특히 흉상어 종류는 99퍼센트가 줄어 거의 멸종 단계에 접어들었다.

- 잔혹하도록 얄궂은 사실은 상어의 지느러미는 아무 맛도 없는 씹기조차 힘든 연골조직이라는 점이다. 2010년 6월, 하와이에서는 최초로 상어 지느러미 수프 판매 금지령이 내려졌고 상어 지느러미를 가지고 있거나 판매하는 것 역시도 법으로 금지되었다. 비영리 야생동물보호단체인 와일드에이드(WildAid)는 미국 프로농구의 중국인 스타 야오밍이 등장하는 TV 광고와 시민 광고를 통해 상어 지느러미 수프 판매 반대운동을 이끌고 있다.

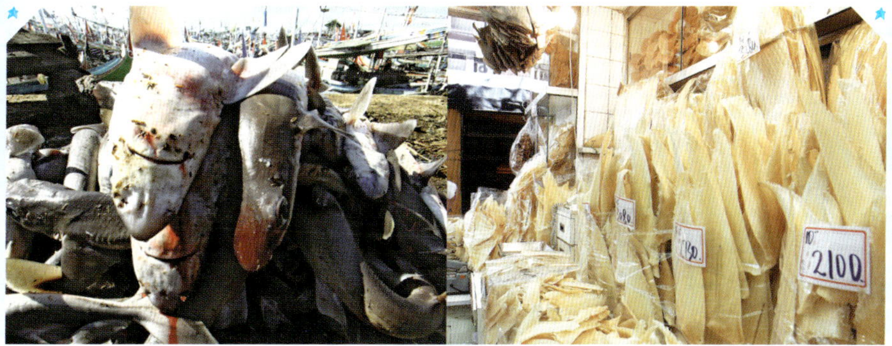

바다를 구하는 선택

몬트레이 만 수족관에서 제공하는 수산식품 안내서는 가능한 바다의 환경을 파괴하지 않고 해산물을 선택해서 즐기는 데 큰 도움이 될 것이다. '최선의 선택' 항목을 보면 그 내용이 풍부하고 잘 정리되어 있다. 바다에서 직접 건져 올리든, 양식을 하든 모두 친환경적 방법으로 얻어진 것들을 소개한다. '차선책' 항목은 선택사항으로 조업 방식이나 서식지를 고려한 것이다. '피해야 할 것' 항목은 지금부터 가급적 멀리해야 할 수산식품의 목록을 보여준다. 즉, 남획되거나 파괴적인 방식으로 얻어지는 것들이다. 더 자세한 정보는 montereybayaquarium.org 참조.

최선의 선택	차선책	피해야 할 것
북극 곤들매기(양식)	철갑상어 알(미국 양식)	철갑상어 알(수입 야생)
바라문디(미국, 양식)	대합조개(야생)	칠레 농어*
메기(미국, 양식)	태평양 대구(미국 저인망 어선)	날새기(수입 양식)
대합조개(양식)	블루 크랩*, 킹크랩(미국),	대서양, 수입 태평양 대구
날새기(미국, 양식)	가자미(태평양)	가자미, 넙치, 도다리(대서양)
태평양 대구(알래스카 주낙 낚시)	대서양 청어	농어*
게	미국 메인 바닷가재	바닷가재(브라질)
태평양 넙치	만새기(미국)	만새기(수입)
바닷가재(미국)	굴(야생)	푸른/줄무늬 청새치*
홍합(양식)	대구(알래스카 야생)	아귀
굴(양식)	연어(WA 야생)	오렌지 라피*
은대구(알래스카/BC)	은대구(CA, OR, WA)	연어(CA, OR* 야생)
연어(알래스카 야생)	가리비	연어(대서양 양식)*
가리비(양식)	새우(미국, 캐나다)	상어*, 홍어
분홍 새우(OR)	오징어	새우(수입)
줄무늬 배스(양식/야생)	스와이/바사(양식)	붉은 참돔
틸라피아(미국 양식)	황새치(미국)*	황새치(수입)*
무지개 송어(양식)	틸라피아(중앙아메리카, 양식)	틸라피아(아시아 양식)
통조림 흰다랑어를 포함한 날개	눈다랑어/황다랑어(저인망/견지)	눈다랑어, 황다랑어, 날개다랑어
다랑어(견지 낚시, 미국/BC)	통조림 흰다랑어/날개다랑어(미	(주낙)*
통조림을 포함한 가다랑어(견지	국과 BC를 제외한 저인망/견지)	참다랑어*
낚시)		통조림 다랑어(저인망, 견지 낚시
		제외)*

BC=브리티시 컬럼비아(British Columbia), CA=캘리포니아, OR=오리건, WA=워싱턴
*=수은 및 기타 오염에 대한 우려 때문에 소비가 제한됨. 몬트레이 만 수족관 제공

다른 낚싯줄이 연결되어 있다. 결국 이런 어선 한 척이 모두 합쳐 대략 800킬로미터에 달하는 주낙 낚싯줄을 바다에 던져놓고 한번에 50톤이 넘는 물고기들을 쓸어 담는다. 이 거대한 어선들은 한번 출항하면 몇 개월씩 바다에 머무르며 갑판 아래 냉동실에 이렇게 잡아 올린 엄청난 수의 물고기들을 보관한다. 매년 바다에 드리워지는 주낙용 낚싯바늘의 개수는 대략 100억 개 내외로 추산된다. 어선들은 일반적으로 몸값이 비싼 한 가지 종류의 물고기만 노린다. 바로 참다랑어나 황새치 같은 종류지만 물론 이런 것들만 걸려 올라오는 것은 아니다. 남아프리카 야생동물 보호기금의 보고에 의하면 남아프리카 서해안과 나미비아 그리고 앙골라 해안에 나가 있는 주낙 어선들은 매년 3만3850마리의 바닷새, 4200마리의 바다거북이 그리고 700만 마리의 상어를 죽이고 있다고 한다. 전 세계 바다에서 이렇게 본래의 목적과 상관없이 어선들에 의해 죽어가고 있는 해양생물들의 수를 파악해본다면 분명 엄청날 것이다.

그러나 한편으로 현대의 공장식 거대 저인망 어선들의 효율적인 살육 방식을 생각해보면, 이런 주낙 어선들의 모습 역시 한가한 취미용 낚시에 불과할 뿐이다. 축구 경기장보다 길이가 더 긴 저인망 어선의 대형 후릿그물은 보잉 747 여객기 12대를 꿀걱 삼킬 수 있는 규모이다. 이 떠다니는 살육 기계는 매일 200톤 이상의 물고기를 잡아 올려 처리할 수 있다. 이 어선들이 작업을 개시하면 바다는 진공청소기로 쓸어 담은 듯 깨끗해진다. 이런 모습을 설명할 수 있는 단어는 '대량학살'밖에 없다. 간절히 호소한다. 트리허거나 유튜브를 찾아 영국 BBC에서 제작한 다큐멘터리 〈위태로운 낙원(Fragile Paradise)〉을 보면 2명의 다큐멘터리 제작자가 바다에 뛰어들어 엄청난 수의 황다랑어를 포위하고 있는 그물 속으로 직접 들어간다. 느릿느릿 죄어들어가는 이 그물 안에는 150톤 이상의 황다랑어들이 갇혀 있다. 숨이 막히는 그물벽 안에서 물고기들은 공황 상태에 빠진다. 그물 사이로 서로 머리를 들이밀고 빠져나가기 위해 자신의 피를 뿌린다. 배를 떠난 뒤 두 제작자가 인터뷰했던 내용처럼, 그리고 그들이 제작한 다큐멘터리를 본 나처럼, 여러

분도 이 거대한 규모의 살육을 보며 전율하게 될 것이다.

가게나 식당을 찾을 때마다, 우리는 이러한 남획을 막을 능력을 발휘할 수 있다. 주낙이나 저인망 어선의 어부들은 그저 더 싸고 풍부한 해산물을 원하는 수요에 호응하는 것뿐이다. 앞서 언급했던 미국을 중심으로 한 몬트레이 만 수족관의 수산식품 안내서(montereybayaquarium.org)를 참고하거나 좀 더 국제적으로 초점을 맞춘 해양관리위원회(msc.org) 같은 곳에서 스마트폰용 어플리케이션이나 자료 등을 내려받아 남획되지 않거나 양식을 통해 공급되는 해산물들을 선택해서 구입해보자.

좀 더 적극적인 행동을 취하고 싶다면, 어부들에게 보조금을 지급하는 정부의 정책을 철회시키는 운동에 참여할 수도 있다. 이런 정부 보조금을 통해 매년 200억 달러의 거금이 투입된 어업 선단들이 바다로 출항하게 되고 일반적인 경제적 한계를 넘어서 더 멀리, 더 오랫동안 바다를 돌아다니며 조업을 하는 것이다. 비영리단체인 오세아나(Oceana.org)는 세계무역기구(WTO)와 협력하여 이러한 보조금 정책을 중단시키기 위해 애쓰고 있다. 불법 조업은 남획의 또 다른 주요 원인이다. 예를 들어, 여러분이 얼마 전에 맛을 본 칠레산 배스는 불법 조업으로 잡혀왔을 확률이 20퍼센트는 된다. 세계야생생물기금(WWF)은 지속적인 어업 관련 프로그램과 함께 불법 조업 근절 운동을 적극적으로 진행하고 있다.

—

바다는 우리를 위해 희생하고 피를 흘리고 있다. 산업혁명 이후 인간이 나무와 석탄, 천연 가스 그리고 석유를 태우며 뿜어대는 이산화탄소의 3분의 1을 흡수하고 있는 바다는 잠재적으로 지구 온난화 진행을 늦추는 역할도 하고 있다. 현재 대기 중의 이산화탄소 농도는 392피피엠으로 50년 전의 318피피엠보다 더 짙어졌으며, 최소한 지구 역사 65만 년 중 가장 높은 수치이다. 많은 과학자들이 안전선이라고 생각하는 350피피엠도 이미 훌쩍 넘어버린 것이다.

지구상의 바다가 매년 5250억 톤의 이산화탄소를 흡수해주지 않는다면 대기 중 이산화탄소 농도는 435피피엠 이상이 될 것이다. 그러면 우리는 기후 대재앙에 한 걸음 더 다가서게 되는 것이다. 대신 바다는 산성화가 빠르게 진행됨으로써 그 친절함에 대한 대가를 치르고 있다. 조개나 산호초, 연체동물 그리고 그 외 갑각류 등을 구성하고 있는 유기조직과 코콜리스와 익족류, 유공

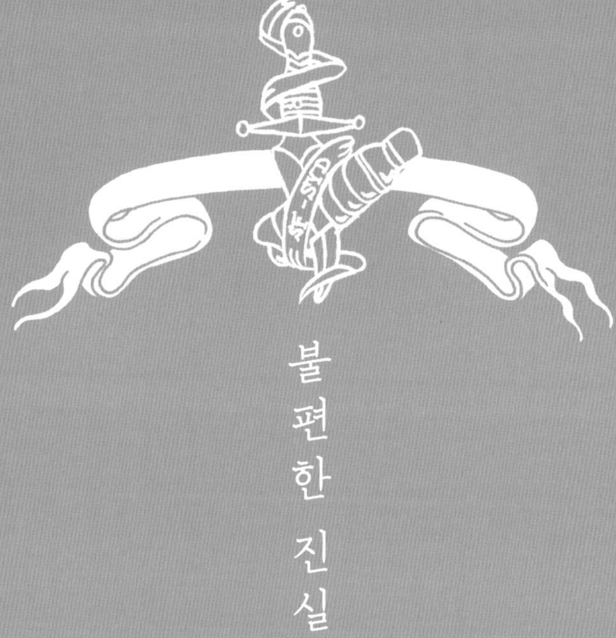

불
편
한
진
실

전 세계 바다 중 파괴적인 어업 행위로부터 보호받는 지역은
전체의 1퍼센트에도 미치지 못한다.

상어 지느러미 수프에 대한 수요 때문에
매년 7300만 마리 이상의 상어들이 살육되고 있다.

충 등 바다를 떠돌아다니며 해양 먹이사슬의 기반을 떠받치고 있는 연체동물들은 산성화된 바다의 영향을 가장 직접적으로 받게 된다. 이러한 해양생물들이 해양 생태계에서 차지하고 있는 근본적인 역할을 생각해볼 때, 만일 이들에게 문제가 생긴다면 바다 전체의 상황이 달라지게 되고 인간의 발등에도 당장 불벼락이 떨어지게 되는 셈이다.

보통의 자연적 상태에서 바닷물의 성분은 약알칼리성에 가깝다. 산업혁명의 시대가 시작될 무렵 바다의 수소이온 지수는 8.21이었다. 만일 학창시절 화학 시간에 졸지만 않았다면 수소이온 지수, 즉 pH 7이 중성이라는 사실을 기억하고 있을 것이다. 그 수치가 7 이상이 되면 알칼리성으로, 7 이하가 되면 산성으로 보는데, 예를 들어 수산화마그네슘은 pH 10이며 토마토 주스는 pH 4이다. 현재 바닷물은 pH 8.1까지 떨어졌다. 다음 세기에도 건물의 난방이나 자동차 배기가스로 인해 이런 산성화가 가속화되면 2100년까지는 그 수치가 pH 7.824에 도달할 것으로 예상된다.

그렇게 크게 실감 나는 수치가 아니라고? pH 수치는 대수(對數)의 개념으로, 만일 pH 수치가 0.1 떨어지면 실제로는 산성화가 30퍼센트 이상 증가하는 것이다. 우리는 바다의 기본적인 화학 구성을 뒤바꾸고 있다. 앞서 예측한 서기 2100년의 pH 7.824는 지구 역사 2000만 년 동안 가장 낮은 수치인 것이다! 이산화탄소가 바닷물 속으로 녹아 들어가면 물, 즉 H_2O 분자를 감싸 탄산 형태로 바꾸게 된다. 일단 복잡한 화학반응은 건너뛰고 결론으로 들어가보도록 하자. 먼저, 바닷물이 산성화되면 탄산칼슘의 두 가지 형태인 아라고나이트와 방해석이 줄어들게 된다. 아라고나이트와 방해석이 줄어들면 산호초와 연체동물, 그 외 다른 유기조직들은 자신들의 껍질이나 뼈대를 만들고 유지하는 데 어려움을 겪게 된다. 골다공증에 걸린 사람을 연상하면 된다.

이미 바닷물의 산성화로 인해 이런 종류의 해양생물들이 큰 피해를 입고 있다는 증거가 속속 등장하고 있다. 대서양 유공충 껍데기의 무게는 18세기 후반 이후와 비교해 30~35퍼센트나 줄어들었다. 프랑스 연구자들이 북극해 먹이사슬을 떠받치는 바다 위를 떠다니는 연체동물을 대상으로 연구한 결과, 2100년의 pH 수치를 대입해보면 그 껍데기의 무게가 28퍼센트 줄어들 것이라고 한다. 그리고 작은 연체동물들 중 자신의 힘으로 헤엄칠 수 있는 개체의 수도 3분의 1 미만으로 줄어든다는 것이다. 물론 나머지는 그냥 바다 밑바닥으로 가라앉게 된다. 이렇게 해양 생태계에 산성화가 미치는 영향은 아직 크게 알려져 있지 않으며 더 많은 연구가 필요하다. 그러나 우리에게 그럴 만한 시간적인 여유가 남아 있을까?

바다의 산성화는 이제 어떻게 대처할 수 없는 문제로 보인다. 이변이 없는 한, 이전 상태로 되돌리는 일은 쉽지 않을 것이다. 그렇지만 우리 개개인의 노력이 변화를 가져올 수도 있다. 자전거를 타고 조금 더 걷고, 자동차를 적게 이용함으로써 화석연료의 사용으로 인한 이산화탄소의 배출을 줄일 수 있다. 짧은 거리를 이동할 때 자동차는 가장 비효율적인 이동수단이다. 가능하다면 살고 있는 집을 에너지 절약형으로 개조하는 데 돈을 투자하는 것도 한 방법이겠다. 이렇게 돈을 투자해서 각종 고지서 내역들을 절약하는 편이 주식시장에 돈을 투자해서 수익을 얻는 것보다 훨씬 더 나은 일 아닐까. 이런 일들을 실천하게 되면 친구들과 가족들로 하여금 그들의 에너지 소비 형태에 대해 다시 한번 생각하도록 만들 수 있다. 정치적으로는 지역의 국회의원들에게 압력을 넣어 '플래닛 1.0' 시대, 즉 지구 1세대의 연료인 석탄과 석유 사용에 대해 탄소세를 부과하도록 할 수 있고 '플래닛 2.0' 시대의 새로운 에너지원인 태양광, 풍력, 조

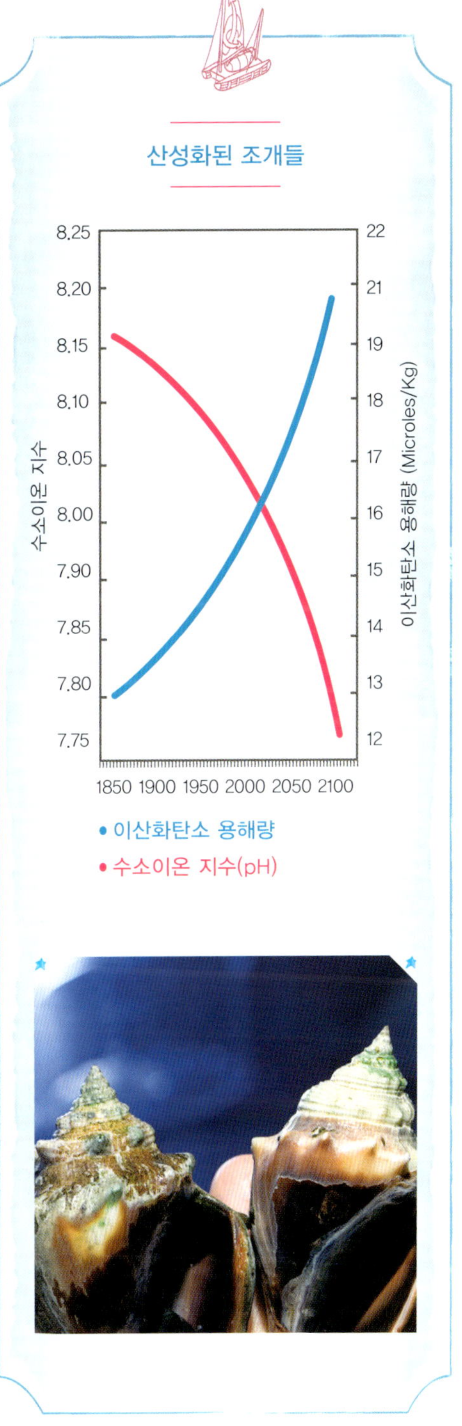

● 전 세계를 살펴볼 때, 수천 제곱킬로
미터에 이르는 산호초들이 '탈색'되거나 죽
어가고 있다. 과학자들은 바다의 온도가 상
승하는 것을 원인으로 보고 있다. 그리고 온
도는 계속해서 오르는 중이다.

● 크리스마스 섬 근처에서 만난 한 떼
의 길잡이 돌고래 무리는 플라스티키가 태
평양을 항해하면서 마주친 몇 안 되는 바다
의 친구들 중 하나였다.

력 그리고 지열을 이용한 혁신적인 방안을 후원하도록 할 수도 있다. 탄소세금본부(the Carbon Tax Center)의 웹사이트(www.carbontax.)를 방문하면 관련 정책에 대한 새로운 소식을 확인할 수 있다.

—

산호초는 바다의 열대우림과 같다. 그리고 육지에서처럼 우리는 그 열대우림을 파괴하고 있다. 산호초가 지표면에서 차지하는 면적은 1퍼센트에 불과하지만 그 1퍼센트의 면적에 4000종류가 넘는 다양한 해양생물들이 의지하며 살고 있다. 전 세계의 산호초들은 해양생물들이 몸을 피하고 번식할 수 있는 일종의 성역을 제공하고 있으며, 해안가를 따라 늘어서서 파도를 막아주는 이 완충지대는 또한 수백만 명의 사람들이 생계를 의지하고 있는 곳이기도 하다. 그런 산호초지대가 엄청난 위험에 직면해 있는 것이다.

과학자들은 우리가 이미 전체 산호초 지대의 4분의 1 이상을 파괴했다고 추정한다. 필리핀의 경우, 퇴적물에 의해 쓸려 내려가고 파괴적인 조업 행위로 인해 파괴된 산호초가 무려 70퍼센트에 달한다. 인도양에 위치한 세이셸과 몰디브 공화국은 지난 몇 년 사이 국토를 구성하는 섬들 주변의 산호초 지대가 90퍼센트 가까이 괴멸되었다. 비정상적으로 높아진 해수면 온도가 주요 원인이다.

거칠어 보이는 겉모습 그리고 파도의 타격을 견뎌내는 일상과 달리 산호초는 놀라울 정도로 섬세하며 특히 온도 변화에 취약하다. 아주 작은 범위의 온도 변화만 견뎌낼 수 있어, 난시 일주일 정도 온도가 비정상적으로 오르내리는 것만으로도 산호초는 죽을 수 있다. 지구의 바닷물이 따뜻해진다는 건 이산화탄소 농도가 점점 높아지고 있다는 뜻이다. 바닷물의 온도가 섭씨로는 1도, 그리고 화씨로는 1.8도만 올라가도 산호초는 심각하게 탈색이 되다가 결국 죽음에 이른다. 지구의 온도가 가장 높이 올라간 것으로 기록된 1997년과 1998년 사이 바닷물의 온도도 비정상적으로 올라갔고, 그 기간 동안 전체 산호초의 16퍼센트가 치명적인 타격을 입었다.

이렇게 온도 변화만으로도 큰 위협이 되는데, 거기에 산호초의 성장을 방해하는 바닷물의 산성화가 결합되고 수족관 등에 공급할 열대어들을 기절시켜 포획하기 위해 산호초 지대에 폭약을 사용하는 등의 방식까지 동원되고 있는 형편이다. 또한 개발 사업으로 바다 밑 침전물까지 쓸려 나가고 나면 산호초가 살아남을 수 있는 여지가 더욱 좁아지게 되니 미래는 절망적이다. 대략 계

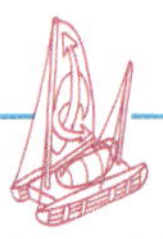

희망의 바다를 구하라

현재 바다가 안고 있는 문제점들은 어마어마하며 시간은 빠르게 흘러가고 있다. 그러나 우리는 바다가 입은 피해를 복구하고 그 생명력을 되살릴 수 있다. 문제의 핵심은 생물학적 다양성을 보전하고 있는 주요 지역이나 실비아 얼 재단의 미션 블루 프로젝트가 찾아낸 '희망의 지역'을 지키고 보호하는 일이리라. 아직까지 오염이나 남획, 인간의 파괴 활동으로부터 상대적으로 피해를 덜 입은 지역이 있다. 이 18개 희망의 지역은 전 세계에 흩어져 있는데, 반드시 해양생물보호구역으로 지정되어 중요한 생물들과 그 다양성이 지켜져야만 한다. 이것이야말로 우리가 놓쳐서는 안 되는 희망이다.

- **산호해(Coral Sea)** : 마지막 남은 열대청정해양 생태계 중 하나. 고래와 상어, 바다거북이, 대형 어류들이 건강하게 살고 있는 이 오스트레일리아의 산호해는 단지 전체의 1퍼센트만이 보호되고 있다.

- **칠레 연안과 섬들** : 물개와 고래, 돌고래, 여러 해양 포유류들의 고향. 칠레 연안의 협만들과 후안페르난데스 제도, 그리고 이스터 섬은 저인망 어선들의 조업과 남획 등으로 큰 위협을 받고 있다.

- **기니 만** : 사람들이 살지 않는 바닷가와 오염되지 않은 바다는 원유 개발과 장수바다거북이 알에 대한 밀렵, 그리고 기업형 조업으로 위험에 처해 있다.

산을 해봐도 지금과 같은 파괴 행위가 계속될 경우, 2050년이면 전 세계 산호초의 70퍼센트가 사라지게 된다.

모든 해양 생태계는 서로 연결되어 있기 때문에 산호초 지대에서 수천 킬로미터 밖에 살고 있는 사람이라 할지라도 현재 그들이 사용 중인 살충제나 화학비료, 세제 그리고 각종 가정용품들은 결국 바다로 흘러들어가게 된다. 하수구에 무언가를 버릴 때는 한 번 더 생각하고, 집안이나 정원을 청소하고 관리할 때는 안전한 유기농 제품을 사용하도록 노력하자. 또한 산호초는 직접적인 후원자들을 필요로 한다. 그러니 산호초 지대를 방문해 지역의 상황을 잘 알고 있는 안내자와 함께 그 속으로 직접 잠수해 들어가보자. 자신의 탄소 발자국을 줄이려는 노력 또한 바다의 산성화를 비롯한 산호초에 대한 각종 위협을 누그러뜨리는 데 도움이 된다.

—

이제는 더 이상 지금까지의 방식을 유지할 수 없다는 사실이 아주 분명해 보인다. 바다가 스스로를 보호하기 위해서라도 우리가 원하는 모든 것을 그냥 내어줄 거라는 환상은 이제 그만 끝내야 한다. 인간은 자신의 생명줄을 지탱해주는 생태계마저 파괴하고 있는 것이다. 인간이 바다에게 자행하고 있는 일들을 생각하면 나는 늘 '젠가'라는 보드게임이 생각난다. 똑같은 모양의 길쭉한 나무 블록을 쌓아 올린 후 그 탑을 무너뜨리지 않고 아주 조심스럽게 블록을 하나씩 빼내는 놀이 말이다. 우리는 전체적인 영향은 생각하지도 않은 채 해양 환경에서 중요한 생물이나 구성 요소를 하나씩 빼내고 있다. 그러다 어느 순간이 되면, 어쩌면 생각보다 훨씬 빨리, 우리는 결정적인 블록 하나를 뽑아내게 되고 결국 생물학적 대재난을 불러오게 될지도 모른다.

그런 사태를 막아내야만 한다. 내가 제일 좋아하는 운동경기인 축구를 예로 들면, 현재 상황은 경기 종료 5분여를 남겨놓고 2골 이상 뒤지고 있는 상황이다. 우리의 유일한 희망은 바다가 지니고 있는 놀라운 재생 능력이다. 어쩌면 대책 없는 낙관주의일지도 모르겠으나 나는 사람들이 생물학적 재난이 일어나기 전에 어떤 행동에 돌입할 것이라는 희망을 갖고 있다. 예를 들어 실비아 얼 재단의 미션 블루 같은 환상적인 프로그램과 사람들의 태도 변화와 같은 희망의 조짐들이 있다. 미션 블루에서는 환경보호를 위해 바다의 마지막 남은 청정지역들을 정확하게 찾아 소개하고 있으며 국제보전협회(Conservation International)는 뛰어난 바이럴 캠페인을 통해 한 사람당 일정 넓이의 바다를 보호하는 운동을 전개하고 있다.

이렇듯 나는 사람들이 환경보호를 위한 지도력과 깨어 있는 의식을 발휘하면 우리가 그간 진행해온 난개발을 중단시켜 바다가 다시 숨 쉬게 될 것이라고 확신한다.

환경보호에
한계란 없다

루이 시호요스

약 5년 전쯤 내가 비영리단체인 바다보존협회를 창설하고 책임자를 맡게 된 후의 일이다. 우리 가족과 나는 친구의 초대를 받아 배를 타고 카리브 해에서 시간을 보낼 수 있게 되었다. 우리가 탄 친구의 배 옆에는 또 한 척의 배가 있었는데 그 배를 빌려 타고 온 건 바로 스티븐 스필버그 감독과 그의 가족이었다. 어느덧 50대에 접어든 나는 지난 20여 년간 〈내셔널지오그래픽(National Geographic)〉, 〈타임(Time)〉, 〈스포츠 일러스트레이티드(Sports Illustrated)〉 그리고 다른 여러 굵직한 잡지사에서 사진기자로 일해왔지만 그때까지 내 인생과 경력에서 중요한 전환점은 아직 맞이하지 못하고 있었다. 한편 당시 나는 우리의 바다를 구하는 일에 대해 사람들에게 영감을 줄 수 있을 만한 다큐멘터리 한 편을 기획 중이었다. 그것은 내가 아직 한 번도 시도해보지 않은 영상 촬영 작업이기도 했다.

그렇게 카리브 해에서 시간을 보내는 동안 스필버그 감독과 인사가 오갔고 마침 내 아들과 그의 아들 중 한 명이 동갑내기여서 금세 친해지게 되었다. 그러다가 마치 캠핑장에서 서로의 캠프를 오가듯 서로 타고 온 배를 오가며 식사도 하고 술도 한잔하는 사이가 되었다. 이런저런 이야기를 나누던 중 스필버그 감독이 내가 무슨 일을 하고 있는지 물어왔다. 〈라이언 일병 구하기

(Saving Private Ryan)〉며 〈인디아나 존스(Indiana Jones and The Temple of Doom)〉 시리즈를 만든 이런 대감독 앞에서 참으로 얄궂은 상황이었지만 나는 잠시 주저하다 용기를 내 나 같은 초짜 감독에게 하고 싶은 충고가 있느냐고 물었다.

그는 잠시 생각하더니 이렇게 대답했다. "배나 동물이 나오는 영화는 절대로 만들지 말아요."

〈죠스(Jowrs)〉와 〈주라기 공원(Jusassic park)〉으로 엄청난 흥행을 기록한 감독이 그런 이야기를 하다니! 나는 그저 난감한 기분으로 웃어 넘겼던 것 같다.

그로부터 몇 개월이 지난 후 나는 일본의 어느 국립공원 안에 금단의 구역이 있다는 사실을 알게 되었다. 그곳은 그저 후미진 '만(灣)'으로만 알려져 있었다. 그러나 그곳은 세계 어느 곳보다도 많은 돌고래들이 죽어나가고 있는 곳이었다. 또한 경비견과 동작 감시 장치, 경찰 그리고 여러 지하도와 울타리, 날카로운 가시 철조망 등으로 엄중한 경계가 펼쳐지는 곳이기도 했다. 만일 우리가 그곳에 침투하여 거기서 벌어지고 있는 참상을 세상에 알리려다 붙잡히기라도 한다면, 체포는 물론이거니와 자신들의 무서운 비밀을 지키기 위해 전력을 다하는 사람들에게 의해 큰 해를 입을지도 몰랐다.

바로 그곳, 돌고래를 학살하는 일본의 타지(Taiji) 사람들에게 생명에 대한 경외심이라고는 없었다. 심지어 자신들의 마을에 서양인들이 나타나기만 해도 아주 폭력적으로 돌변한다고 알려져 있었다. 이런 분명한 악조건들에도 불구하고 나는 내 첫 번째 영화의 내용과 배경으로 그곳을 선택했다. 스필버그 감독의 충고와는 정반대로 내 영화에는 배와 동물들이 등장했다. 우리는 계획적으로 무단침입을 했고, 체포될 위험을 감수해야 했다. 그곳 사람들은 우리의 카메라를 보고 무언가 이야기를 하느니 차라리 우리를 그냥 죽여 없애는 것이 더 낫다고 생각하고 있는지노 몰랐다. 우리는 언제나 그렇듯 고정관념의 틀을 깨야만 했다.

당연한 이야기겠지만, 나는 굳이 스필버그 감독을 찾아 내 첫 작품에 대해 어떻게 생각하는지 물어보지 않았다. 그렇지만 우리가 만든 다큐멘터리 영화 〈더 코브(The Cove)〉에 대해 연예 전문 잡지 〈롤링스톤(Rolling Stone)〉은 "첩보영화와 동물영화의 경계선을 뛰어넘었다."고 평했으며, 선댄스 영화제를 시작으로 아카데미와 피터 벤츨리 영화제 등 각종 영화제에서 75개의 상을 휩쓸었다. 피터 벤츨리는 스필버그를 일약 스타 감독의 반열에 올려놓은 영화 〈죠스〉의 원작자이기도 하다.

〈더 코브〉는 〈죠스〉처럼 엄청난 돈을 긁어모으는 블록버스터 영화는 아니었지만, 우리의 이 작은 영화를 통해 일본에서 돌고래의 생명을 구하고 죽음과 포획에 직면해서 돌고래들이 겪는 끔찍한 고통을 세상에 알릴 수 있었다. 지난 수십 년 동안 동물보호단체 등에서 세상에 알리려고 노력해온 그런 내용이다. 〈더 코브〉는 또한 놀이공원이 아닌 '고문'공원의 수족관 등지에서 돌고래들이 당하고 있는 취급을 바꾸는 정책이 시행되도록 기여했다. 〈더 코브〉의 상영을 통해 일어난 이런 일련의 현상들이야말로 내 영화가 가져다준 진정한 의미의 성공이었다. 10달러짜리 영화표와 팝콘 한 봉지로 계산될 수 없는 것이다.

바다와 함께 살며 일하고 또 즐기는 사람들은 누구도 빠짐없이 지금 우리가 엄청나게 빠른 속도로 이 바다라는 환경을 잃어가고 있음을 안다. 우리의 실제 삶과 관련된 전쟁이 현재 실시간으로 벌어지고 있는 것이다. 〈더 코브〉는 바다를 지키려는 인간의 노력을 지원하는 여러 공격 무기 중 하나다. 그리고 나는 다큐멘터리야말로 가장 큰 효과를 볼 수 있는 초강력 무기라고 생각한다. 진짜 폭탄은 사람을 죽이지만 이렇게 영화를 만들면 사람을 살릴 수 있다. 사람들의 공감을 이끌어내 든든한 지원군을 얻어낼 수 있는 것이다.

영화를 만드는 일은 바다보호운동에서 나의 무기가 되어주었다. 나에게 영화는 또 다른 플라스티키이며 장대한 여정이다. 나는 만나는 모든 사람들에게 자신만의 생각과 의지를 표현하라고 격려한다. 바로 자신만의 플라스티키를 만들어 바다에 띄우는 것이다. 자신의 재능을 십분 활용하라. 변호사도 좋고, 사업가도 좋고, 예술가도 상관없다. 혹은 선거 때만 표를 던지는 한 명의 시민이라도 상관없다. 지금 당장 일어나서 세계의 바다를 지키기 위한 싸움에 나서자. 자신만의 길을 가도 상관없다. 우리가 살고 있는 이 지구를 구하는 길에 특별한 규칙이나 방법이 따로 있는 건 아니니까. 우리가 열린 마음을 갖고 다가설 때 한계란 없다.

• 루이 시호요스(Louie Psihoyos)는 사진작가 겸 영화 제작자이다. 시호요스가 2009년 제작한 다큐멘터리 영화 〈더 코브〉는 아카데미 시상식에서 장편 다큐멘터리상을 수상했다.

탐험대원 소개 : 싱겔리 애그뉴

싱겔리 애그뉴는 대타로 나와 장외홈런을 기록한 경우다. 크리스마스 섬에서 휴식을 선택한 맥스를 대신할 사람을 찾느라 고심하던 우리에게 싱겔리는 짧은 시간 안에 그 빈자리를 채워줄 능력을 갖춘 사람이었다. 그녀는 유명한 사진 전문 기자이며 다큐멘터리 제작자이기도 하다. 인도와 네팔, 캄보디아와 프랑스 등지를 거치며 탐사 보도를 계속해왔고, 그 범위는 사회 문제에서 과학 분야까지 다양하다. 싱겔리의 기사와 다큐멘터리는 PBS 방송국의 〈프런트라인/월드〉에 소개되었고 단편 다큐멘터리 〈꽃의 세계〉는 산업화되고 있는 꽃의 수분(受粉)과 양봉의 이동 현상을 조명한 최초의 작품으로 관련 분야에서 수상을 하기도 했다.

Q 바다 생활에 준비가 되어 있는 상태였나?

A 나야 바다 생활에는 풋내기니 어떻게 해야 할지 감이 잘 잡히지 않았다. 그래도 플라스티키를 타고 있는 기간이 한 달 남짓 될 테니 뭐 어떻게 되지 않을까 편하게 생각했다. 내가 생각한 가장 큰 문제는 열대 바다를 항해하는 동안 충분한 물을 마실 수 있는가 하는 것이었다.

Q 플라스티키 생활에서 가장 마음에 들었던 점은?

A 동이 트는 모습을 바라보는 것이 제일 좋았다. 플라스티키에서도 가장 고요한 시간이었다. 밤이 낮으로 바뀌고 피도 위로 태양이 처음 모습을 드러내는 광경은 언제나 숨이 멎을 것처럼 아름다웠다.

Q 개인적인 시간을 갖고 쉴 수 있는 공간이 플라스티키에 있었나?

A 가장 개인적인 공간과 시간이라면 방향타를 잡고 있는 시간이 아니었나 싶다. 다른 사람들은 잠을 자거나 다른 볼일을 보고 있는 시간이다. 항로를 제대로 유지하려면 고도의 집중력이 요구된다. 바람과 움직임에 내 마음이 하나가 되니 어쩌면 명상의 시간과 비슷했다. 나는 날씨의 변화를 느낄 수 있는 점, 변화무쌍한 하늘을 동무 삼을 수 있다는 점이 좋았다.

Q 항해 중 가장 기억에 남는 순간이 있다면?

A 조가 특별한 날 밤에 알아볼 수 있는 별자리를 설명한 책을 갖고 있었다. 그 별자리에 대한 뒷이야기와 전설도 담겨 있었다. 나는 조와 함께 한밤중에 나란히 앉아 손전등을 밝히고 책을 읽으며 머리 위로 펼쳐지는 장대한 드라마를 지켜보는 것이 참 좋았다.

Q 바다와 관련해 가장 큰 일이나 도전이 있었다면?

A 나는 그동안 생활에 필요한 일들과 촬영 작업에 필요한 일들을 이렇게 뒤섞으며 살아본 적이 한 번도 없었다. 설거지를 하고 있다가도 금방 카메라를 잡고 촬영을 하러 뛰어나가야만 했다. 그리고 별다른 보조장치의 도움 없이 흔들리는 배 위에서 촬영하는 건 그리 만만한 작업이 아니었다. 이런 일들이 나를 아주 미치게 만들었다.

Q 육지에 도착해서 제일 먼저 한 일은?

A 샤워! 그리고 차가운 맥주 한 잔. 다시 두 다리로 단단한 땅을 밟는 기분을 만끽했다. 꼭 이 순서대로는 아니었지만.

Q 태평양에 대해 가장 기억에 남는 것은 무엇인가?

A 이번 항해를 하기 전엔 태평양이 대륙 사이에 자리 잡은 물로 채워진 공허한 공간이라고 생각했다. 이제는 온갖 일들이 다 일어날 수 있는 살아 있는 장소라고 생각한다.

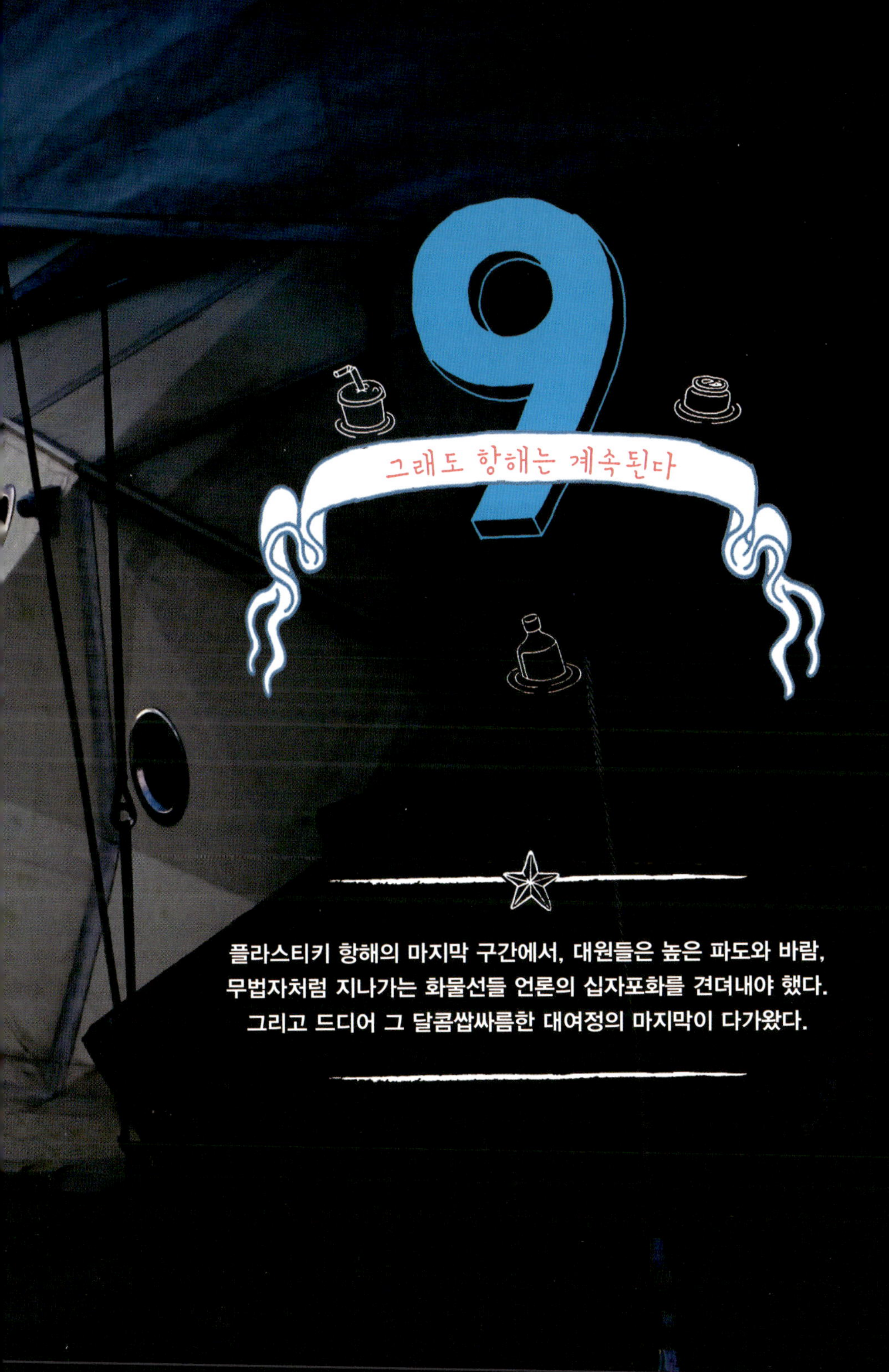

플라스티키 항해의 마지막 구간에서, 대원들은 높은 파도와 바람,
무법자처럼 지나가는 화물선들 언론의 십자포화를 견뎌내야 했다.
그리고 드디어 그 달콤쌉싸름한 대여정의 마지막이 다가왔다.

높은 산과 극지방, 드넓은 대양, 혹은 그곳이 어디든 인간이 극한의 환경에 자신을 내던지는 곳이 있다. 한 치의 실수도 용납되지 않는 그런 곳에서 발생한 대형 사고의 뒷면을 자세히 살펴보면 분명 여러 가지 일들이 쌓여 사고가 일어날 만한 상황이 시작되는 시점이 있다. 그러나 그런 경고나 조짐은 무시되거나 간과된다. 산악인들은 그렇게 현실을 외면하는 상황이나 욕망을 일컬어 '정상 정복의 열병(summit fever)'이라고 부른다.

탐험을 위해 엄청난 양의 시간과 돈, 노력이 투자된 경우 냉정하게 위험을 판단하기란 그렇게 쉬운 일이 아니다. 언제 앞으로 전진해야 할지, 또 언제 그만두어야 할지 냉정하게 판단할 수만 있다면 안전한 탐험은 어느 정도 보장되는 셈이다. 그래서 사모아 제도에 정박하는 동안 나는 우리의 여정을 계획보다 줄이는 결정에 대해 고심하고 또 고심했다.

폴리네시아 제도 사이를 항해하며 조와 미스터 T 그리고 다른 대원들은 플라스티키의 선체 움직임이 그 어느 때보다 유별나다는 것을 눈치챘다. 우리는 플라스티키 선체의 신축성에 기대를 걸고 있었다. 처음부터 이 배는 파도와 바람을 맞아 부드럽게 이겨낼 수 있도록 설계되었다. 그렇지만 한계는 있었다. 서 사모아의 수도인 아피아에 들려 작은 선박 수리소를 찾아 정밀하게 확인해본 끝에 우리는 문제의 원인을 찾아냈다. 갑판의 받침대와 쌍둥이 선체의 연결 부위 사이를 강화해주는 32개 지지대 중 6개가 압력을 견디지 못하고 휘어지고 있었던 것이다. 8개의 받침대 하나하나에 각각 4개씩 붙어 있는 이 부메랑 모양의 지지대는 선체의 흔들림을 어느 정도 허용하는 수준의 충격 흡수제 역할을 해왔다. 마치 범죄 현장의 CSI 대원들처럼 우리는 손상된 부

● 대항해를 견뎌낸 플라스티키는 험난했던 여정의 흔적을 여기저기 드러냈다. 그렇지만 플라스티키는 여전히 우리의 든든한 동반자였다.

위가 정확하게 어디인지 밝혀내려고 애썼다. 우리가 가장 의심하는 부분은 주돛대를 버티고 있는 삭구(索具)들이었다.

일반적인 돛단배의 돛대는 강철로 만든 줄과 삭구로 선체와 연결되어 꼭대기에서부터 갑판 가장자리의 연결부위까지 줄이 팽팽하게 당겨져 있는 상태에서 안정된 자세를 유지하게 된다. 돛이 불어오는 바람을 품게 되면 돛대에는 하중이 실리게 되고 바람이 불어오는 쪽에 연결된 삭구에는 힘이 들어가지만 반대편 쪽은 느슨해진다. 플라스티키의 돛대를 지탱해주던 줄과 삭구들은 강렬한 열대의 태양과 그로 인해 녹아내린 세레텍스 지지대 때문에 탄성을 잃고 느슨해진 상태였다. 노련한 선원들이었다면 정기적으로 헐거워진 부분을 확인하고 줄과 삭구들을 단단하게 조여 계속해서 팽팽한 상태를 유지하도록 만들었을 것이다. 그러나 우리는 그런 사실을 알지 못했고 결과적으로 플라스티키의 선체는 조금씩 헐거워져가고 있었다. 마치 만화에서 짐을 잔뜩 실은 자동차 바퀴가 옆으로 퍼지듯이 플라스티키의 쌍둥이 선체도 용골로부터 조금씩 떨어져나가고 있었다.

이런 사실을 알게 된 나는 다음과 같은 문제들을 생각하지 않을 수 없었다. 플라스티키의 상태는 이미 수리할 수 있는 한계를 넘어섰을까? 만일 그렇지 않다면 바다 한복판에서 대원들을 위험에 빠뜨리는 일 없이 남은 항해를 무사히 마칠 수 있다고 얼마만큼 자신할 수 있는가?

이에 대한 해답을 얻기 위해 우리는 플라스티키를 설계한 앤디 도벨을 오스트레일리아에서 이곳 사모아로 불러들였다. 앤디의 도착을 기다리는 며칠은 아주 불안한 시간이었다. 조와 미스터 T 그리고 우리가 고용한 사모아의 수리소 직원들은 플라스티키가 입은 피해가 심각한 정도는 아니라고 확신하고 있었다. 그러나 이곳을 찾아온 앤디가 상황을 살펴보고 배를 포기하라는 결정을 내리게 될 가능성도 완전히 배제할 수는 없었다.

나는 어떤가? 나는 정말 시드니까지 가고 싶어 하나? 그야 물론이다. 그렇지만 플라스티키 프로젝트는 이미 일반적인 모험이나 탐험의 범위를 넘어섰다. 지금의 궁극적인 목표는 단지 오스트레일리아까지 무사히 도달하는 것이 아니다. 이 배는 일회용 플라스틱 제품에 대한 인식의 변화와 그 해결책을 위한 하나의 상징이며 은유이다. 온갖 문제에 직접 부딪혀보기 위해 떠난 여정인 것이다. 나는 우리가 '요람에서 요람으로'라는 엄격한 기준을 따라 상징적인 배를 한 척 건조한 후 그 배를 타고 샌프란시스코에서 크리스마스 섬까지 항해한 것만으로도 충분한 성공이라는 생각이 들었다. 우리는 이 지구에서 가장 광활하게 펼쳐져 있는 바다를 횡단했고 대원들도, 배도 모두 상한 곳 하나 없이 무사히 항해를 마쳤다.

　한편, 언론과 인터넷상의 블로거 혹은 네티즌들은 상황을 좀 다르게 보고 있었다. 그들에게는 시드니가 아니면 모든 것이 다 끝장이었다. 시드니라는 목표에 도달하지 못한다면 당장 우리에게 실패자라는 낙인이 찍힐 판이었다. 그들의 그런 모습은 우리가 샌프란시스코 만이나 미국 연안도 제대로 벗어나지 못할 것이며, 태평양에 들어가더라도 살아남지 못할 거라고 떠들어댔던 사람들과 별반 다를 바가 없었다. 그런 그들의 예상을 깨고 우리가 한 걸음씩 나아갈 때마다 그들은 다시 말을 바꾸고 멋대로 목표를 바꾸었다. 나는 이미 아주 오래전에 도저히 이해하고 받아들일 수 없는 사람들이 있다는 사실을 배웠다. 이런 빌어먹을! 그런 인간들은 우리가 시드니에 도착하고 나면 남극까지 가라고 할 게 아닌가!

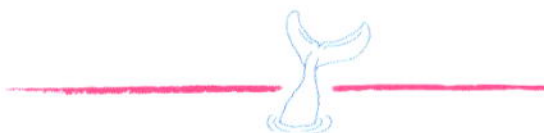

　앤디를 기다리며 우리는 조의 지휘 아래 배를 정비하는 시간을 아주 생산적으로 사용했다. 조는 아직 아무런 이상 없이 온전하게 남아 있는 26개의 지지대가 앞으로 손상을 입지 않도록 손을 보라고 지시했다. 우리는 플라스티키의 강철 삭구들을 일반 밧줄로 교체하기로 했다. "배의 밧줄은 실제로 충격을 흡수하는 역할을 해요. 파도로 인한 흔들림과 바람을 품은 돛으로 인한 압력이 만들어내는 하중을 견뎌내지요." 조의 설명이었다. "그 압력을 줄일 수 있으면 돛대의 받침대가 받는 압력도 줄일 수 있을 거예요." 그렇지만 돛단배의 경우, 압력이 줄어들거나 사라지는 것이 아니라 한 군데 가해지는 압력을 다른 곳으로 분산시키는 개념이다. 그렇다면 그렇게 분산된 힘이나 압력이 배의 어떤 부분에서 또다시 문제를 일으키지 않으리라는 보장이 없었다. 아피아에서 만난 선박 수리소와 그곳의 뛰어난 직원들은 만신창이가 된 플라스티키에게는 하늘이 내려준 행운이었다. 특히나 조와 싱겔리는 트레버라는 이름의 헝클어진 머리를 한 이곳의 미남 전문가에게 푹 빠진 모양이었다. 두 사람은 그가 하는 이야기들을 모두 적극적으로 받아들였다. "아주

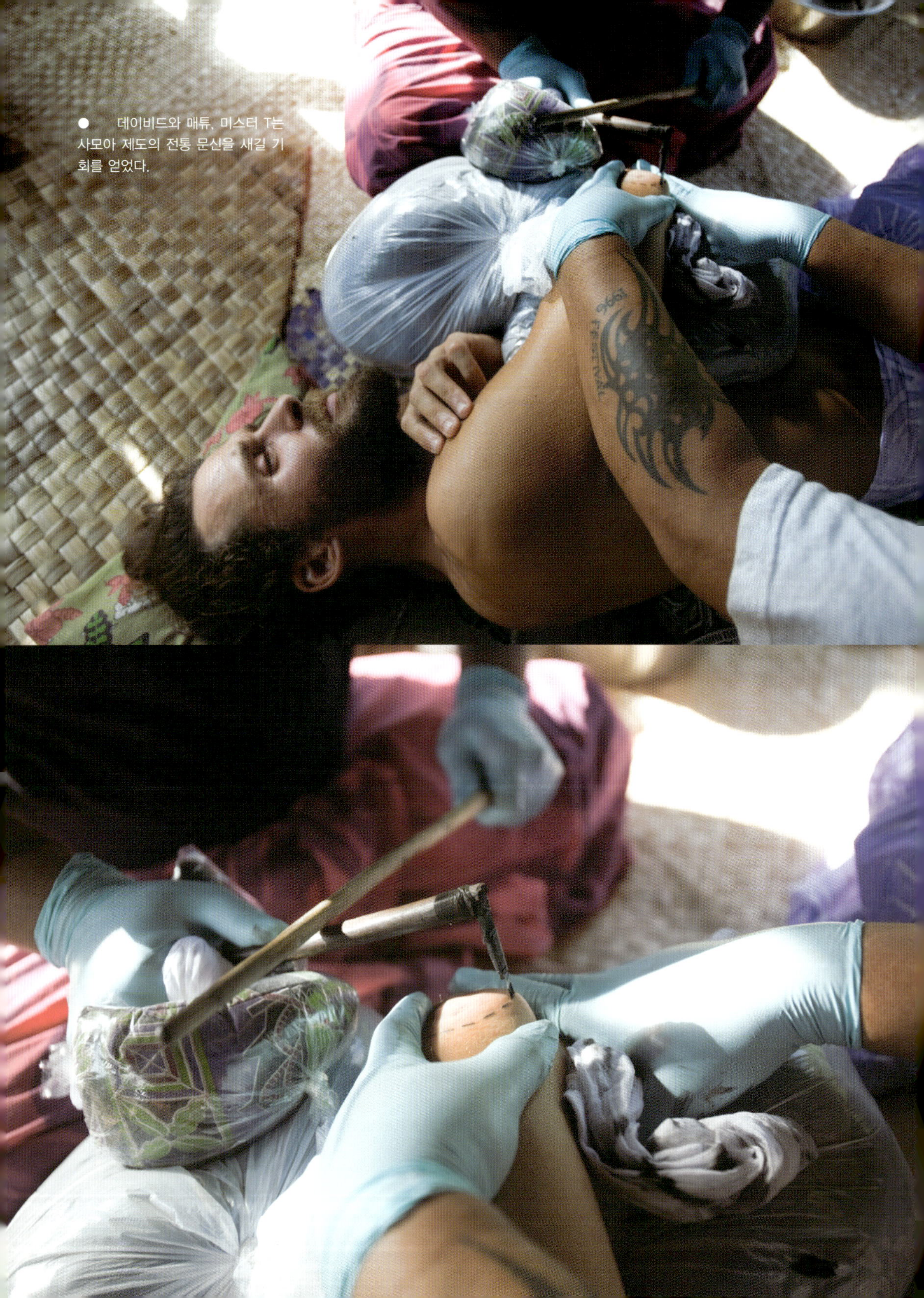

데이비드와 매튜, 미스터 T는 사모아 제도의 전통 문신을 새길 기회를 얻었다.

안성맞춤이야." 나는 조가 이렇게 말하는 소리를 들었다. 우리는 목수 한 명을 찾아 플라스티키의 방향타를 보강해줄 측판(側板)을 만들어달라고 부탁했다. 그렇게 완성된 길이 2.4미터, 너비 1미터가량의 날렵한 날개 모양을 한 측판은 그 모습이 너무나 아름다워 그냥 수면 아래 보이지 않는 곳에 장착하는 것이 아까울 정도였다. 우리는 배의 뒤편에 임시로 만들어 붙인 지지대 사이에 측판을 고정시킬 수 있을 것 같았다. 그렇게 하면 배가 옆으로 움직이는 것을 막아줄 것이며 바람에 좀 더 가깝게 접근할 수 있을 터였다. 우리는 시드니까지 무사히 도착하기 위해 모든 방법을 다 써볼 생각이었다.

플라스티키가 수리소에 있는 동안 나를 포함한 대원 몇 명은 이 낙원의 섬에서 영원히 잊지 못할 아주 개인적이고 중요한 의식 한 가지를 치르게 된다. 사모아 제도의 문신은 그 크기는 물론, 마치 옷을 입은 것처럼 보일 정도로 복잡하게 온몸을 뒤덮는 문양으로 아주 유명하다. 그리고 그 문신을 새기는 고통스러운 과정 역시 유명했다. 나는 문신 3개를 부탁했다. 왼쪽 발에는 X 자를, 오른쪽 발에는 5개의 화살을 새겼는데, 각각 내 가족들을 상징했다. 그리고 팔꿈치에 새긴 3개의 선은 북극과 남극, 적도를 가리키는 것이었다. 제일 위의 상어 이빨 모양은 단합을 의미하는 사모아의 상징이었다. 매튜와 미스터 T도 나를 따라 문신 기술자에게 몸을 맡겼다.

앤디 도벨이 아피아에 도착하자 나는 그에게 우리가 하는 모든 결정에 대해 좀 지나치리만큼 신중하고 싶다는 뜻을 전했다. 무엇보다도 대원들의 안전이 최우선이었다. 플라스티키의 지금 상태에 대한 앤디의 평가는 우리가 바랄 수 있는 최상의 소식이었다. 조금만 손을 보면 다시 대양을 가로지르는 데 아무런 문제가 없다고 했다. 그는 알루미늄으로 만든 버팀대를 사용해 부메랑 모양의 지지대를 보강하자고 제안했다. 그렇게 하면 선체가 벌어지는 것을 바로잡을 수 있으며, 항해 도중 지지대가 휘어지는 현상도 예방할 수 있다는 것이었다. 상황이 심각하지 않았기 때문에

● 사모아 제도를 떠날 준비를 하는 플라스티키. 시드니까지 가기 위해서는 전면적인 수리가 필요했다.

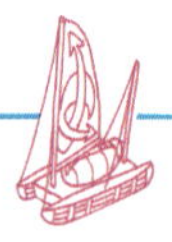

쓰레기를 줄이는 획기적인 방법들

어느 누구도 모든 사람만큼 다 알 수는 없다. 이 말은 어드벤처 에콜로지의 좌우명이다. 인간의 지혜는 분명 바다를 떠도는 플라스틱 폐기물 같은 커다란 환경 문제를 해결할 수 있으며, 자연의 생태계와 조화를 이룰 지속 가능한 경제활동을 이끌어낼 수 있다.

2010년 여름, 어드벤처 에콜로지가 새로운 크라우드 소싱을 기반으로 한 뮤 크리에이트(Myoo Create)와 힘을 합쳐 '최고의 쓰레기 처리법 경진대회'를 시작하게 된 것도 바로 그 이유 때문이다. 누구나 참여할 수 있는 이 대회에서 혁신적이고 지속 가능한 쓰레기 처리 기술을 선보인 우승자에게는 2만5000달러를 상금으로 수여했다. 대회의 참여 열기는 양적으로나 질적으로나 아주 고무적이었다. 여기 몇 가지 수상작들을 소개한다.

- 필리핀의 젊은 예술가들이 실직한 주부들과 함께 미생물에 의해 분해가 가능한 가정용 청소도구 및 세제를 개발했다. 모두 재활용 원료를 사용해 커튼과 가방 그리고 휴지까지 만들어냈다.

- 주말에 캠핑 여행을 가려면 텐트가 필요하다. 그런데 굳이 새 텐트를 구입하고 싶지 않다면? 개인과 개인을 연결해 필요한 물건을 서로 빌려주는 렌탈 프로그램을 이용하면 물건이 필요한 사람과 그 물건을 가진 사람이 만나 불필요한 소비를 줄일 수 있다.

- 갓 대학을 졸업한 4명의 풋내기들이 18개월 동안 미국을 걸어서 횡단하며 학교와 교회, 지역사회 모임 등과 함께 쓰레기를 청소하는 활동을 조직했다. 이 젊은 행동가들은 또한 사람들로 하여금 일회용품을 구입하고 사용하는 일을 한 번 더 생각하게 만들어 쓰레기를 완전히 줄여나가는 방향으로 이끌고 있다.

우리는 물론 세레텍스를 사용해 이 작업을 마치고 싶었다. 그러나 문제는 시간이었다. 가장 가까이 있는 세레텍스조차 우리에게는 너무나 먼 곳에 있었다. 여기서 기다리는 시간이 길어질수록 우리가 지나가야 할 태즈먼 해의 겨울바람도 점점 더 거세질 터였다.

6월 13일, 사모아 제도에서의 오랜 기다림이 끝나고 우리 중 그 누구보다도 출항을 고대했을 플라스티키가 마침내 다시 길을 나섰다. 이제 가장 거친 바다가 우리를 기다리고 있었다. 우리가 탄 배는 처음처럼 아주 말쑥해졌다. 과연 우리는 해낼 수 있을까? 솔직히, 나는 우리가 오스트레일리아에 무사히 도착할 수 있을지 자신할 수 없었다. 만일 우리가 태즈먼 해를 가로지르는 동안 뉴칼레도니아가 냉혹한 겨울 폭풍을 막아줄 수만 있다면 우리에게도 항해를 마무리할 기회가 있는 셈이었다.

대원들의 일기 : 베른 몬

플라스티키로 다시 돌아왔다. 나에게는 이 배에 대한 향수가 남아 있었다. 다시 선실의 잠자리에 눕고 보니 그 사실을 깨달을 수 있었다. 이전과 같은 자리였다. 선실 위쪽 창가 자리. 흔들리는 플라스티키를 타고 굴러떨어지지 않도록 하는 일은 언제나

사진작가 루카 바비니가 그레이엄 힐의 머리를 손질하고 있다.

힘든 항해를 이겨내자는 루카와 데이비드의 굳은 결의.

데이비드 드 로스차일드가 항해의 마지막 날들을 보내며 플라스티키의 의미를 생각해보는 고요하고 평화로운 시간을 갖고 있다.

무슨 경쟁과 비슷했다. 항해의 첫 구간 때 익혀두었던 선실의 명당자리 네다섯 군데 중 한 곳에 나는 자연스럽게 자리 잡았다. 선실의 '거실' 탁자 위에 앉아 있으려니 매달아놓은 라임 열매들이 내 머리를 후려쳤지만 그것 역시도 예전과 똑같았고 정겨웠다.

사모아를 떠난 지 이틀. 그렇지만 나는 이미 첫 항해 때보다 훨씬 더 이 여정을 즐기고 있었다. 날씨는 따뜻했고 하늘은 흐렸다. 우리는 곧 비를 맞게 되었지만, 끊임없이 땀을 흘리면서도 안전 때문에 바다에 뛰어들어 헤엄칠 수 없는 우리들에게 비는 그 무엇과도 비교할 수 없는 하늘의 선물이었다. 근무 교대를 위해 잠에서 깨어나는 일도 더 쉬워졌다. 물론 여전히 즐거운 일이라고는 말할 수 없겠지만, 따뜻하고 부드러운 산들바람을 맞다 보면 완전 무장을 하고 선실 곳곳에 떨어지는 물방울을 맞으며 추위 속에 잠을 깨는 것보다는 인생이 훨씬 더 살 만해졌다는 사실을 뼈저리게 깨닫게 되는 것이었다. 그것은 즐거움과는 또 다른 이야기였다.

우리는 항로를 사모아 제도에서 남서쪽으로 잡았다. 그렇게 하면 바로 멜라네시아 한복판을 지나가게 된다. 해수욕을 즐기는 사람들에게 세계에서 가장 청정한 바다로 둘러싸인, 야자수가 늘어선 멜라네시아의 아름다운 섬들은 그야말로 천국이나 다름없다. 그러나 바람과 물결에만 의지해 이곳을 항해하는 돛단배들에게 멜라네시아는 무시무시한 지뢰밭이었다. 조와 미스터 T는 조심하고 또 조심할 수밖에 없었다. 위험천만한 모래톱이며 얕게 깔려 있는 산호초 지대는 배가 서기에 걸리고 나서야 미로소 눈으로 확인할 수 있을 정도였다. 전 세계 바다를 항해한 경험이 있는 노련한 플라스티키의 두 선장은 강한 바람과 깊은 바다가 지배하는 위도 40도 아래 남쪽 대양에 딱 붙어서 항해했다. 조와 미스터 T에게 플라스티키를 몰고 폴리네시아를 통과하는 일은 뱃놀이나 마찬가지였지만, 수백만 달러나 하는 경주용 요트를 조종하며 아차 하는 순간에 승패가 가려지는 바다 위 경주를 경험했던 두 사람에게도 또 다른 의미로 긴장되는 순간이었으리라.

당연한 이야기겠지만 플라스티키의 속도가 빨라질수록 대원들의 사기도 높아져갔다. 신나게 파도를 가르며 하얗게 부서지는 거품을 보고 있노라면 이게 진짜 항해라는 말이 절로 나왔다. 아주 유쾌하고 행복했다. 피지 제도 산호초 지대의 최북단 주변 사모아 제도를 지나는 길은 우리가 가장 빠른 속도로 바다를 가로지른 구간 중 하나였다. 우리는 놀라운 속도를 기록했고 모두 기분이 최고조에 올라 있었다. 거의 2주일에 걸쳐 우리는 평균 시속 5.5노트를 유지했으며 어떤 날은 하루 종일 시속 8노트라는 놀라운 속도를 내기도 했다. 모두들 "대단한데."라는 말밖에는 할

● 태즈먼 해에 불어닥친 갑작스러운 폭풍이 항해 중 가장 위험천만한 파도를 만들어내고 있다. 설상가상으로 돛이 찢겨져나가 대원들이 위험을 무릅쓰고 수리에 나서야 했다.

수 없었다.

　이제 어느 길을 따라가야 하는 걸까? 피지 제도를 돌아 뉴칼레도니아의 남동쪽 구석에 위치한 누메아(Noumea)를 향하는 것은 처음부터 우리가 목표로 했던 오스트레일리아 골드 코스트의 콥스 하버(Coffs Harbor)로 가는 가장 빠른 길이었다. 또한 뉴칼레도니아의 수도인 누메아는 오스트레일리아로 갈 수 있을 정도로 날씨가 충분히 안정될 때까지 정박할 수 있는 안전한 항구도 있었다. 그러나 누메아로 방향을 잡을 경우 강력한 남풍을 맞아 정신을 바짝 차리고 항로를 유지해야 하는데, 플라스티키로서는 만만한 일이 아니었다. 게다가 배와 대원들 모두가 평균 시속 35노트에 육박하는 강력한 무역풍 지대와 거친 바다에 고스란히 노출되는 것이었다.

　그 대신 항로를 뉴칼레도니아 북쪽으로 잡는 방법도 있었다. 그렇게 하면 강력한 맞바람과 엄청난 파도에 휘말릴 위험을 최소화할 수 있지만 바누아트 제도의 섬들과 산호초를 조심스레 피해 가야 했고 얕은 산호해를 건너가는 훨씬 더 어려운 도전이 남아 있었다. 게다가 만일 오스트레일리아 해안에 대형 폭풍이라도 불어오면 그 항로를 지나는 우리에게는 피할 수 있는 안전한 항구가 하나도 없었다. 다른 무엇보다도, 그 항로를 따라가서 처음 만나게 되는 오스트레일리아 땅인 번

다버그(Bundaberg)는 우리의 최종 목적지인 시드니로부터 족히 800킬로미터나 떨어져 있었다.

설상가상으로, 아주 불안한 문제들이 발견되었다. 플라스티키의 주 돛대와 뒷 돛대가 그 기저 부분부터 요동을 치기 시작한 것이다. 오, 이런. 사모아에서 우리가 삭구들을 철사에서 일반 밧줄로 교체했던 일이 생각났다. 그 일로 플라스티키의 전체적인 신축성에 문제가 생긴 모양이었다. 전에는 플라스티키 전체가 한 몸으로 움직여 삭구나 돛에 실리는 하중이 배 전체 구조에 퍼질 수 있었다면, 지금은 선체 안의 주요 늑골 사이에 있는 중심 부분이 너무 경직되어 있는 반면 뱃머리와 배꼬리는 여전히 신축성이 남아 있어 문제가 발생한 것 같았다. 우리는 돛대의 꼭대기에서부터 그 아래쪽과 배의 오른쪽으로 연결되어 있는 돛대 줄을 강하게 당길 수는 있었지만 뱃머리와 배꼬리도 그렇게 만드는 것은 불가능했다.

믿거나 말거나, 그때부터 흔들리는 돛대 때문에 돛이 찢겨나가기 시작했다. 사모아 제도를 떠나온 이래 쌍둥이 선체의 뱃머리에서 돛줄로 연결되어 펄럭이던 우리의 주 돛인 삼각돛이 솔기 부분부터 조금씩 규칙적으로 뜯겨나가고 있었다. 상황이 그렇게 되자 대원들이 나서서 필사적으로 찢어진 돛을 끌어내리고 새 돛이나 폭풍우용 소형 삼각돛으로 바꿔줘야 했다. 마치 무슨 약속이라도 한 것처럼, 돛이 찢겨져나가는 건 언제나 깊은 한밤중이었고 파도 역시 매섭게 뱃머리를 후려쳤다. 어둠 속에서 가뜩이나 좁은 뱃머리 쪽으로 다가가 돛을 바꿔 다는 건 체조 선수 같은 민첩함과 로데오 선수 같은 균형감각이 필요한 일이었다. 찢어진 돛을 양 무릎 사이에 단단히 고정시키고 온 힘을 기울여 새 돛으로 갈아 끼운다. 뱃머리는 위아래로 출렁거리고 몰아치는 파도가 연달아 주먹을 휘둘러댄다. 일단 새 돛으로 갈아 끼우고 나면, 이제 조와 미스터 T 혹은 맥스에게 새 일거리가 떨어진다. 뛰어난 재봉사인 이들은 찢어진 돛을 기워 원상태로 되돌려놓는다. 나는 조가 상황을 설명해줄 때까지 흔들리는 돛대와 찢어진 돛 사이의 상관관계를 이해할 수 없었다. "뱃머리가 신축성이 있으면 큰 파도가 몰려와도 그걸 이겨낼 수 있어요. 그리고 배가 파도를 타고 내려가면 배 앞부분이 다시 팽팽하게 긴장이 되고 돛에 하중이 실려 찢어지게 되는 거예요." 조의 설명이었다.

바람과 파도가 잠잠해지자, 미스터 T는 주 돛대 꼭대기로 올라가 돛대를 지탱해주는 추가 지지대를 몇 개 설치했다. 이 시도가 효과를 거둬 주 돛대가 크게 움직이는 것을 어느 정도 막아주었다. 우리는 앤디 도벨 그리고 돛대 설계자인 버즈 밸린저(Buzz Ballenger)와 위성전화로 통화하며 약간의 돛대 움직임은 이상적인 상황은 아니지만 크게 심각한 일도 아니라는 확인을 받았다. 우리는 이제 마지막 여정에 돌입하며 바람과 파도에 더 세심한 주의를 기울여야만 했다.

변화무쌍한 날씨와 조의 힘겨루기가 한동안 계속되었다. 바람의 방향과 속도, 해류, 플라스티키의 흔들림, 매일 뒤바뀌는 일기예보까지. 조는 머릿속으로 이 모든 조건들을 전제로 한 복잡한 계산을 거듭했고 결국 날씨 쪽에서 한 발 물러섰다. 잔잔한 바람과 한결 부드러워진 파도 덕분에 우리는 누메아를 향해 전진할 수 있었다. 플라스티키는 뉴칼레도니아 남단으로 가기 위해 피지 제도와 바누아트 제도 사이로 항로를 잡았다. 남쪽으로 항로를 잡은 이점을 가능한 많이 누리기 위해 우리는 속도를 희생하고 심지어 돛의 위치도 동쪽을 향해 조금 이동시켰다. 지금까지의 노력이 부족하기라도 한 듯, 조는 자신의 계산에 또 한 가지 중요한 요소를 첨가해야 했다. 사모아 제도에서 특별히 주문해 만들었던 나무 측판의 일부가 갑자기 떨어져나가버린 것이다. 어떻게 이런 일이 가능하단 말인가? 우리가 측판을 물 위로 끌어올려보니 그 모습이 마치 상어가 반쯤 물어뜯고 가버린 것 같았다. 바다의 위력을 실감하는 순간이었고 그것은 공포 그 자체였다.

대원들의 일기 : 매튜 그레이

불과 며칠 전만 해도 우리는 달빛을 받으며 보송보송한 갑판 위에서 플라스티키를 몰고 있었다. 옷차림도 가벼웠다. 날치는 우리 그림자 속에서 이리저리 춤을 췄고 때로는 달빛 아래 번쩍이는 모습으로 갑판 위를 날아가기도 했다. 하지만 지금 나는 온몸에 달라붙은 축축한 옷을 걸치고 빗속에서 비틀거리고 있다. 따뜻한 차 한 잔을 소중하게 품고서.

남반구의 겨울로 들어선 것을 환영한다. 험난했던 밤이 지나고 또 하루가 밝아온다. 그리고 우리는 아무도 모르게 이제 살았다는 듯 한숨을 몰아쉰다. 우리가 처해 있는 이 위험천만한 상황에 대해서 감히 입을 여는 사람은 없다. 하지만 나는 거대한 파도가 플라스티키를 덮칠 때마다 두려움을 느낀다. 밤이면 작은 소리에도 깜짝 놀라며 무슨 문제가 생긴 건지 사방을 둘러본다. 알고 보니 다른 사람들도 모두 나처럼 하고 있었다. 플라스티키를 가득 채우고 있는 극기의 마음을 어찌 경이롭다 하지 않을 수 있으랴. 공포를 이겨내고 운명을 거스르려는 열정이 뒤섞여 태어난 것은 우리의 의지다. 우리는 지금 여기에 있다. 우리가 가고자 하는 곳, 우리가 이미 마음속에 품고 있는 것, 모두 이곳에 있다.

밤은 마치 깜짝 놀랄 일이라도 뒤에 감추고 있는 것처럼 느껴졌다. 공기는 묵직하고 숨이 답답했다. 바다는 완벽할 정도로 고요했고 사방은 칠흑처럼 캄캄했다. 너무 캄캄해서 바로 눈앞에 있는 내 손도 알아볼 수 없을 정도였다. 어두운 갑판 위로 불빛이 번쩍였다. 저 아래 출렁이는 시커먼 물에 응답이라도 하듯 인광이 흔들린다. 미스터 T와 베른 그리고 나는 가장 힘들다는 새벽 1시에서 4시까지의 근무를 서고 있다. 누메아를 떠난 지 며칠이 지났다. 편안하고 안전한 항구에서 몇 차례의 폭풍우가 지나가기를 기다리는 동안 우리의 프랑스 친구 맥스는 프랑스령 자치주인 뉴칼레도니아에 들어서자 좋아서 어쩔 줄을 몰라했다. 전형적인 프랑스인이라는 비난을 무릅쓰고 바삭바삭한 프랑스 바게트와 프랑스산 껍질콩을 한 아름 품에 안고 플라스티키로 돌아와 미슐랭 레스토랑 가이드에라도 올라갈 듯한 요리를 준비하기 시작했다. 입술에서는 연신 프랑스 국가인 '라마르세예즈'가 떠나지 않았다. 누메아에서는 그레이엄이 우리를 떠났다. 뉴욕에서 걸려온 업무를 담당하는 마녀의 전화가 그를 희생양으로 골라간 것이다. 우리는 그와 11주를 함께 보냈지만 나는 그의 활기찬 모습과 심술궂은 웃음이 벌써 그리웠다.

내 근무 시간이 이제 막 끝났다. 몇 시간 동안이나 방향타를 잡고 이리저리 움직이며 멈춰버린 플라스티키의 항로를 유지해보려는 헛된 노력의 시간이 지나갔다. 나는 선실로 들어와 아이폰을 켜고 체스를 두기 시작했다. 그때 이상한 느낌이 들어 밖으로 나가 근처에 다른 배가 있는지 살펴보았다. 그런 급박한 기분은 처음 느꼈고, 지금까지 항해하면서 우리가 마주쳤던 배가 몇 척 되지 않는다는 사실도 떠올랐다. 분명 선실 저쪽 뱃머리 앞으로 배 한 척이 보였다. 번쩍이는 불빛을 볼 수 있었던 것이다.

"미스터 T, 지금 플라스티키 왼쪽에 엄청나게 큰 배가 한 척 있어요!"

"어, 나도 알고 있어. 베른이 말해주더군. 그런데 얼마나 가까이 있어?"

"아주 가까워요."

"와서 방향타를 잡아!"

미스터 T는 선실 안으로 사라졌다가 쌍안경을 들고 다시 밖으로 나왔다. "지금은 항해 표시등이 하나도 안 보이는데. 어, 잠깐만. 좌현의 표시등이 보인다. 지금 연락을 취해봐야겠어."

"미스터 T? 미스터 T! 우현과 좌현의 표시등이 다 보여요. 곧장 우리를 향해 돌진해오고 있다고요!"

"베른, 비상용 탐조등으로 우리 돛을 비춰. 데이비드, 저 배의 오른쪽으로 우리 배를 붙이라고. 나는 다시 무전으로 연락해볼게!"

"베른, 저 배가 계속 다가와요! 미스터 T, 점점 가까워진다고요!"

"나도 알고 있어, 데이비드. 그만 진정해. 지금 연락하고 있으니까. 이런 제기랄! 왜 응답이 없는 거야. 베른, 빨리 탐조등으로 우리 돛을 비춰, 지금 당장!"

"지금 하고 있어요. 이 빌어먹을 탐조등이! 아, 이런 벌써 배터리가 다 된 거야? 정말 잘하는 짓이다."

"저 배가 우리를 들이받으려고 해요! 미스터 T, 뭐라도 빨리 해야 한다고요!"

"데이비드, 나도 알고 있다니까. 제발 좀 조용히 해! 지금 무전으로 연락하려 애쓰고 있다니까!"

온몸에 아드레날린이 솟구쳤다. 팔과 다리가 후들후들 떨려왔다. 저 배는 우리가 안 보이는 건가? 왜 곧장 우리를 향해 달려오고 있는 거지? 우리는 피할 곳이 아무데도 없었다. 저 배가 택한 길의 바로 앞에 우리가 있었던 것이다.

"미스터 T, 지금 당장 조치를 취해야 한다니까요. 안 그러면 충돌한다고요! 저쪽 배가 너무 빨라요! 진짜 빠르게 다가오고 있다고요!"

"데이비드, 진정해! 나도 지금 노력하고 있다고! 저쪽에서 대답을 안 하는 걸 어떻게 해! 저 배는 자동 감지 장치가 없나봐! 우리 배를 돌려!"

"우리 배를 돌리라니! 플라스티키는 지금 움직이지도 못하잖아요! 잠깐만, 저쪽 배가 방향을 틀어요! 우리를 본 게 틀림없어! 방향을 돌리고 있다고! 야아! 하느님 감사합니다! 이제 살았어!"

긴장이 풀리자 몸에서 기운이 쭉 빠졌다. 우리는 두려움에 가득 찬 눈으로 커다랗고 검은 강철 벽이 침이라도 뱉으면 닿을 듯한 거리에서 조용히 스쳐 지나가는 모습을 지켜보았다. 배의 꽁무니에 '포레스트 하모니(Forest Harmony)'라는 이름이 새겨져 있는 것이 보였다.

미스터 T는 기다렸다는 듯 담배에 불을 붙였다. "휴! 정말 한 끗 차이였어. 얼마나 가까웠는지 디젤 엔진 냄새가 다 나더군. 가서 다른 사람들을 깨워주겠어?"

마치 간신히 근무를 끝내고 깊은 잠에 빠져 있다가 갑자기 의식이 돌아온 듯한 기분이었다. 저 사람이 지금 내게 왜 소리를 지르고 있는 거지?

"모두 갑판에 집합! 지금 당장! 빨리! 모두 자리에서 일어나!" 미스터 T가 큰 소리로 외쳤다.

"어? 무슨 일이에요?"

"배의 움직임이 바뀌고 있어. 바람 방향이 크게 달라졌다고."

● 　항해가 마무리되어가는 시점. 대원들은
간절히 오스트레일리아에 도착하기를 바랐지
만, 동시에 이제는 익숙해져버린 플라스티키에
서의 일상을 즐기고 있었다.

"누가 뭘 움직인다고요?"

"입 다물고 어서 가서 빨리 옷부터 챙겨 입어. 안전띠 매는 거 잊지 말고!"

쾅! 거대한 파도가 선실을 후려쳤다. 그리고 다시 파도가 몰아쳤다. 다른 배와의 충돌을 모면하고 간신히 가라앉았던 흥분이 다시 위험수위까지 치솟아올랐다. 사방이 온통 혼란 그 자체였다. 무시무시한 바람이 플라스티키와 대원들을 향해 휘몰아쳤다. 파도는 5미터 높이까지 치솟았다가 하얀 포말을 꼬리처럼 남기며 허물어졌다. 마치 바다 한복판에서 눈보라라도 만난 것처럼 하얀 거품이 천지를 뒤덮었다. 주돛과 그 앞의 보조돛이 완전히 반대 방향으로 돌아가 있었고 돛대는 믿기지 않는 각도로 휘어지고 있는 중이었다. 순간 이런 생각이 들었다. '이러다 플라스티키가 뒤집히는 거 아니야?'

나는 나중에 가서야 서남서 방향에서 불어오는 부드러운 바람이 아무런 예고도 없이 남남동 방향으로 바뀌어 시속 113킬로미터의 속도로 플라스티키를 덮쳤다는 사실을 알게 되었다. 태풍 등급에서 겨우 시속 6.5킬로미터 모자라는 속도였다. 갑작스럽게 바람의 방향이 바뀌게 되어 주돛과 보조돛이 플라스티키의 반대 방향으로 돌아가게 되었고 방심하고 있던 조와 매튜 그리고 맥스를 덮쳤다. 일반적인 돛단배라면 선장은 바람 속으로 곧장 배를

바다를 구하기 위해 우리가 할 수 있는 일들

- **집안의 새는 곳을 막아라** : 집안 난방 온도를 줄이면 바다의 연체동물들을 살릴 수 있다. 보통 개인이 대기 중으로 내뿜는 이산화탄소의 대부분은 가정의 냉난방기를 가동할 때 나온다. 그리고 이렇게 나오는 이산화 탄소는 바다의 산성화를 초래한다. 집안의 새는 곳을 막고 바깥 공기를 차단하면 에너지는 물론 돈도 절약할 수 있다.

- **운전은 조금, 걷기는 많이** : 우리가 모는 자동차는 바다의 건강을 위협한다. 우선 이산화탄소가 방출되며, 자동차에 넣을 기름을 찾아내고 운반하는 과정에서 누출되는 기름의 양도 심각하다. 가까운 거리는 자전거를 타거나 걷거나 대중 교통수단을 이용하자.

- **물을 아껴 쓰자** : 물은 자연의 생태계에서 파내야 하며 가정에서 사용하기 위해서는 반드시 정수를 하고 수도관을 통해 집까지 보내야만 한다. 물 절약 기능이 있는 샤워기와 수도꼭지를 설치하고 빨래통이 가득 찼을 때만 세탁기를 돌리자. 지구상에는 물이 부족한 지역이 아주 많다는 사실을 염두에 두자.

- **해산물을 먹을 때는 신중하게** : 지금 인간이 소비하고 있는 대부분의 어류들은 멸종 직전까지 남획되고 있다. 예를 들어 새우의 경우, 아예 그물로 바다를 훑듯이 잡아들이는 바람에 엄청난 피해를 입었다. 요즘은 스마트폰 어플리케이션을 다운로드받아 구입하기에 적당한 해산물에는 어떤 것들이 있는지 알아볼 수 있다. montereybayaquarium.org 참고.

- **약물을 버릴 때는 더 안전한 방법으로** : 사용하지 않거나 유통기한이 지난 집안의 약들을 화장실 변기에 버리게 되면 그대로 생태계에 축적되고 우리가 마시는 물에도 영향을 미치게 된다. 오래된 혹은 사용하지 않는 약품들은 알약이라면 곱게 갈아 원두커피 찌꺼기나 애완동물 배설물을 처리하는 점토와 섞어 빈 요구르트 병 등에 넣어 봉한 후 내버린다.

- **자동차 세차 시 주의할 점** : 집에서 차를 닦게 되면 세차비를 절약할 수 있지만 씻고 난 비눗물은 그대로 하수구로 흘러들어가게 된다. 가정용이 아닌 상업용 차량의 경우 한 번 사용한 물을 여러 번 재활용해서 세차하도록 한다.

- **집에서 몸을 씻을 때 주의할 점** : 박피용 특수 비누, 목욕 비누, 때밀이용 비누에는 작은 플라스틱 알갱이가 들어가 있으며 물에 씻겨내려가 그대로 먹이사슬에 유입된다. 관련 제품을 구입할 때 사용설명서를 잘 읽어보고 가급적이면 플라스틱이 아닌 천연 유기농 재료로 만든 스크럽 제품을 사용한다.

- **각종 미용 관련 제품들** : 샴푸와 린스, 비누, 보습용 로션, 선크림 등에는 복잡한 화학 물질들이 들어 있다. 이런 물질들은 일반적인 하수 및 정수시설에서 걸러지지 않고 그대로 강이나 바다로 유입될 수 있다. 그러니 이런 제품들의 사용을 줄이거나 천연 유기농 제품을 사용할 수 있도록 노력한다.

- **자동차 정비를 잘하자** : 일반 가정의 자동차 엔진에서 1년 동안 흘러나가는 기름의 양을 모두 합하면 대형 유조선 한 척이 사고를 내 바다를 오염시키는 규모와 비슷하다고 한다. 차에 문제가 생길 경우 지체하지 말고 수리를 받도록 한다.

몰고 들어가면서 선원들에게는 돛을 내리도록 해 폭풍우를 이겨내고 위기를 극복할 것이다. 하지만 플라스티키는 그렇게 할 수 없었다. 바람을 잔뜩 받은 돛은 제대로 접혀지지 않았다. 우리는 이미 흔들거리는 돛대가 휘어지거나 부서져나가기 전에 돛들을 끌어내려야만 했다. 지금 그렇게 할 수 있는 방법은 돛줄이 아닌 사람 손으로 직접 돛을 움켜쥐고 힘으로 끌어내리는 것뿐이었다.

"매튜, 와서 방향타를 잡아요!" 조가 소리쳤다. "베른, 미스터 T, 데이비드, 와서 나랑 같이 앞에 서요. 맥스, 당신도요!"

우리가 겨우 한 발자국이나 움직였을까, 거대한 바닷물의 벽이 우리를 향해 무너져내렸다. 물이 쏟아져내릴 때마다 나는 살기 위해 선실 벽이든 삭구든 손에 걸리는 대로 움켜쥐었고 그때마다 팔이 몸에서 떨어져나갈 것만 같았다. 왼쪽을 바라보니 맥스와 베른도 넋이 나간 듯 보였다. 나만 충격을 받은 게 아니라고 생각하니 왠지 위안이 됐다.

"나한테 이런 자격이나 있는지 몰라." 베른이 얼굴을 일그러뜨리며 소리쳤다.

"무슨 자격? 살아남을 자격?" 나도 맞받아 소리를 질렀다.

"미스터 T! 미스터 T! 빌어먹을, 지금 어디 있는 거예요?" 조가 악을 썼다. 나는 지금까지 한 번도 조가 그렇게 찢어지듯 악을 쓰는 모습을 본 적이 없었다.

마치 오소리가 자기 굴에서 빠져나오듯 돛 밑에서 미스터 T의 얼굴이 불쑥 튀어나왔다. 쾅! 또다시 거대한 파도가 플라스티키와 우리를 내리쳤고 짜디짠 소금물이 내 눈을 찔러댔다. 제발 우리를 그냥 좀 내버려둬. 쿵! 이번에는 플라스티키의 바다 쪽에서 엄청난 충격이 느껴졌다.

"이런 맙소사, 저러다 돛대가 부러져나가겠어!" 나는 이렇게 소리를 질렀다.

"또 온다!" 맥스가 거친 숨결을 내뿜으며 말했다.

한번 파도가 몰아치고 다음 파도가 몰려오는 그 짧은 시간 동안, 우리 다섯 사람은 마침내 돛을 완전히 끌어내릴 수 있었다. "마치 하늘을 나는 불곰의 어깨 위에 매달려 있는 그런 기분이었어." 나중에 베른은 이렇게 회고했다.

"베른, 지금 빨리 돛을 가지고 배 뒤쪽으로 가요." 조가 소리쳤다. "미스터 T, 당신도 베른을 도와줘요. 데이비드, 나랑 같이 저 주돛을 접어요."

돛을 줄인다. 다시 말해 돛을 어느 정도까지 끌어내린 다음 접힌 부분을 묶는 일이다. 그렇게 하면 최악의 상황이 일어나는 걸 막아내고 있는 동안 배는 계속해서 항로를 유지할 수 있게 된다. 그 최악의 상황이란 다름 아닌 돛이 다 망가지거나 돛대가 부러지는 일, 혹은 아예 배가 뒤집히는 일도 될 수 있었다. 어쨌든 돛은 제대로 내려오지 않았고 결국 조보다 키가 더 큰 내가 나설 수밖에 없었다. 돛대 위로 기어올라가 돛의 1.2미터쯤 위에 있는 밧줄 고리에 손가락을 집어넣어 힘으로 끌어내리는 일이었다.

"손이 닿았어요?"

"지금 하고 있잖아요! 여긴 너무 미끄럽다고요. 게다가 돛에 힘이 너무 들어갔어요."

"돛을 좀 풀어줘요!" 조가 맥스에게 이렇게 소리쳤다. 그러면서 그녀는 어깨로 내 엉덩이를 받치고 나를 위로 들어올렸다.

"이걸 가지고 고리에 걸어요!" 조는 내게 이렇게 말하며 연결할 수 있는 쇠고리 하나를 건네주었다.

"알았어요!" 나는 고리를 걸고 온몸으로 매달려 돛을 끌어내렸다. 마침내 돛이 조금씩 아래로 접혀 내려왔다.

"잘했어요. 이제 다시 가서 방향타를 잡아요. 위치를 낮게 유지해야 해요."

"지금 담당 근무가 누군데요?"

"그야 당신이랑 매튜 그리고 미스터 T죠."

어느새 또다시 새로운 하루가 시작되었다.

대원들의 일기 : 베른 몬
....

모든 파도가 다 플라스티키를 공격한 것은 아니다. 사실 파도 10개 중 9개는 그저 배를 들어 올렸다가 밑으로 빠져나갔고 그러면 우리는 파도와 파도 사이 골 아래로 떨어졌다. 그 밑바닥에서 우리는 파도의 얼굴을 올려다보곤 했는데 그 높이가 적어도 30미터는 넘어 보였다. 저 파도 중 하나가 그대로 우리 위로 떨어진다고 생각하면 누구든 가슴이 철렁하지 않을까. 나는 이런 파도의 모습을 원근법을 통해 화면에 담으려고 애썼다. 각기 다른 카메라와 렌즈, 앵글, 조리개 방식, 셔터 속도를 시도해봤지만 내가 현장에서 보고 느꼈던 것과 똑같은 모습은 절대로 잡아낼 수 없었다. 그 안에는 뭔가 시(詩)와 같은 모습이 담겨 있었다.

그리고 아직 10퍼센트의 파도가 남아 있었다. 낮 시간에 우리는 파도가 우리를 덮치기 전까지 3초쯤의 여유가 있다고 말하곤 했다. 그 3초 동안에 반드시 해야만 하는 일들이 있었다. 먼저,

처음 파도를 본 사람이 "파도가 온다!"라고 소리쳐서 선실 안에 있는 사람들이 대비하도록 경고한다. 두 번째, 방향타를 힘껏 움켜쥐고 가능한 한 다리를 넓게 벌린 채 충격에 맞선다. 그리고 마지막으로 세 번째, 그렇게 서서 조용히 입을 다물고 기도를 한다. 그리고 동시에 숨을 참는다. 그러면 마치 바닷물로 만들어진 3층짜리 아파트 건물이 내 등 뒤로 무너져내리는 듯한 그런 충격이 닥쳐오는 것이다. 잠시 뒤 모든 것이 잠잠해진다. 하늘을 올려다보며 정신을 수습한다. 나는 아직 살아 있다. 마치 대자연 어머니의 힘차고 따뜻한 포옹이라도 받은 듯 우리는 소리치고 웃음을 터뜨린다.

정확성을 자랑하는 해양용 GPS 시스템의 '추적' 기능이 해도 위에 붉고 가는 선으로 우리의 항로를 보여준다. 플라스티키의 돛대를 거의 꺾어버릴 뻔했던 지난 며칠간의 강력했던 바람 탓인지, 우리의 항로는 오스트레일리아로 향하는 본래의 방향에서 한참 밀려난 듯 보였다. 마치 감춰놓은 도토리를 찾지 못해 우왕좌왕하는 다람쥐 꼴이었다. 우리는 이리저리 빙빙 돌며 꺾어지기도 하고 비틀거리기도 하며 사방을 휘젓고 다녔지만 오직 한 방향, 우리가 원하는 방향 쪽으로만 가지 못했다. 바로 남서쪽이었다. 7월 17일, 우리는 오스트레일리아 연안에서 겨우 320킬로미터 떨어져 있었다. 그러나 플라스티키를 밀어줄 바람이 없으면 그건 수천 킬로미터의 거리나 마찬가지였다. 우리는 거울처럼 평온하고 미끄러운 바다 위에 떠서 보이지 않는 해류에 밀려 천천히 북쪽으로 흘러가고 있었다.

남극에서 시작되어 태즈먼 해로 밀려오는 2개의 폭풍우 중 첫 번째 폭풍이 24시간 안에 우리를 덮칠 것이라는 일기예보가 있었다. 두 폭풍 모두 우리를 더 북쪽으로 몰아갈 터였고 그곳에선 위험천만한 산호초와 모래톱이 늘어서 있는 산호해가 우리를 기다리고 있었다. 그야말로 폭풍우의 밥이나 마찬가지인 신세였다.

내게 해결책이 하나 있었다. "조, 우리가 어디에 도착하든 결국 시드니 해안까지는 예인선이 우리를 끌어줘야 하잖아요. 우리를 환영하는 행사가 준비되어 있는 25일까지는 시드니에 도착해야 하니까. 그럼 차라리 지금 여기서부터 예인선의 도움을 받으면 어떨까요?"

조는 이런 내 생각을 듣자마자 고개를 끄덕이더니 위성전화를 붙들고 지금 플라스티키를 예인해갈 수 있는지 확인했다. 일부 배 주인들이 제시하는 가격을 들어보니 해적이나 다름없었다. 나는 전화기를 건네받아 협상을 시도했다. 내가 막다른 곳으로 몰릴 때마다 플라스티키의 다른

가을에 접어든 태즈먼 해는
정말 아름답지만 1년 중 가장 거친
모습을 보여준다.

● 저 멀리 보이는 갈매기의 모습으로 우리는 오스트레일리아가 멀지 않았다는 사실을 알 수 있었다.

대원들도 모두들 움찔하는 것 같았다. 이 작은 배를 타고 거의 넉 달을 버틴 이 항해도 이제 슬슬 끝이 보이고 있었다. 맥스는 조를 따라다니며 20분마다 같은 질문을 던졌다. "이제 거의 다 온 거야? 우리 언제 오스트레일리아에 도착해? 조, 지금 도대체 상황이 어떻게 되어가고 있는 거냐고."

시드니에서 기다리고 있는 어드벤처 에콜로지의 직원들이 전력을 다해 알아봐준 예인 작업 관련 목록을 가지고 나는 물루라바(Mooloolaba)에 있는 오스트레일리아 자원봉사 해안경비대와 접촉을 시도했다. 그들은 매우 기꺼워하며 오히려 자기들이 영광이라고 답해주었다. 시간은 12~15시간 정도 예상했고 비용은 시간당 150달러로 적당했다. 협상은 완료되었다.

"데이비드, 데이비드? 좀 일어나봐요." 조가 부드럽게 내 어깨를 두드렸다. "해안경비대가 우리를 구조하러 온다는 성명을 발표했어요. 언론에서는 다들 그 말을 받아 보도하고 있고요."

"아, 이런. 구조라니, 그건 마지막에나 쓰게 될 카드인데." 그나저나 왜 모든 급박한 일들은 내가 막 잠이 들자마자 이렇게 터진단 말인가.

방송을 들어보니 지역 해안경비대가 언론에 구조 작업이 진행 중이라고 전한 모양이었다. 마치 엄청나게 급박한 사태라도 일어난 것처럼 항해와 관련된 웹사이트와 오스트레일리아 언론에서 이 소식을 앞다퉈 보도하고 있었다. "플라스티키가 위험을 벗어나기 위해 구조 신호를 보냈다. 어쨌거나 현재 구조 작업이 진행 중이다." 이런 이야기들이 사방에서 들려왔다. "브리즈번의 해양경찰에서는 플라스티키가 보낸 긴급 구조 요청 신호를 접수했다. 길이 18미터짜리 이 친환경 쌍동선은 1만2000개가 넘는 플라스틱 페트병을 사용해 건조되었고 현재 해안에서 300킬로미터가량 떨어져 표류하고 있다. 플라스티키는 엔진이 작동하지 않기 때문에 강력한 무역풍을 따라 속수무책으로 북쪽으로 흘러가고 있다. '지금까지 해온 구조 작업 중 가장 장거리 임무가 될 것이다. 그렇지만 현재 이 일을 해낼 수 있는 건 우리뿐이라고 생각한다.' 해안경비대 책임자의 말이다." 어떤 보도는 이렇게 전하고 있었다.

뭐라고? 구조 작업? 엔진이 작동을 안 해? 우리가 긴급 구조 요청을 했어? 우리는 지금껏 1만 2800킬로미터가 넘는 거리를 항해하며 온갖 어려움과 폭풍우를 이겨내고 이렇게 살아남았건만 이제 우리가 전하는 희망의 메시지가 언론의 십자포화 앞에서 무너지며 큰 위험에 처하게 된 것이다. 도대체 왜 우리가 부탁한 예인 작업이 이렇게 왜곡 전달되었는가? 자원봉사 해안경비대라 비용을 받을 수 없게 되어 있으니 그 대장이라는 작자가 자기 입장을 무마하려고 이런 소리를 한 것 같다는 게 내가 내릴 수 있는 유일한 결론이었다.

우리는 일이 더 커지기 전에 조치를 취해야만 했다. 런던에 있는 어드벤처 에콜로지의 언론 담당 직원이 부랴부랴 이 잘못된 소식을 바로잡는 보도자료를 뿌렸지만 언론은 작정하고 이런 내용을 무시했다. 나는 기나긴 여정을 끝내고 오스트레일리아에 도착한 성취감을 만끽하기는커녕 이후 48시간이 넘도록 전화통을 붙들고 TV며 라디오 방송국, 신문사와 통신사, 잡지, 웹사이트의 기자들과 입씨름을 해야 했다. 구조 작업은 와전된 소식이며 잘못된 내용이라고 전했지만 아, 이런. 그들은 홍보라는 입장에서는 어떤 소식이든 다 좋다는 반응이었다.

결국 지역 해안경비대가 우리를 물루라바로 예인하기 위해 나타났고 우리는 오스트레일리아 자원봉사 해안경비대에게 '심심한 감사의 뜻'을 전하는 걸로 사태는 일단락되었다. 그리고 마침내 오스트레일리아의 황금빛 해안이 눈에 들어오자 나는 그제야 눈물을 글썽이며 "오스트레일리아로군." 하고 혼자 중얼거렸다. "저기가 바로 오스트레일리아야. 우리가 기어코 해냈다고!"

나는 매일 신중을 기해 항로와 날짜를 계산해왔지만 항해가 끝나는 날은 미처 생각하지 못했다. 그런데 오랜 시간 동안 지도 위의 추상적인 장소로 남아 있던 오스트레일리아가 바로 내 눈앞에 나타난 것이다. 지난 4년 동안 이 거대한 꿈을 이루기 위해 생각을 쥐어짜고 배를 만들고 새로운 시도를 하고 마침내 항해를 나선 끝에 우리는 이 물루라바라는 기묘한 이름의 도시에 도착했다. 목표로 했던 시드니로부터는 752킬로미터 떨어져 있는 곳이었다.

물루라바 항구에 가까워지자 헬리콥터가 요란한 소리를 내며 머리 위로 나타났다. 사람들은 바닷가에 줄지어 늘어서 있었고, 휴대전화의 카메라며 디지털 카메라들은 페트병 배를 찍느라 바쁘게 번쩍거렸다. 사방에서 몰려드는 구경꾼들이 점점 더 늘어갔다. 부둣가에는 기자들이 기다리고 있었고 인터뷰용 마이크도 준비 완료였다. 우리 대원 중 한 명이 오스트레일리아 땅에 첫발을 내딛기도 전에 검역 담당 관리들이 먼저 플라스티키 위로 우르르 몰려왔다. 그들은 군사작전이라도 펴듯 우리 찬장에서 남아 있는 음식 재료며 플라스티키에서 싹이 난 모든 것들을 싹 쓸어갔다. 한 관리는 마치 무슨 방사능 물질이라도 발견한 듯 득달같이 달려들어 콩이 든 자루를 채어가기도 했다. 푸성귀라면 인상부터 쓰던 미스터 T는 그 모습을 보고 히죽 웃더니 말했다. "아, 이제야 비로소 저것들을 싹 치워버리게 됐군."

마침내 육지에 오르게 되자 우리는 몰려든 군중들에게 휩싸이고 말았다. 그들이 내뿜는 열기는 어마어마했다. 악수를 청하고 등을 두들겨댔으며 질문들이 폭포수처럼 쏟아졌다. "당신들 정말 샌프란시스코에서부터 여기까지 온 겁니까?" 같은 질문이 계속해서 들려왔다. 어떤 점잖아 보

● 　드디어 육지다! 눈앞에 보이는 땅은 시드니에
서 조금 떨어져 있었지만 이제 플라스티키의 기나긴
여정은 마무리된 것이나 다름없었다.

이는 남자가 내게 다가오더니 선물을 하나 내밀었다. 캥거루 가죽으로 만든 모자였다. "오스트레일리아에 왔으니 이 유명한 인디아나 존스 모자를 한번 써봐야지요." 그는 이렇게 말하며 내게 그 유명한 오스트레일리아식 중절모를 건넸다.

아직 시드니까지 가야 할 길이 남아 있었다. 시드니에서는 언론사가 준비한 인터뷰와 연설 그리고 환영행사가 우리를 기다리고 있을 터였다. 그렇지만 이곳 물루라바의 분위기만으로도 모든 것이 다 끝나버린 것 같았다. 이제 더 이상 그림책에서 오려낸 듯 선명한 별자리 아래에서 보내는 밤은 없었다. 떨어지는 유성이나 소용돌이치는 인광 물질을 보는 일도 없겠지. 조와 미스터 T, 베른과 맥스, 매튜, 그레이엄, 루카, 그리고 싱겔리와 더불어 이 세상에 우리만 남은 듯한 친밀감을 나누게 되는 일도 이제 더는 없으리라. 순수하면서도 동시에 열정적이었던 항해는 과거의 일이 되었다. 그렇지만 우리가 서로의 지혜를 모아 바다의 플라스틱 쓰레기 문제를 해결할 수 있다는 플라스티키의 확고부동한 메시지는 이제부터가 시작이었다.

플라스티키는 우리가 상상했던 것 이상으로 전 세계 사람들의 관심을 끄는 데 성공했다. 우리가 오스트레일리아에 무사히 도착하자 페이스북과 트위터, 유튜브와 플리커 등 인터넷 소통의 장을 통해 플라스티키를 후원해온 사람들의 소망과 응원도 봇물 터지듯 몰려들었다. 수천 명이 넘는 신문 기자들은 플라스티키가 세계를 향한 시대정신을 구현했으며 바다가 처한 위험에 대해 언론과 학계의 관심을 이끌어냈고, 바다를 구하기 위한 즉각적인 행동이 필요하다는 사실을 알렸다고 앞다퉈 보도했다. 이러한 문제들은 너무나 힘에 부쳐 보이지만 플라스티키가 증명해 보였듯, 적어도 우리가 미지의 세계에 대한 꿈을 따르게 되면 그 여정 자체만으로도 상상을 초월하는 위력을 발휘할 수 있다고 나는 믿는다.

플라스티키를 건조하는 과정 중 우리가 거둔 자잘한 성과들과 속 쓰린 실패, 중요한 분기점은 모두 빠지지 않고 기록되었다. 바로 루카 바비니의 카메라를 통해서였다. 플라스티키의 공식 사진작가 루카 바비니는 플라스티키의 시작부터 함께한 사람이다. 국제적으로 유명한 패션 전문 사진작가로 그의 작품들은 〈보그(Vogue)〉와 〈글래머(Glamour)〉, 〈에스콰이어(Esquire)〉 같은 유명 패션 잡지들을 비롯해 유럽과 미국의 수많은 유명 갤러리들을 장식하고 있다. 최근에는 바다의 플라스틱 쓰레기 문제와 국제 난민 문제에 몰두하고 있다.

Q 바다 생활에 적응할 정신적·육체적인 준비가 되어 있었나?

A 전혀 아니다. 나는 플라스티키 항해에 대해서는 까맣게 잊고 있었다. 항해 직전까지 일주일에 7일, 하루 24시간 일을 했으니 막상 항해를 떠나려 할 때는 완전히 탈진한 상태였지.

Q 플라스티키 항해 중에 가장 어처구니없었다고 생각되는 일은?

A 적도를 넘어가는 기념이라고 내게 구정물을 퍼부었던 일!

Q 그러면 좋은 시간도 있었나?

A 플라스티키에서 보내는 밤이 좋았다.

Q 좋아하는 해양생물이 있다면?

A 해마와 바닷가재.

Q 플라스티키에 꼭 들고 탔으면 하는 물건은?

A 바람을 넣어 부풀리는 튜브 수영장.

Q 항해 중에 개인적인 시간이 생기면 주로 어디에서 쉬었나?

A 구명정으로 쓰는 고무보트 안. 밤이면 수면 시간의 절반 정도는 내 잠자리 역할을 해주었지.

Q 가장 힘든 일이 있었다면?

A 거친 바다 위 깜깜한 갑판에서 설거지할 때.

Q 육지에 도착해 제일 먼저 한 일은?

A 땅에 입을 맞췄다.

Q 태평양에서 받은 지워지지 않는 인상은?

A 바다는 몹시 아파하고 있었다. 우리는 지금 당장 행동을 시작해야 한다.

Q 이번 항해에서 가장 만족스러웠던 점은 어떤 것이 있었나?

A 우주를 이부자리 삼아 잠드는 것.

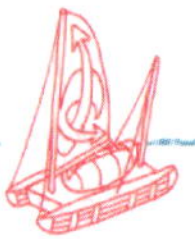

플라스티키에 올라탄 대원들은 6~7명 정도였지만 우리의 항해를 소개하는 웹사이트를 통해 수천, 수만 명의 사람들이 마음으로 우리의 여정에 동참했다. 사람들은 웹사이트에 소개된 '플라스티키의 맹세'를 보며 플라스틱 제품의 사용을 줄이는 데 동참했고, 이러한 움직임은 페이스북이나 트위터 같은 소셜 네트워크 서비스를 통해 널리 퍼졌다. 여러 신문과 TV 방송들도 시드니를 향해 가는 우리의 여정을 소개해주었다. 플라스티키가 전하는 메시지의 영향력이 크든 작든 간에, 모두 함께 쓰레기를 줄이려는 노력은 여러 사람들에게 변화의 계기를 마련해주었다. 오스트레일리아의 유치원 교사인 로빈 록우드는 이런 말을 전해주었다. "아주 작은 물방울 하나라도 물 위에 떨어지면 큰 파문을 만들어낼 수 있습니다."

"나는 '플라스티키의 맹세'를 충실하게 이행했습니다. 플라스틱 생수 구입을 중단했고 대신 다용도 물통을 들고 다니죠. 완전히 바뀐 거예요."
– 발레리 피레스

"플라스티키 공식 지정 물통 2개를 구입했어요. 집과 직장에 하나씩 두고 일회용 플라스틱병 사용을 과감하게 줄였죠. 요즘은 밖에 나가 외식을 할 때도 어떻게 하면 일회용품 사용을 줄일 수 있을까 생각해요. 뜻이 있는 곳에 길이 있을지니……."
– 크리스틴 C. 코스타

"우리 가족은 물론 친구들과 이웃 사람들까지 플라스티키의 여정을 이야기하고 인터넷으로 함께하고 있습니다. 편안한 일상을 탈출해 전 세계에 경각심을 일깨워주는 모험을 시작한 것에 감사드려요."
– 토니 R. 델 카스틸로

"나는 10살과 5살인 우리 아이들을 데리고 여름 휴가 동안 바닷가에서 사람들이 버리고 간 플라스틱 쓰레기들을 청소했습니다. 우리 모두 이 지구를 지키는 일에 동참할 수 있어요!"
– 앨리스 그릴로

"아내와 나는 배를 아주 즐겨 타는데, 쓰레기가 보이면 항상 배를 멈추고 쓰레기를 건져 올립니다. 플라스티키의 여정이 바다의 플라스틱 쓰레기에 대한 더 큰 관심을 불러일으켰으면 좋겠어요. 계속 수고해주세요!"
– 팀 시켈

"나는 9살입니다. 플라스티키 모험을 보고 학교 만들기 과제로 플라스틱 병뚜껑 샹들리에를 만들어보게 되었습니다. 아주 재미있는 시간이었습니다. 플라스티키 대원들을 우리 학교로 초대해서 플라스틱과 이번 여행에 대한 이야기를 함께 나눠보고 싶습니다. 우리가 바로 미래고, 우리는 이 지구를 사랑한다는 걸 언제나 기억해주세요."
– 새미 오스번

"오스트레일리아 세인트 프랜시스 사비에르 초등학교 부설 유치원 교사입니다. 바다에 대한 수업을 하던 중 플라스티키에 대한 정보를 나누게 되었고, 전체 학생 200여 명과 그 부모들까지 모두 함께 플라스틱 안 쓰기 운동을 시작하게 됐어요. 일주일에 하루는 '포장 없는 음식'을 먹는 날로 정했습니다. 한 번 쓰고 버리는 플라스틱 포장재가 전혀 없는 음식을 먹는 날이지요."
– 로빈 록우드

"우리는 아프리카 배냉의 그랜드 포포라는 곳에서 프로젝트 하나를 진행하고 있습니다. 특히 바닷가의 환경 문제에 주의를 기울이고 있지요. 물론 가장 큰 문제는 바로 플라스틱입니다. 플라스티키 모험에 대한 이야기를 듣고 우리도 플라스틱 페트병으로 우리만의 배를 한번 만들어보자는 생각을 하게 되었습니다. 우리가 만든 배는 물론 플라스티키보다 더 작고, 대서양 연안 근처에서 짧게 항해를 할 예정입니다. 그렇지만 아프리카에 살고 있는 우리 부모님과 나에게는 아주 흥미로운 작업이 될 겁니다."
– 파비엥 스테튼벤즈

"태평양의 거대 쓰레기 더미를 보고 난 후 생수 대신 정수기의 매력에 푹 빠졌답니다."
– 아니코 M. E. 보헬러

"나는 보더콜리 종인 나의 개 소피와 샌프란시스코 만을 따라 나 있는 페리 포인트 해안가를 매일 산책합니다. 꽤 긴 거리죠. 우리는 눈에 띄는 플라스틱 쓰레기들을 모두 주워 모읍니다."
– 데브 카스텔라나

"2009년 〈오프라 쇼〉의 지구의 날 특집 방송에서 플라스틱으로 인한 오염에 대해 알게 된 후 플라스티키의 모험을 통해 더 확실히 깨닫게 되었습니다. 바다가 황폐해지는 모습을 실제로 보게 되었고 저만의 재활용 장바구니를 고안하게 되었습니다. 이 장바구니를 수명이 다할 때까지 사용한다면 1000개가 넘는 비닐봉지를 대체할 수 있을 겁니다.
– 안드레아 스턴 빈센트

"5살 먹은 우리 아이가 학교에서 재활용 관련 과제물을 하는 데 플라스티키가 어떤 도움이 되었는지 말로만 말고 진짜 보여주고 싶어요. 우리 가족 모두는 플라스티키 모험에 정말 큰 관심을 갖고 있습니다. 쓰레기와 재활용 문제는 여러 학교들이 관심을 갖고 도전해볼 만한 흥미로운 과제가 될 것 같습니다."
– 로나

"독일 함부르크에 있는 내 사무실에서는 수돗물만 사용합니다. 사람들의 인식 변화에도 도움이 되고, 맛도 뭐…… 나쁘지 않고요. 게디기 시무실을 찾아오는 고객들이 그 익미를 알고 아주 즐거워합니다."
– 지아나 포셀

"나는 텍사스에 있는 사우스 파드레 아일랜드로 가서 플라스틱 페트병을 모으려고 합니다. 멕시코 만의 해류 때문에 플라스틱 쓰레기들이 잔뜩 몰려드는 곳입니다. 안타깝게도 지역 사람들조차 이 일에는 별로 관심이 없어요. 우리에게 필요한 것은 이런 문제들에 대한 더 큰 관심이라고 생각합니다."
– 베티나 에머트 슐츠

"우리 학교 학생들과 함께 여러 공원들로 현장 실습을 나가 주변 청소도 하고 나무도 심을 계획입니다!"
– 리카 베자린

"나는 이제 10살입니다. 우리가 사는 지구 바다에 그런 쓰레기 더미가 있다는 사실을 작년에 알고 정말 화가 났어요. 우리의 미래를 위해 그렇게 애써주시는 거 너무 감사드려요. 나도 나중에 크면 환경운동가나 해양생물학자가 되고 싶어요! 그러면 바다 친구들을 위해 바다를 깨끗이 청소하는 방법을 찾아낼 수 있을 테니까요."
– 재키 윌리엄스

PLASTIKI
IWC

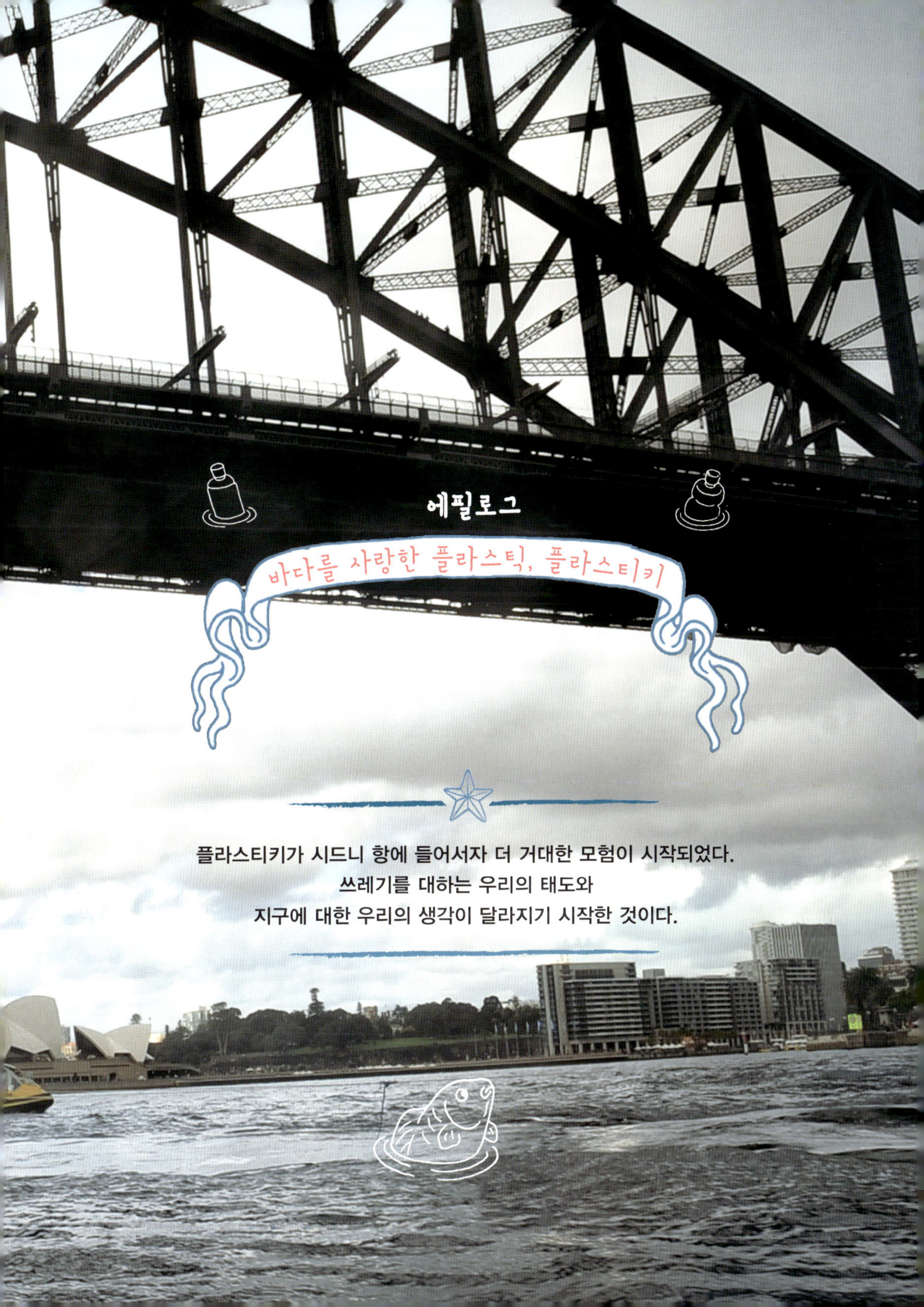
에필로그

바다를 사랑한 플라스틱, 플라스티키

플라스티키가 시드니 항에 들어서자 더 거대한 모험이 시작되었다.
쓰레기를 대하는 우리의 태도와
지구에 대한 우리의 생각이 달라지기 시작한 것이다.

열정과 호기심 그리고 단호한 의지로 무장한 우리 대원들은 독특한 발상을 이끌어냈고 그 발상을 현실로 이루어냈다.

항구에 도착할 시간이 되자 나는 플라스티키의 배꼬리에 서서 흥분된 심정으로 우리를 환영하러 나온 배들과 정신없이 머리 위를 지나가는 방송사 헬리콥터들을 바라보았다. 그 모습은 마치 먹잇감을 노리며 날고 있는 식육조(食肉鳥)들 같았다. 나는 온 힘을 다해 평정심을 유지하며 온몸을 감싸고 도는 흥분과 긴장이 뒤범벅된 감정을 억누르느라 애썼다. 우리가 지금까지 해낸 모든 일들이 떠오르며 정신이 다 혼미할 지경이었다. 우리는 해냈다! 플라스틱 페트병으로 만든 배를 타고 샌프란시스코를 떠나 시드니까지 온 것이다. 믿어지지 않는 일이지만 우리는 정말 해냈다. 이제는 모두들 우리가 성공했다는 사실을 인정할 수밖에 없겠지!

우리의 계획을 부정하고 꿈을 망치려 든 모든 사람들에게 잘난 척하고 싶은 마음이 없었다면 그것은 거짓말이리라. 우리는 거대한 난관들을 이겨내고 이 모험을 완수해냈다. 지난 세월 상상조차 하지 못했던 방법으로 우리의 여정은 온 세상에 하나의 메시지를 전달할 수 있었다!

이제 탐험을 정리하고 로스앤젤레스로 돌아온 나는 배가 아닌 자동차 소리에 둘러싸여 있다. 하늘을 가득 메웠던 방송사 헬리콥터 대신 경찰차의 사이렌 소리가 들려온다. 나는 탐험을 끝낼 때마다 느꼈던 그런 달콤하면서도 씁쓸한 기분을 느끼고 있다. 바닷물의 짠 기운은 이미 오래전에 내 몸에서 씻겨나갔고 내 다리 근육은 플라스티키의 움직임을 잊었다. 바다를 나의 집이라 부를 수 있는 특권도 더 이상 나의 것이 아니다. 자연과 하나일 때 나의 하루하루는 단순하고도 완

● 　시드니 항으로 들어서는 플라스티키. 마침내 안전하고 고요한 바다를 찾아 쉬게 되었다.

자, 다 같이 카메라를 보고 치즈! 자랑스러운 플라스티키의 대원들이 이제 막 시드니 항에 도착했다.

벽했지만 이제는 소소하고 지루한 일로 가득 찬, 인간으로 인해 모든 일이 일어나고 영향받는 그런 세상으로 돌아왔다.

이렇게 육지에 올라와 세상만사에 둘러싸여 있으니 내 인생의 지난 몇 개월이 마치 먼 꿈나라에서 있었던 일처럼 느껴진다. 그렇게 다채롭고도 소박했던 경험들이 말이다. 커다란 쇼핑몰 계산대 앞에 서 있으려니 정신이 어지러웠고, 플라스티키를 통한 모든 노력에도 불구하고 일회용 플라스틱 제품에 대한 우리 인간의 중독성과 탐욕은 사라질 줄 모른다는 사실을 다시 한번 깨닫지 않을 수 없었다. 탐험은 끝났지만 플라스틱에 대해 더 절실히 생각하게 되었다.

다시 육지에서 살게 되자 내 호흡은 더 빠르고 짧아졌다. 모든 것들이 삑삑삑삑 하며 건성건성 스쳐 지나간다. 그리고 그 속도도 아주 빠르다. 이런 일상생활의 속도는 사람을 몹시 정신없게 만들고 자연 생태계를 황폐화시키는 플라스틱 쓰레기 문제에 집중하는 것을 불가능하게 만들고 있다. 그러나 이런 상황에 실망하거나 좌절하는 대신 나는 이상하게도 더 큰 의욕과 자신감을 느낀다. 내가 발휘할 수 있는 모든 능력을 앞으로 자연 환경을 훼손하는 것들과 싸우는 데 바칠 것이다.

이제 나는 새로운 시작을 위해 나서려 한다. 쓰레기와 싸우려는 플라스티키의 가장 중요하고 결정적인 사명. 바로 변화를 위한 시작이다! 변화의 노력을 통해 우리는 일상적인 습관을 극적으로 뒤바꿔 일회용 플라스틱 제품에 대한 불필요하고 파괴적인 중독에서 벗어날 수 있다. 그러나 더 중요하고 긴급한 문제는 우리가 살고 있는 이 지구 생태계의 가장 귀하고 중요한 보서 중 하나인 바다에 대한 이해와 가치 부여, 그리고 보호다. 플래닛 1.0이 저지른 실패를 계속해서 반복하는 일은 더 이상 있어서는 안 된다. 우리는 이제 우리의 꿈을 더 크게 키우고 더 많은 모험을 이끌어내며 영감과 동기 그리고 혁신적인 해결책을 제시하는 데 도움이 되는 이야기와 개인들, 선구자들을 지원하는 리더십과 전망을 제시해야만 한다.

만약 우리가 이 일에 실패한다면 이 지구상에서 살려고 하는 인간의 노력도 실패하게 되는 것이다. 모든 일은 균형 안에서 이루어져야 함을 우리는 너무도 잘 알고 있다. 우리의 생존을 위해 주어진 시간은 전적으로 우리 자신에게 달려 있다. 현재의 모습에 꼭 필요한 획기적인 변화와 스스로에게 해줄 이야기를 만들어내기 위해, 우리들 각자는 이제 자신만의 플라스티키를 찾아내고 만들어가는 일에 더 깊이 집중하고 노력해야 할 것이다. 지금 당장 행동하고 실천하자! 우리는 분명히 그렇게 할 수 있다.

● 항해하는 동안 동료들 외의 사람들을 거의 만나지 못했던 데이비드 드 로스차일드가 시드니 항에 도착한 후 수많은 기자들 및 사진기자들을 맞이하고 있다.

● 데이비드가 환영해주는 시민과 인사를 나누고 있다.

● 데이비드, 조, 그리고 매튜가 환호하고 있는 모습.

● 베른은 생후 3개월 된 아들과 다시 만났다.

● 데이비드가 기자들의 질문에 대답하고 있다.

2010년 3월 20일
미국 샌프란시스코
출발

129일 3083시간
1만4800km

숫자로 본

| 플라스티키 연관 검색어 80만4000개 | 구글 |

5테라바이트 **촬영** **용량**

플리커 사진

631,260
조회 수

60

시속 60노트의
바람과

폭풍우용
삼각돛 교환
15회

879개
항해 중 우리가
올린 트위터 수

1119332회
관련
인터넷 페이지 뷰
항해 시작 이후

28회

삼각돛 교환

38개

소비한
물의 양
3200리터

배에
싣고 긴

7004회
플라스티키
위젯
다운로드

단지

물고기 3마리
항해 중 잡은

다트 게임 **4**회

3 2권
대원들이
읽은
책

200회
이상 TV외

2010년 7월 26일
오스트레일리아 시드니
도착

블로그
지상 지원팀

10,400 장
사진

함께한
동료들과 주사위 놀이

0,000 시간 — 노동시간

플라스티키
건조에 들어간

5 회
해양 포유류
MAMMAL
목격

샌프란시스코를
떠날때부터
생긴
페이스북의
새로운 팬들
7807 명

300 회 이상
엄펜 지핀
소개

플라스티키
대원 블로그 수 81개

4 병의

선크림

플라스티키
평균 시속

3.7 노트

10,000 회 +

인터넷
뉴스
소개

1200 잔
대원들이
마신
차

원들이 먹어치운
너지바

해 상
인 터 뷰
50 회
이 상

라디오 방송 소개